国家“十二五”环境规划技术指南

Technical Guidelines for China National Environmental Planning in the Twelveth-Five Years

王金南　主编

中国环境出版社·北京

图书在版编目（CIP）数据

国家“十二五”环境规划技术指南/王金南主编. —北京：中国环境出版社，2013.6
ISBN 978-7-5111-1387-0

Ⅰ. ①国… Ⅱ. ①王… Ⅲ. ①环境规划—中国—2011—2015—指南 Ⅳ. ①X32-62

中国版本图书馆 CIP 数据核字（2013）第 054887 号

出 版 人 王新程
责任编辑 葛 莉
文字编辑 赵楠捷
责任校对 尹 芳
封面设计 陈 莹

出版发行 中国环境出版社
（100062 北京市东城区广渠门内大街 16 号）
网 址：http://www.cesp.com.cn
电子邮箱：bjgl@cesp.com.cn
联系电话：010-67112765（编辑管理部）
010-67113412（教育图书事业部）
发行热线：010-67125803，010-67113405（传真）
印 刷 北京中科印刷有限公司
经 销 各地新华书店
版 次 2013 年 6 月第 1 版
印 次 2013 年 6 月第 1 次印刷
开 本 787×1092 1/16
印 张 19.75
字 数 440 千字
定 价 60.00 元

本书编委会

主　编：王金南

副主编：洪亚雄　吴舜泽　陆　军

委　员：杨金田　张惠远　曹　东　王　东　蒋洪强

严　刚　万　军　吴悦颖　葛察忠　王夏晖

孙　宁　於　方　逯元堂　陈军立　余向勇

田仁生　雷　宇　徐　毅　高树婷

序　言

随着40年来环境保护事业的产生和发展，中国的国家环境规划经历了从无到有、从简单到复杂、从局部到全面开展的发展历程。特别是自“六五”开始编制环境规划以来，经过20多年的努力和实践，中国环境规划已经基本形成了一个多层面的规划体系。环境规划已成为环境保护工作的重要组成和手段，对于促进环境与经济社会的协调发展，保障环境保护活动纳入国民经济和社会发展计划起到了十分重要的作用。

“十二五”是中国环境规划体系发展最好的时期，规划的科学性、前瞻性、可操作性都有很大提高。主要体现在：一是环境规划地位有了很大提升。许多专项规划，如“重金属污染防治‘十二五’规划”、“全国地下水污染防治‘十二五’规划”等均由国务院批复实施。二是环境规划的理念不断创新。“十二五”环境规划紧扣科学发展的主题和加快经济发展方式转变的主线，将提高环境民生质量和水平摆在了更加突出的位置，真正体现了环保为民的思想。三是环境规划的范围逐步拓宽。“十二五”环境规划体系基本覆盖了全环保业务的所有领域，包括农村、土壤、地下水、核安全等方面，各类环保规划达到了30种以上。四是环境规划的目标更加符合实际。“十二五”环境规划提出了4项主要污染物减排指标和3项环境质量指标，充分考虑了各地域的经济社会发展和环境差异性，分解方法更加科学，有力地提高了规划的可操作性。五是环境规划的内容更加全面深入。“十二五”环保规划以“削减总量、改善质量、防范风险、环境基本公共服务均等化”为四大战略任务内容统揽全局，规划内容更加全面、更加深入，也更加符合经济社会发展对环境保护的要求。

环境规划编制是一项复杂的系统工程，涉及的学科种类多、基础数据多、任务层次多、技术方法复杂，是一项时间、空间、目标、任务、进度等多位一体化的综合系统集成工作。长期以来，中国的环境规划编制还缺乏较为科学的技术方法支持，规划编制的理论基础、模型构建方法、技术规范等研究还不深，与新形势下环境规划编制的要求相比，还有很大的差距。为适应新时期环境保护对环境规划的要求，规范环境规划编制的理论与方法，提高“十二五”环境规划的科学性和可操作性，指导各地方环境规划编制，在环境保护部有关司局的组织领导下，环境保护部环境规划院组织有关专家开展了“十二五”环境规划编制的技术方法研究，提出了各专项环境规划编制技术指南。

由于“十二五”各类环境规划较多，相应的编制技术指南也很多，受篇幅所限，本书收编了主要的国家环境规划编制技术指南，包括全国环境功能区划技术指南、主要污染物排放总量控制规划技术指南、重点流域水污染防治规划技术指南、重点区域大气污染防治规划技术指南、青藏高原环境保护综合规划技术大纲、资源-能源-经济-环境规划预测技术指南。这些指南都是在环境保护部规划财务司、污染防治司、总量控制管理司直接领导下，在相关兄弟单位和专家的支持下，主要由环境保护部环境规划院编制完成。全书由环境保护部环境规划院副院长兼总工程师王金南研究员统稿完成。中国环境出版社有关工作人员为本书的出版付出了大量心血，在此一并表示感谢。由于时间仓促，书中难免有不足之处，恳请读者批评指正。

在过去的10多年，环境保护部环境规划院在中国国家环境规划体系建设方面做出了突出贡献。希望《国家“十二五”环境规划技术指南》的出版有助于推动我国环境规划编制的科学水平，建立环境规划在环境保护中的先行作用。

环境保护部副部长 周建

2012年10月30日

目　录

第一部分　全国环境功能区划技术指南

第二部分　主要污染物排放总量控制规划技术指南

第三部分 重点流域水污染防治规划技术指南

第四部分 重点区域大气污染防治规划技术指南

第五部分 青藏高原环境保护综合规划技术大纲

第六部分 资源-能源-经济-环境规划预测技术指南

第一部分

全国环境功能区划技术指南

为了落实科学发展观，提高环境综合管控能力，依据《中华人民共和国环境保护法》等法律法规，按照《国务院办公厅关于印发〈环境保护部主要职责内设机构和人员编制规定〉的通知》《国务院关于印发〈全国主体功能区规划〉的通知》《国务院关于加强环境保护重点工作的意见》等文件要求，环境保护部联合相关部门，组织了全国环境功能区划编制工作。这项工作对于完善我国环境功能区划体系，促进建立以环境功能区划为基础的“分类指导、分区管理”环境管理体系具有重要意义。

2009 年，环境保护部环境规划院启动了“国家环境功能区划编制与试点研究”项目。三年多来，主要对环境功能区划相关技术方法、管理需求和编制试点等方面展开研究。2012 年环保部联合国家发改委、国土部、水利部等部委成立了环境功能区划编制领导小组，专家咨询委员会和编制技术组，研究提出了《全国环境功能区划大纲》，同时在前期试点研究的基础上开展省级环境功能区划编制试点。

为规范全国和省级环境功能区划编制工作程序、技术要求和方法，在环境保护部规划与财务司组织领导下，环境保护部环境规划院在三年研究的基础上，提出了《全国环境功能区划编制技术指南（送审稿）》（以下简称《指南》）。在此，要特别感谢环境保护部规划与财务司翟青司长、郭臻先副司长和贾金虎处长的指导，感谢环境保护部环境监察局邹首民局长的指导，感谢在《指南》形成过程中给予指导和帮助的所有领导和专家。

本《指南》主要起草人为王金南研究员、张惠远研究员、陆军副院长、许开鹏博士、王夏晖研究员、饶胜高级工程师等。王金南负责总体方案设计和统稿；张惠远负责第 1 章和第 2 章的编制；许开鹏、饶胜负责第 3 章和第 4 章的编制；张箫负责第 5 章的编制；王晶晶负责第 6 章的编制；迟妍妍负责第 7 章的编制。本《指南》适用于省级和市级环境功能区划的编制，重点流域、重点区域环境功能区划编制可以参照执行。由于《指南》一直处于不断完善过程中，地方编制环境功能区划时，具体应以环境保护部最终发布的《全国环境功能区划编制技术指南》为准。

第1章　总 则

1.1　区划目的

通过编制和实施环境功能区划，指导我国经济社会发展与生态环境保护的合理布局，巩固国家生态安全，增强人群环境健康保障，提高资源开发的环境安全，建立以环境功能区划为基础的环境管理体系，进一步提升环境保护参与宏观决策能力，为环境管理转型提供平台，为国家环境安全提供基础制度保障。

1.2　适用范围

为规范省级环境功能区划编制技术要求、方法和程序，制定本指南。本指南用于指导省级环境功能区划的编制，重点流域、重点区域环境功能区划编制可以参照执行。

环境功能区划编制除符合本指南技术要求外，还应符合国家现行的有关标准的规定。

1.3　相关术语

环境是指影响人类生存和发展的各种天然的和经过人工改造的自然因素的总体，包括大气、水、海洋、土地、矿藏、森林、草原、野生生物、自然遗迹、人文遗迹、城市和乡村等，具有健康保障属性和资源供给属性。本区划重点关注环境为人类生存发展提供清洁的水、干净的空气、稳定的自然生态系统等健康保障属性，暂不考虑环境为人类生存提供的必要的水、土、矿产资源等的资源供给属性。

环境功能是指环境各要素及其构成的系统为人类生存、生活和生产所提供的、必要的环境服务的总称。基于环境的健康保障属性，一方面保障与人体直接接触的各环境要素的健康，如空气的干净、饮水的清洁、食品的卫生等，即维护人居环境健康；另一方面保障自然系统的安全和生态调节功能的稳定发挥，构建人类社会经济活动的生态环境支撑体系，即保障自然生态安全。

环境功能区是依据不同地区在生态环境结构、状态和功能上的差异，结合经济社会发展战略布局，合理确定环境功能并执行相应环境管理要求的区域。

1.4　区划原则

1.4.1　尊重规律，科学评估

根据环境的区位、环境功能的基本特征和空间分布规律等自然属性，综合评价区域环境承载能力、环境功能和区域经济社会发展状态，结合区域发展趋势预测，评估人类生存、生活、生产、发展对环境功能的不同需求，科学确定区域环境的基本功能。

1.4.2 统筹兼顾，综合管理

统筹考虑与国家主体功能区规划等各种相关专项规划的衔接，协调生态、水环境、大气环境、土壤等环境要素之间的相互关系，与相关部门既有分区管理模式衔接，明确不同环境功能区的战略目标，优化各类环境功能布局，完善以区划为基础的环境管理。

1.4.3 突出主导，优化格局

以突出体现区域主导环境功能为主，兼顾区域的多重环境功能，制定有利于主导环境功能保护的环境管理目标和对策，保障区域环境安全，从大局出发，优化保障国家生态安全和人群生活生产健康的空间格局。

1.4.4 全面覆盖，逐级贯彻

从国家到地方，自上而下逐级编制落实国家环境战略要求。从全局出发，以国家生态安全格局和经济社会战略布局为基础，确定区域环境的主导功能，对辖区所有范围进行分区分类，明确环境功能类型。

1.4.5 统一思路，因地制宜

省级环境功能区划的编制要根据全国环境功能区划的思路方法进行划分。地方各级环境功能区划中，各环境功能类型和亚类的划分指标项及其阈值根据该地区的特点可以有所不同。重点要为地方具体的环境事务管理服务，要明确专项环境（水、大气、噪声、土壤、生态等）管理的具体要求。

1.5 区划体系

按空间尺度，环境功能区划分为全国环境功能区划和地方环境功能区划。

1.5.1 全国环境功能区划

全国环境功能区划在国家尺度上对全国陆地国土空间及近岸海域进行环境功能分区，明确各区域的主要环境功能，分区提出环境管理目标和要求。全国环境功能区划以宏观引导为主，为优化国家经济社会布局、维护生态安全格局、规范资源开发利用等宏观环境管理决策提供依据。

全国环境功能区划针对不同类型区，提出维护主要环境功能的总体目标和对策，并对水、大气、土壤和自然生态等专项环境管理提出管控导则，是各专项环境区划编制和实施的基础依据。各专项环境功能区划的制定或修订应结合各环境要素的地域分异规律和考虑突出问题，注重区域（流域）尺度的控制和引导，明确具体的要素管控单元和分区管理要求，以维护全国环境功能区划各类型区主要环境功能的需求。

1.5.2 地方环境功能区划

地方各级政府根据全国环境功能区划的总体部署划分省级（区域、流域）和县（市）级环境功能区划，结合本辖区环境管理需求，细化和落实全国环境功能区划的总体要求，明确区域内水、大气、土壤、自然生态等环境要素的管控措施。地方各级环境功能区划，考虑地区特点，各环境功能类型和亚类的划分指标及阈值设定可有所不同，但环境管理的目标和要求应不低于全国环境功能区划相应类型区的标准。

省（区域、流域）级环境功能区划是全国区划和县（市）及区划之间的过渡和衔接，既是全国区划在省级尺度的贯彻落实，也是下一级区划编制实施的宏观引导，要结合省域（区域、流域）内各功能分区主要特征差异和分区环境管控战略进行划分，并明确各环境功能类型区的地理单元、功能定位、边界范围、目标和管控要求等。

县（市、区）级环境功能区划是落实全国环境功能区划的操作层面，要明确各类环境功能区的地理位置、功能定位、边界范围，以及各水、大气、噪声、土壤、生态等环境要素管理的具体指标和标准阈值。各市（地、州、盟）组织辖区内各县（区）同步编制并统筹衔接各县（区）区划，对位于中心城区的各区要统一编制一个区划并由市政府审批，对下辖各县（市）可因地制宜要求单独编制区划并报县级政府审批，或是与中心城区一起编制区划并报地市级政府审批。

1.5.3 与其他相关规划区划的关系

一是环境功能区划与其他相关部门区划的关系。环境功能区划是在充分借鉴农业、林业、国土、水利等部门区划思路、方法和方案基础上形成，在实施过程中与其他相关部门区划互为依托。相关部门区划的编制和实施，特别是涉及自然资源利用和生态环境问题的内容，必须与环境功能区划相衔接。

二是与《全国主体功能区规划》的关系。《全国主体功能区规划》作为国土空间开发的战略性、基础性和约束性规划，是编制全国环境功能区划的重要依据。环境功能区划是在主体功能区规划方案的基础上，针对环境问题的区域差异性，结合自然环境的空间分异规律，为进一步强化国土生态安全格局，建设和维护人居环境健康所提出的基础性环境管理措施，是实施主体功能区战略的重要途径。

第2章　环境功能区划方法与技术路线

2.1　环境功能区定义

根据环境保障自然生态安全和维护人群环境健康两方面基本功能，把国土空间划分为五种环境功能类型区。从保障自然生态安全方面出发将划出自然生态保留区和生态功能调节区；从维护人群环境健康方面出发划出食物安全保障区、聚居发展维护区和资源开发引导区。

（1）自然生态保留区是指维持区域自然本底状态，维护珍稀物种的自然繁衍，保障未来可持续生存发展空间的区域。自然生态保留区服务于保障自然生态系统的可持续发展，简称自然区。

（2）生态功能调节区是指维护水源涵养、水土保持、防风固沙、维持生物多样性等生态调节功能的稳定发挥，保障区域生态安全的区域。生态功能调节区服务于保障区域主体生态功能稳定，简称生态区。

（3）食物安全保障区是指保障主要农、牧、渔业产品产地环境安全的区域。食物安全保障区服务于保障主要食物产区的环境安全，防控食物产品对人群健康的影响风险，简称食物区。

（4）聚居发展维护区是指保障人口密度较高、当前及未来集中进行城镇化和工业化开发地区人群的饮水安全、空气清洁等生产生活环境健康的区域。聚居发展维护区服务于保障主要人口集聚地区环境健康，简称聚居区。

（5）资源开发引导区是指维护矿产资源集中连片开发地区生态环境安全，需依据当地及周边地区生态环境条件引导资源有序开发的区域，资源开发引导区服务于保障资源开发区域生态环境安全，简称资源区。

2.2　环境功能区分类

根据环境功能的体现形式差异或环境管理要求差异，将各类环境功能区进一步划分若干亚类。

（1）自然生态保留区根据保护等级进一步划分为自然文化资源保护区和后备保留区。

（2）生态功能调节区根据生态功能类型进一步划分为水源涵养区、水土保持区、防风固沙区和生物多样性保护区。

（3）食物安全保障区根据主要产品种类和环境管理特点划分为粮食环境安全保障区、畜产品环境安全保障区和近海水产环境安全保障区。

（4）聚居发展维护区根据环境质量本底、污染排放份额和环境监管手段等因素划分为环境优化区、环境风险防范区和环境治理区。

（5）资源开发引导区不划分亚类。

2.3　环境功能区划方法

以主体功能区规划等相关区划和规划为依据，从环境功能的内涵和环境功能综合评价结果出发，根据环境功能的空间分异规律，对空间分区进一步细化调整，提出环境功能区划方案，分区提出环境管理目标，各类环境功能区依据人类活动扰动强度依次增强、环境质量也逐渐变差的原则分级制定环境质量要求和污染物总量控制、工业布局与产业结构调整等环境管理要求，保障各类功能区环境功能的稳定发挥。

2.4　环境功能区划技术路线

环境功能区划分应遵循以下技术路线：

（1）从环境功能的内涵出发，建立环境功能区划分类系统。

（2）建立环境功能综合评价指标体系，以县（区、市）为单元进行环境功能综合评价。

（3）根据主导因素，对相关部门既有分区进行归整，依次识别环境功能类型区：

❖ 确定Ⅰ类区自然生态保留区范围：依据法律法规，划出自然文化资源保护区域；划出尚未受到大规模人类活动干扰，资源储备不具备开发价值，应受到保护以保留其自然状态的区域。

❖ 确定Ⅱ类区生态功能调节区范围：《全国主体功能区规划》列入限制开发的重点生态功能区；

❖ 确定Ⅲ类区食物安全保障区范围：参考农业部门划定的主要农业、牧业、沿海养殖捕捞地区；

❖ 确定Ⅳ类区聚居发展维护区范围：参考《全国主体功能区规划》划定的重点开发区和优化开发区；

❖ 确定Ⅴ类区资源开发引导区范围：参考国土部门确定的能源矿产资源重点开发地区。

（4）进行总体复核和调整，确定环境功能区划初步方案。

（5）在各类环境功能区内，根据环境功能的体现形式差异或环境管理要求差异，划分环境功能区亚类。

（6）根据各环境功能区特征，提出有针对性的环境管理目标和对策。

第3章　环境功能评价

3.1　环境功能综合评价指数

建立环境功能综合评价指标体系和环境功能综合评价指数（A），计算方法如下：

$$A = KP_2 - P_1 \tag{1-3-1}$$

式中，P_1——区域保障生态安全类指数；

P_2——区域维护人群环境健康类指数；

K——区域环境支撑能力指数。

区域综合评价指数越高的地区环境功能越有助于保持人群环境健康，反之则有利于保障自然生态安全。

P_1、P_2 及 K 的评价指标见表 1-3-1。

表 1-3-1　环境功能综合评价指标体系

一级指标	二级指标
保障自然生态安全（P_1）	生态系统敏感性
	生态系统重要性
维护人群环境健康（P_2）	人口集聚度
	经济发展水平
区域环境支撑能力（K）	环境容量
	环境质量
	污染排放
	可利用土地资源
	可利用水资源

注：各指标的计算方法见附录 1。

3.2　环境功能评价指标体系

对环境功能一级和二级指标计算方法及说明如下，关于三级指标和基础指标具体说明见附录 2。

3.2.1　保障自然生态安全指数

保障自然生态安全是指保障区域自然系统的安全的能力和生态调节功能发挥的稳定性，可用生态系统敏感性指数和生态系统重要性指数描述。保障自然生态安全指数（P_1）计算方法如下：

$$P_1 = \max\{[\text{生态系统敏感性指数}], [\text{生态系统重要性指数}]\} \tag{1-3-2}$$

式中，生态系统敏感性指数——生态系统对区域中各种自然和人类活动干扰的敏感程度。它反映的是区域生态系统在受到干扰时，发生生态环境问题的难易程度和可能性的大小。生态系统敏感性评价内容主要包括土壤侵蚀敏感性、沙漠化敏感性、土壤盐渍化敏感性和石漠化敏感性等；

生态系统重要性指数——区域各类生态系统的生态服务功能及其对区域可持续发展的作用与重要性。生态重要性评价选择生物多样性维持与保护、土壤保持、水源涵养、防风固沙等因素进行。

3.2.2　维护人群环境健康指数

区域对维护人群环境健康方面环境功能的需求程度，可用人口集聚度和经济发展水平等指标来刻画。维护人群环境健康指数（P_2）计算方法如下：

$$P_2 = \sqrt{\frac{1}{2}([\text{人口集聚度}]^2 + [\text{经济发展水平}]^2)} \tag{1-3-3}$$

式中，人口集聚度——一个地区现有人口集聚程度。人口集聚度通过人口密度和人口流动强度等指标进行评价；

经济发展水平——一个地区经济发展现状和增长活力。经济发展水平的评价可以通过人均地区 GDP 和地区 GDP 的增长比率等要素进行。

3.2.3　区域环境支撑能力指数

经济社会发展所需的区域环境支撑能力可用环境容量指数、环境质量指数、区域污染排放指数、可利用土地资源指数和可利用水资源指数描述在维护人群环境健康方面的环境功能供给程度。区域环境支撑能力系数（K）计算方法如下：

$$K = f\left(\frac{\min\{[\text{可利用土地资源}], [\text{可利用水资源}], [\text{环境质量}]\}}{\max\{[\text{污染排放指数}], [\text{环境容量}]\}}\right) \tag{1-3-4}$$

式中，环境容量——在人类生存和自然生态系统不受威胁的前提下，某一环境所能容纳的污染物最大负荷量。区域环境容量选择大气环境容量和水环境容量等因素进行评价；

可利用土地资源——一个地区剩余或潜在可利用的土地资源对未来人口集聚、工业化和城镇化发展的承载力。可利用土地资源指数选择后备适宜建设用地的数量、质量、集中规模等要素进行评价；

污染排放指数——一个地区排入环境或其他设施的污染物排放情况。污染物排放指数选择大气污染物排放压力和水污染物排放压力等要素进行评价；

可利用水资源——一个地区剩余或潜在可利用水资源对未来社会经济发展的支撑能力。可利用水资源指数选择水资源丰度、可利用数量及利用潜力等要素进行评价。

环境质量——环境优劣程度，是一个具体的环境中，环境总体或某些要素对人群健康、生存和繁衍以及社会经济发展适宜程度的量化表达。环境质量指数通过区域的大气环境质量、水环境质量和土壤环境质量进行评价；

第4章　环境功能区识别与划分

4.1　主导因素法识别环境功能区

根据环境功能综合评价指标，每个评价单元都相应地有一个环境功能综合评价值，分值越高的地区环境功能越有利于维护人群环境健康方面，反之则有利于保障自然生态安全方面。

综合考虑对评价单元具有重要影响的主导因子以及相关的国家政策、规划等，根据不同类型环境功能区的主导因素，划分自然生态保留区、生态功能调节区、食物安全保障区、聚居发展维护区和资源开发引导区，对评价结果进行修正，提出环境功能区划备选方案。

需要考虑的国家层面的相关规划包括：《全国主体功能区规划》《全国生态功能区划》《重点流域水污染防治规划》《重金属污染综合防治“十二五”规划》《全国土壤环境保护规划》《全国城镇体系规划纲要》等。

主导因素法是自上而下划分环境功能区的技术方法，划分各类型区的主导因子见表1-4-1：

表1-4-1　各环境功能类型区的主导因子

环境功能区	主导因子
自然生态保留区	人口密度极低、人口流动性差
	经济总量小、经济活力低
生态功能调节区	存在沙漠化、土壤侵蚀、石漠化、土壤盐渍化等风险
	具有较强的水源涵养、水土保持、防风固沙、生物多样性保护及其他生态系统服务功能
	生态系统的完整性、稳定性
食物安全保障区	国家主要耕地、牧场分布，主要农产品产地
	海产品产量较高
聚居发展维护区	区域人口聚居规模较大，人口流动性强，城镇化水平高
	区域的产业聚集度高，经济总量大，经济增速快
	区域存在一定的环境问题或环境风险
资源开发引导区	能源矿物资源主要开发地区
	具有相对稀缺的特色资源

4.2 环境功能区的划分条件

以各评价单元环境功能综合评价值为基础，考虑各类功能区识别的主导因素，划分各类环境功能区及其亚区。各类环境功能区及其亚区划分条件如下。

（1）Ⅰ类区——自然生态保留区

具有一定的自然文化资源价值的区域，包括有代表性的自然生态系统、珍稀濒危野生动植物物种的天然集中分布地，有特殊价值的自然遗迹所在地和文化遗迹等，以及受到人类活动破坏规模较小、资源储备不具备开发价值且暂时不再开发的区域。自然生态保留区的亚区划分如下：

- Ⅰ-1 自然文化资源保护区：依据法律法规，在国家层面划出一定面积并予以特殊保护和管理的区域，包括国家级自然保护区、风景名胜区、地址公园、森林公园和世界自然文化遗产，参考《全国主体功能区规划》划定的禁止开发区。
- Ⅰ-2 后备保留区：法律法规在国家层面未做划定，尚未受到大规模人类活动干扰，生态服务功能不显著，暂不具备农牧业及资源开发价值，应受到保护以保留其自然状态和满足可持续发展需求的区域。

（2）Ⅱ类区——生态功能调节区

生态系统及其区域生态调节功能比较重要，关系全国或较大范围区域的生态安全的区域，参考《全国主体功能区规划》划定的国家级重点生态功能区。生态功能调节区的亚区划分如下：

- Ⅱ-1 水源涵养区：重要河流上游和重要水源补给区、水源涵养生态功能重要性突出的地区，参考《全国主体功能区规划》划定的国家级水源涵养型重点生态功能区。
- Ⅱ-2 水土保持区：土壤侵蚀敏感性高、对下游的影响大、水土保持生态功能重要性突出的地区，参考《全国主体功能区规划》划定的国家级水土保持型重点生态功能区。
- Ⅱ-3 防风固沙区：降水量稀少、蒸发量大的干旱、半干旱等沙漠化敏感性高的地区，沙尘对周边影响范围广、影响程度较大的地区，参考《全国主体功能区规划》划定的国家级防风固沙型重点生态功能区。
- Ⅱ-4 生物多样性保护区：濒危珍稀动植物的分布较广，典型的生态系统分布较多的地区，参考《全国主体功能区规划》划定的国家级生物多样性维持型重点生态功能区。

（3）Ⅲ类区——食物安全保障区

以确保我国重要食物初级生产地的环境安全为主要目的，保障农产品生产安全的地区，参考主要粮食（油料、经济作物等优势农产品）主产地分布区，主要耕地分布地区，重点牧区、牧业县等地区划定。食物安全保障区的亚区划分如下：

- Ⅲ-1 粮食环境安全保障区：将具备较好的粮食（油料、经济作物等）生产条件，以农产品生产为主并能保障农产品生产安全的地区，划定参考农业部门确定的主要粮食（油料、经济作物等）产地分布区，国土部门划分的全国主要耕地分布地区，海洋部门划定的渔业保障区范围内的陆地地区。

❖ Ⅲ-2 畜产品环境安全保障区：以畜牧生产为主的地区，参考农业部门确定的重点牧区、牧业县等范围划定。

❖ Ⅲ-3 近海水产环境安全保障区：以海洋渔业、海水养殖业为主的海岛县、半海岛县地区，划定参考海洋部门划定的渔业保障区范围内的陆地范围。

（4）Ⅳ类区——聚居发展维护区

人口分布密度较高、城市化水平较高、区域开发建设强度较高，未来城镇化和工业化发展潜力较大的地区，是以维护人口聚居区环境卫生健康为主的区域。聚居发展维护区的亚区划分如下：

❖ Ⅳ-1 环境优化区：将人类活动聚居度高、经济社会发达、污染治理设施完善、环境质量较好的地区划为环境优化区，划定参考环境保护部命名的生态市、县以及环境保护模范城市等。

❖ Ⅳ-2 环境风险防范区：将城镇化和工业化潜力较大、污染排放和环境风险防范压力较大、环境质量尚可的地区划为环境维持区。

❖ Ⅳ-3 环境治理区：将人口聚居度较高但污染较重、污染治理设施不完善、环境质量较差的地区划为环境治理区，参考相关规划确定的水污染防治优先控制单元，大气污染控制重点区域，重金属治理重点区和土壤污染重点防控区等进行划定。

（5）Ⅴ类区——资源开发引导区

各类矿产与能源储量丰富，具备较好的开发条件，需要引导资源开发活动，保障区域环境安全的地区划定。参考国土部门确定的能矿资源重点开发地区，以及《全国主体功能区规划》确定为能源矿产资源点状开发的地区。

4.3　确定环境功能区的环境目标

为保障各区环境功能，制定各环境功能区主体的环境功能目标，以及为达到该功能目标的水环境、大气环境、土壤环境、生态环境、噪声环境、核与辐射等制定专项环境质量目标。

4.4　确定环境功能区的环境管理要求

根据环境功能区环境目标，制定区域的环境质量考核目标、区域污染物排放标准、污染物排放总量控制要求、环境风险防范要求和自然生态保护要求等环境管理要求。制定分区的产业准入标准和环境影响评价工作技术要求。

建立“分区管理、分类指导”的环境管理体系。根据全国环境功能区划方案的总体目标和要求，修订地方环境质量标准、污染排放标准、总量控制要求、产业准入环境标准等，建立基于环境功能区划的环境管理体系。

第 5 章　环境功能区划编制工作流程

目前，环境功能区划编制是一项创新性和探索性工作，没有固定的工作流程。借鉴生态功能区划和水环境功能区划经验，环境功能区划遵循以下工作流程。

（1）资料收集

收集整理现有主体功能区规划、国土规划、水功能区划等相关区划（规划）成果；收集区域自然环境、社会经济发展以及环境功能状况等现状资料。

（2）环境功能评价

从环境功能的内涵出发，建立环境功能区划分类体系和评价指标体系，进行环境功能综合评价。

（3）划分环境功能区

根据环境功能区划分原则和依据，划分环境功能区。

（4）分区设计环境管理目标和要求

根据环境功能区特点，从环境质量、污染排放、环境准入、环境考核等方面设计环境目标和管理要求。

（5）编制环境功能区划报告

对各类功能区进行总体复核和调整，编制环境功能区划报告。

（6）征求意见、报批与公布

征求有关部门意见，对反馈意见提出处理情况说明，并对环境功能区划报告进行修改和调整，按程序履行报批和公布。

环境功能区划分工作程序如图 1-5-1。

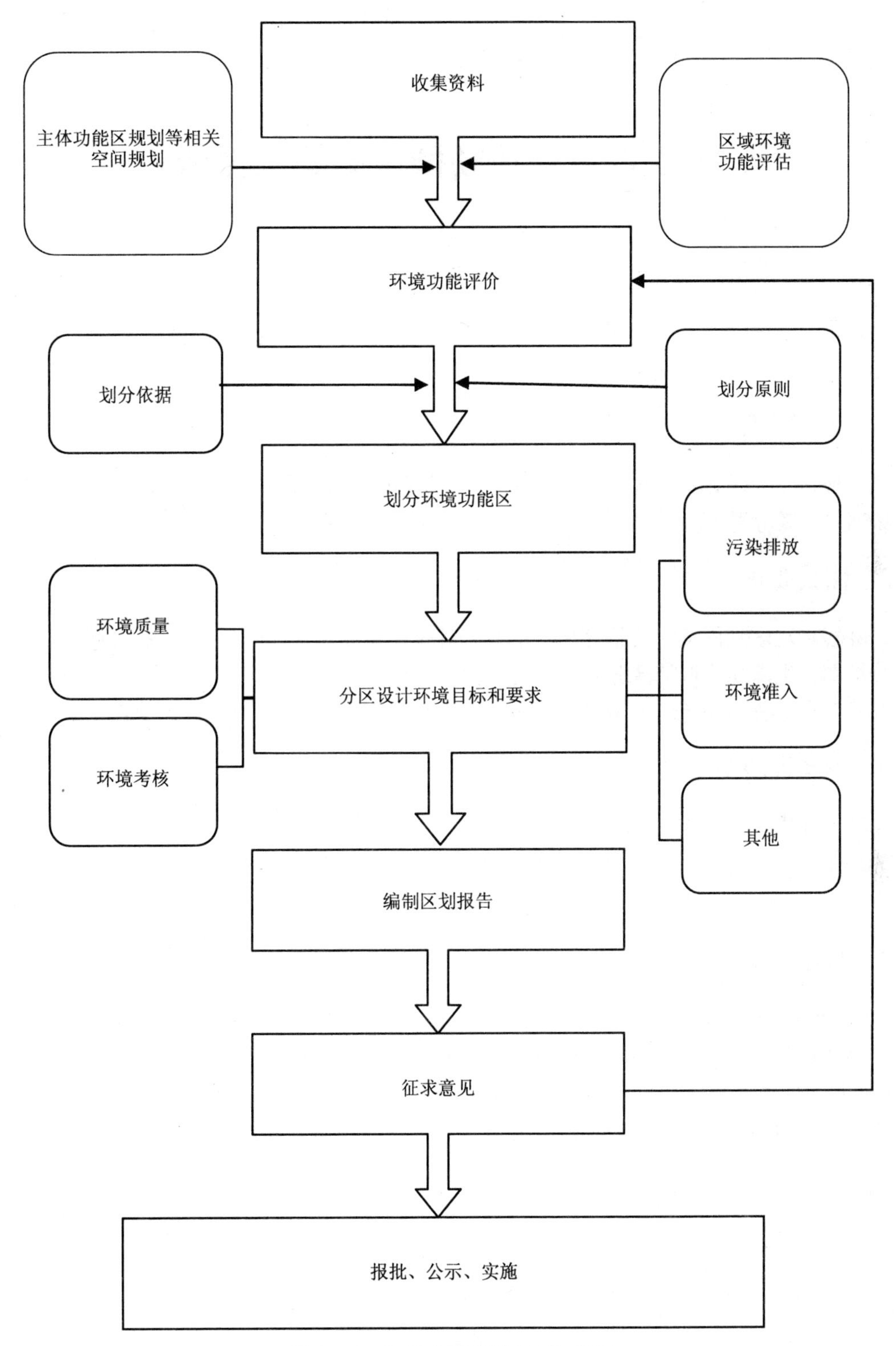

图 1-5-1　环境功能区划分工作程序

第 6 章　环境功能区划成果要求

环境功能区划成果包括区划文本、区划图集、编制说明和区划数据库等。分别满足下列要求。

6.1　文本要求

环境功能区划文本应包括区划的总则、环境功能区分类体系、环境功能评价、环境功能区识别、环境功能区划方案、分区环境目标与管理要求、保障机制与组织实施等部分内容。

6.2　图集要求

环境功能区划图集应包括环境功能综合评价图、环境功能区划方案图、自然生态保留区分布图、生态功能调节区分布图、食物安全保障区分布图、聚居发展维护区分布图、资源开发引导区分布图等。图纸满足附录 3“环境功能区划制图标准”的相关要求。

6.3　编制说明要求

环境功能区划编制说明应包括环境功能区划编制的背景与过程、区划的主要内容、区划的作用、各部门意见及采纳情况等，主要对区划方案进行补充性说明，完善环境功能区划方案。

6.4　数据库要求

环境功能区划数据库成果应包括控制单元划分空间数据、各环境功能区的环境功能评价指标属性数据、环境功能区划成果空间数据、各环境功能区环境目标和管理要求属性数据等。区划文本编制说明报告使用 Microsoft Office Word 数据格式或 WPS 格式。空间数据使用 ARC/INFO Coverage 或 Shape File 格式。

第 7 章　环境功能区划组织实施

7.1　组织实施

国务院有关部门和各省级人民政府是全国环境功能区划实施的主体，要加强相互之间的协调配合和政策衔接，保障区划的有效实施。国务院环境保护部门加强与相关部门协商，加快完善全国环境功能区划方案和配套环境管理政策，并提出国家环境功能区划方案。研究全国环境功能区划与既有专项环境功能区划的衔接，分别制定各专项环境功能区划差异化的管理对策和基于环境功能区划的部门规划协同技术指南。提出国家和地方各级规划的编制实施计划，组织地方各级政府开展环境功能区划的编制和落实。

省级政府负责落实全国环境功能区划的实施，各省级人民政府根据全国环境功能区划的思路方法进一步划分省级环境功能区，细化全国环境功能区划的战略意图。省级人民政府有关部门加强对市、县级环境功能区划实施的指导和协调，指导和检查所辖市、县的区划落实。市、县政府负责把全国和省级环境功能区划对本辖区的功能要求落实到水、大气、土壤等专项环境要素上面，并结合本地实际编制专项环境功能区划，明确“四至”范围和具体的环境指标标准。先期择优开展环境功能区划编制试点，总结地方尺度环境功能区划制定的技术要点。逐步总结试点经验，完善区域规划方法，扩展试点范围，有序推进地方各级环境功能区划的编制和落实。

7.2　动态监测

根据环境功能区划确定的环境保护目标和管理要求，制定相应的区划实施情况监测指标体系，通过统计分析、数据核查、环境监测、遥感监测、实地勘察等手段对环境功能区划的实施情况进行动态监测。

（1）自然生态保留区应强化对各项禁止性行为和保护性措施的监测评估，主要监测保护区建成完备率、区域资源完整性、保护性补偿资金落实情况等。

（2）生态功能调节区应强化对提供生态产品能力的监测评估，主要监测大气、水体和土壤质量、水土流失和荒漠化治理率、森林覆盖率、生物多样性等指标。

（3）食物安全保障区应强化对提供安全农产品保障能力的监测评估，弱化对工业化、城镇化相关经济指标的监测，重点监测土壤环境质量、土壤肥力、水土流失、草畜平衡等指标。

（4）聚居发展维护区强化污染削减能力和环境质量监测评估，弱化对经济总量、增长速度等方面的指标要求，主要监测单位地区生产总值能耗和用水量、单位工业增加值用水量、主要污染物排放总量控制率、大气和水体环境质量等方面的指标。

（5）资源开发引导区应强化对资源开发监管水平的监测，强化对生态修复成效的监测评估。

7.3 考核评估

环境功能区划方案提出有利于保护区域环境功能的绩效考核体系建设。应根据环境功能动态监测结果，补充必要的跟踪调查和评价，进行环境功能区考核评估，把环境功能区划实施效果作为考核各级环境保护主管部门的依据之一。

第 8 章　环境功能区划档案管理与信息公开

8.1　文本档案管理

对环境功能区划方案、监测结果、评估结果等各类档案进行分类管理存放，为环境功能区划管理提供技术支持。

收集规整与环境功能区划相关的各级政府相关部门的区划成果档案（包括各级主体功能区划、各级水功能区划、各级海洋功能区划、各级农业区划等）。收集规整各级自然保护区、风景名胜区、森林公园、地质公园、文化自然遗产、重点生态功能区、水源保护区等严格保护区域的档案。汇总规整地方政府环保部门的专项环境功能区划档案（如各级生态功能区划、各级大气环境功能区划、各级土壤环境功能区划等）。

8.2　数据库管理

建立环境功能区档案数据库，采集区划评估基础数据信息，为环境功能区达标考核、总量考核、环境准入等日常环境业务管理提供数据支持。数据库包括基于评价单元的统计数据、矢量数据、栅格数据等环境功能区划基础数据。数据库留有环境功能区划监测评估和考核结果数据接口，对环境监测和考核评估年度结果适时更新。环境功能区划档案数据库实行定期更新制度，一般要素每 5 年更新一次，重点要素每年更新一次。

8.3　区划信息公开

环境功能区划编制过程和颁布实施后，均实行信息公开和公众参与。环境功能区划编制过程中，须公开有关环境功能区划的信息，采取调查公众意见、咨询专家意见、座谈会、论证会、听证会等形式，公开征求公众意见，在区划中尽量满足公众对环境的诉求。

区划成果颁布实施后须向社会公开区划方案，向不同级别用户公开相关区划成果查询和展示平台。针对国务院、环保部机关、国务院相关部委、地方相关部门、地方环保部门、国内普通公众、专业科研单位和人员、国外公众等不同类别用户，提供区划基础信息、区划方案和区划实施效果等相关信息的查询和展示功能。并定期公示环境功能区划实施情况监测与绩效考核成果，接受公众监督。

公众可以在有关信息公开后，以信函、传真、电子邮件或者按照有关公告要求的其他方式，向环境保护行政主管部门提交书面意见。

附录 1

环境功能评价指标说明

1. 生态系统敏感性指数

计算公式：

[生态系统敏感性] =max{ [沙漠化敏感性]，[土壤侵蚀敏感性]，[石漠化敏感性]，[土壤盐渍化敏感性]} （附 1-1）

计算说明：采用公里网格的沙漠化敏感性分级、土壤侵蚀敏感性分级、石漠化敏感性和土壤盐渍化敏感性分级数据，根据沙漠化、土壤侵蚀、石漠化和土壤盐渍化敏感性分级标准，实现生态环境问题敏感性单因子分级。对分级的生态环境问题单因子图进行复合，判断敏感生态系统出现的公里网格生态系统敏感类型是单一型还是复合型。对单一型生态系统敏感型区域，根据其生态环境问题敏感性程度确定生态系统敏感性程度；对复合型生态系统敏感型，采用最大限制因素法确定影响生态系敏感性的主导因素，根据主导因素的生态环境问题敏感性程度确定生态系统敏感性程度。以公里网格的生态系统敏感性程度分析结果，确定区域生态系统敏感性。生态系统敏感性程度划分为敏感、较敏感、一般敏感、略敏感和不敏感五级。

数据来源：参考《全国生态功能区划》。

（1）沙漠化敏感性评价方法

土地沙漠化可以用湿润指数、土壤质地及起沙风的天数等来评价区域沙漠化敏感性程度，具体指标与分级标准见附表 1-1。

附表 1-1 沙漠化敏感性分级指标

指标＼敏感性	不敏感	轻度敏感	中度敏感	高度敏感	极敏感
湿润指数	＞0.65	0.5～0.65	0.20～0.50	0.05～0.20	＜0.05
冬春季风速大于 6 m/s 大风的天数	＜15	15～30	30～45	45～60	＞60
土壤质地	基岩	黏质	砾质	壤质	沙质
植被覆盖（冬春）	茂密	适中	较少	稀疏	裸地
分级赋值（D）	1	3	5	7	9
分级标准（DS）	1.0～2.0	2.1～4.0	4.1～6.0	6.1～8.0	＞8.0

沙漠化敏感性指数计算方法

$$DS_j = \sqrt[4]{\prod_{i=1}^{4} D_i} \quad \text{（附 1-2）}$$

式中，DS_j ——j 空间单元沙漠化敏感性指数；

D_i ——i 因素敏感性等级值。

（2）土壤侵蚀敏感性评价方法

土壤侵蚀敏感性评价是为了识别容易形成土壤侵蚀的区域，评价土壤侵蚀对人类活动的敏感程度。可以运用通用土壤侵蚀方程进行评价，包括降水侵蚀力（*R*）、土壤质地因子（*K*）和坡度坡向因子（*LS*）与地表覆盖因子（*C*）4 个方面的因素。也可以直接运用水利部发布的《土壤侵蚀分类分级标准》（SL 190—96）中的方法与标准。根据目前对中国土壤侵蚀和有关生态环境研究的资料，确定影响土壤侵蚀的各因素的敏感性等级（附表 1-2）。

附表 1-2　土壤侵蚀敏感性影响的分级

指标＼敏感性	不敏感	轻度敏感	中度敏感	高度敏感	极敏感
降水侵蚀力（*R*）	＜25	25～100	100～400	400～600	＞600
土壤质地（*K*）	石砾、沙	粗砂土、细砂土、黏土	面砂土、壤土	砂壤土、粉黏土、壤黏土	砂粉土、粉土
地形起伏度/m	0～20	20～50	51～100	101～300	＞300
植被	水体、草本沼泽、稻田	阔叶林、针叶林、草甸、灌丛和萌生矮林	稀疏灌木草原、一年两熟粮作、一年水旱两熟	荒漠、一年一熟粮作	无植被
分级赋值（*C*）	1	3	5	7	9
分级标准（*SS*）	1.0～2.0	2.1～4.0	4.1～6.0	6.1～8.0	＞8.0

土壤侵蚀敏感性指数计算方法

$$SS_j = \sqrt[4]{\prod_{i=1}^{4} C_i} \quad \text{（附 1-3）}$$

式中，SS_j ——j 空间单元土壤侵蚀敏感性指数；

C_i ——i 因素敏感性等级值。

（3）石漠化敏感性评价

石漠化敏感性主要根据其是否为喀斯特地形及其坡度与植被覆盖度来确定的（见附表 1-3）。

附表 1-3 石漠化敏感性评价指标

敏感性	不敏感	轻度敏感	中度敏感	高度敏感	极敏感
喀斯特地形	不是	是	是	是	是
坡度/（°）		＜15	15～25	25～35	＞35
植被覆盖/%		＞70	50～70	20～30	＜20

（4）土地盐渍化敏感性评价方法

土地盐渍化敏感性是指旱地灌溉土壤发生盐渍化的可能性。可根据地下水位来划分敏感区域，再采用蒸发量、降雨量、地下水矿化度与地形等因素划分敏感性等级。

在盐渍化敏感性评价中，首先应用地下水临界深度（即在一年中蒸发最强烈季节不致引起土壤表层开始积盐的最浅地下水埋藏深度），划分敏感与不敏感地区（见附表 1-4）。再运用蒸发量、降雨量、地下水矿化度与地形指标划分等级。具体指标与分级标准参见附表 1-5。

附表 1-4 临界水位深度

单位：m

地区	轻沙壤	轻沙壤夹黏质	黏质
黄淮海平原	1.8～2.4	1.5～1.8	1.0～1.5
东北地区	2.0		
陕晋黄土高原	2.5～3.0		
河套地区	2.0～3.0		
干旱荒漠区	4.0～4.5		

附表 1-5 盐渍化敏感性评价

敏感性 指标	不敏感	轻度敏感	中度敏感	高度敏感	极敏感
蒸发量/降雨量	＜1	1～3	3～10	10～15	＞15
地下水矿化度/（g/L）	＜1	1～5	5～10	10～25	＞25
地形	山区	洪积平原、三角洲	泛滥冲积平原	河谷平原	滨海低平原、闭流盆地
分级赋值（*S*）	1	3	5	7	9
分级标准（*YS*）	1.0～2.0	2.1～4.0	4.1～6.0	6.1～8.0	＞8.0

盐渍化敏感性指数计算方法

$$YS_j = \sqrt[3]{\prod_{i=1}^{3} S_i} \qquad \text{(附 1-4)}$$

式中，YS_j—— j 空间单元土壤侵蚀敏感性指数；

S_i——i 因素敏感性等级值。

2. 生态系统重要性指数

生态系统重要性指数计算公式：

［生态重要性］＝max{［水源涵养重要性］，［土壤保持重要性］，［防风固沙重要性］，［生物多样性维护重要性］}

采用公里网格的水源涵养重要性、土壤保持重要性、防风固沙重要性、生物多样性维护重要性分级数据，根据生态重要性单因子分级标准，实现生态重要性单因子分级。对生态重要性单因子分级图进行复合，判断重要生态系统出现的公里网格生态系统重要类型是单一型还是复合型。对单一型生态重要类型区域，根据其单因子重要性确定生态重要程度；对复合型生态重要类型，采用最大限制因素法确定生态系统重要程度。按公里网格的生态重要性程度分级结果，进行生态重要性分级，生态重要性程度划分为重要性高、重要性较高、重要性中等、重要性较低和重要性低。

数据来源：参考《中国生态功能区划》。

（1）水源涵养重要性评价

区域生态系统水源涵养的生态重要性在于整个区域对评价地区水资源的依赖程度及洪水调节作用。因此，可以根据评价地区对区域、城市、流域中所处的地理位置以及对整个流域水资源的贡献来评价。分级指标参见附表 1-6。

附表 1-6　生态系统水源涵养重要性分级表

类型	干旱	半干旱	半湿润	湿润
城市水源地	极重要	极重要	极重要	极重要
农灌取水区	极重要	极重要	中等重要	不重要
洪水调蓄	不重要	不重要	中等重要	极重要

（2）土壤保持重要性评价

土壤保持重要性的评价在考虑土壤侵蚀敏感性的基础上，分析其可能造成的对下游河流和水资源的危害程度，分级指标参见附表 1-7。

附表 1-7　土壤保持重要性分级指标

影响水体 \ 土壤保持敏感性	不敏感	轻度敏感	中度敏感	高度敏感	极敏感
1～2 级河流及大中城市主要水源水体	不重要	中等重要	极重要	极重要	极重要
3 级河流及小城市水源水体	不重要	较重要	中等重要	中等重要	极重要
4～5 级河流	不重要	不重要	较重要	中等重要	中等重要

（3）防风固沙重要性评价

防风固沙重要性见附表 1-8。

附表 1-8 防风固沙重要性评价

生态系统类型	沙漠化程度	防风固沙重要性
森林生态系统 草原生态系统 草甸生态系统 荒漠生态系统 湿地生态系统	半流动沙地	高
	半固定沙地	高
	流动沙地	较高
	固定沙地	中等

（4）生物多样性维护重要性评价

主要是评价区域内各地区对生物多样性保护的重要性。重点评价生态系统与物种保护的重要性。

地区生物多样性保护重要性评价可以根据生态系统或物种占全省物种数量比率和重要保护物种地分布，来评价区域生物多样性保护重要性。参照附表 1-9、附表 1-10。

附表 1-9 生物多样性保护重要地区评价

生态系统或物种占全省物种数量比率	重要性
优先生态系统，或物种数量比率 ＞30%	极重要
物种数量比率 15%～30%	中等重要
物种数量比率 5%～15%	比较重要
物种数量比率 ＜5%	不重要

附表 1-10 生物多样性保护重要地区评价

国家与省级保护物种	重要性
国家一级	极重要
国家二级	中等重要
其他国家与省级保护物种	比较重要
无保护物种	不重要

3. 人口集聚度指数

人口集聚度计算公式

$$[人口集聚度]=[人口密度]\times d \quad (附1\text{-}5)$$

$$[人口密度]=[总人口]/[土地面积] \quad (附1\text{-}6)$$

$$[人口流动强度]=[暂住人口]/[总人口]\times 100\% \quad (附1\text{-}7)$$

式中，总人口 ——各评价单元的常住人口总数；

暂住人口——评价单元内暂住半年以上的流动人口；

d——人口流动强度，根据评价单元内暂住人口占常住总人口的比重分级状况取值。

计算评价单元的人口集聚度时，在 GIS 制图软件功能支持下，将“人口集聚度”指标值由高值样本区向低值样本区按样本数的分布频率自然分等；按照人口集聚度高低差异，依次划分为 5 个等级。

数据来源：评价单元统计年鉴等。

4. 经济发展水平指数

经济发展水平指数计算公式

［经济发展水平］＝［人均 GDP］$\times K_{\text{GDP 增长率}}$　（附 1-8）

［人均 GDP］＝［GDP］/［总人口］　（附 1-9）

［GDP 增长率］＝（［GDP_{i+5}］/［GDP_i］）1/5–1　（附 1-10）

式中，GDP 增长率——近 5 年，各评价单元 GDP 的增长率；

$K_{\text{GDP 增长率}}$——根据评价单元的 GDP 增长率分级状况取值。

计算评价单元的经济发展水平。在 GIS 制图软件功能支持下，将经济发展水平指标值从高值样本区向低值样本区按样本数的分布频率自然分等。按照经济发展水平高低差异，依次划分为 5 个等级。

数据来源：评价单元统计年鉴等。

5. 环境容量指数

环境容量指数计算公式

［环境容量］=max{[大气环境容量]，［水环境容量］}　（附 1-11）

（1）大气环境容量的计算

$$[\text{大气环境容量}] = A\cdot(C_{ki}-C_0)\cdot S_i/\sqrt{S} \quad (\text{附 1-12})$$

式中，A——地理区域总量控制系数，根据评价区域的地理位置和《制定地方大气污染物排放标准的技术方法》（GB/T 13201—91）确定；

C_{ki}——国家或者地方关于大气环境质量标准中所规定的与第 i 类功能区类别一致的相应年日平均浓度，mg/m^3；

C_0——背景深度，在有清洁监测点的区域，以该点的监测数据为污染物的背景浓度 C_0，在无条件的区域，背景浓度 C_0 可以假设为 0；

S_i——第 i 类功能区面积；

S——评价单元的建成区面积。

数据来源：《制定地方大气污染物排放标准的技术方法》（GB/T 13201—91）、《环境空气环境质量标准》（GB 3095—1996）、各评价单元环境质量公报、大气环境功能区划、统计年鉴等。实施新空气质量标准的地方，采用《环境空气环境质量标准》（GB 3095—2012）。

（2）水环境容量的计算

$$[\text{水环境容量}] = Q_i\cdot(C_i-C_{i0})+kC_iQ_i \quad (\text{附 1-13})$$

式中，C_i ——第 i 功能区的目标浓度；

C_{i0} ——第 i 种污染物的本底浓度。无监测条件的区域，该参数可以假设为 0；

Q_i ——第 i 功能区可利用地表水资源量；

k ——为污染物综合降解系数。根据一般河道水质降解系数参考值。

数据来源：地区水功能区划、环境质量公报、水资源公报。

（3）承载能力的计算

对于特定污染物的环境容量承载能力指数 a_i：

承载能力计算公式

$$a_i = \frac{P_i - G_i}{G_i} \tag{附 1-14}$$

式中，a_i ——污染物 i 的环境容量承载能力指数；

G_i ——污染物 i 的环境容量；

P_i ——污染物 i 的排放量。

按照数值的自然分布规律，对单因素环境容量承载指数（a_i）进行等级划分，分别是无超载（$a_i \leqslant 0$）、轻度超载（$0 < a_i \leqslant 1$）、中度超载（$1 < a_i \leqslant 2$）、重度超载（$2 < a_i \leqslant 3$）和极超载（$a_i > 3$）。将主要污染物（SO_2、NO_2、化学需氧量、氨氮）的承载等级分布图进行空间叠加，取最高的等级为综合评价的等级，评价等级分为 5 级。

数据来源：环境质量公报等。

6. 环境质量指数

环境质量指数计算公式

［环境质量指数］＝ min{［大气环境质量］，［地表水环境质量］，［土壤环境质量］}

（附 1-15）

根据水环境、大气环境质量监测数据，对地表水环境质量、大气环境质量和土壤环境质量达标情况进行评价，按照达标情况较差的指标表征评价单元环境质量指数，根据环境质量达标程度划分为优、良、一般轻度污染、中度污染和重度污染 5 级。

数据来源：环境质量公报、环境质量报告书等。

（1）大气环境质量

大气环境质量用空气污染指数（API）表示。实施新空气质量标准的地方，采用《环境空气环境指数（AQI）技术规定》（HJ 633—2012）。

API＝max {[二氧化硫污染指数]，[氮氧化物污染指数]，[总悬浮颗粒物污染物指数]}

（附 1-16）

API 评价指数参照附表 1-11 进行。

附表 1-11　大气环境质量评价

API 取值	空气质量状况
＜50	优
51～100	良好
101～150	轻微污染
151～200	轻度污染
201～300	中度污染
＞300	重度污染

（2）地表水环境质量

河流、流域（水系）水质评价：当河流、流域（水系）的断面总数少于 5 个时，计算河流、流域（水系）所有断面各评价指标浓度的算术平均值，然后按照附表 1-12 方法评价。

附表 1-12 断面水质定性评价

水质类别	水质状况
Ⅰ～Ⅱ类水质	优
Ⅲ类水质	良好
Ⅳ类水质	轻度污染
Ⅴ类水质	中度污染
劣Ⅴ类水质	重度污染

当河流、流域（水系）的断面总数在 5 个（含 5 个）以上时，采用断面水质类别比例法，即根据评价河流、流域（水系）中各水质类别的断面数占河流、流域（水系）所有评价断面总数的百分比来评价其水质状况。河流、流域（水系）的断面总数在 5 个（含 5 个）以上时不作平均水质类别的评价。河流、流域（水系）水质类别比例与水质定性评价分级的对应关系见附表 1-13。

附表 1-13 河流、流域（水系）水质定性评价分级

水质类别	水质状况
Ⅰ～Ⅲ类水质比例≥90%	优
75%≤Ⅰ～Ⅲ类水质比例<90%	良好
Ⅰ～Ⅲ类水质比例<75%，且劣Ⅴ类比例<20%	轻度污染
Ⅰ～Ⅲ类水质比例<75%，且 20%≤劣Ⅴ类比例<40%	中度污染
Ⅰ～Ⅲ类水质比例<60%，且劣Ⅴ类比例≥40%	重度污染

（3）土壤环境质量

土壤环境质量利用土壤污染指数（SPI）衡量。

$$\mathrm{SPI}=\frac{\sum P_i}{i} \qquad \text{（附 1-17）}$$

$$P_i=\frac{C_i}{S_i} \qquad \text{（附 1-18）}$$

式中，P_i——第 i 类土壤污染物单因子的土壤污染程度；

C_i——第 i 类土壤污染物的实测值；

S_i——第 i 类土壤污染物的评价标准。

7. 污染物排放指数

污染物排放指数计算公式

［污染物排放指数］＝ max{［水污染物排放指数］，［大气污染物排放指数］}（附 1-19）

［水污染物排放指数］＝ max{［化学需氧量排放强度］，［氨氮排放强度］}　（附 1-20）

［大气污染物排放指数］＝ max{［二氧化硫排放强度］，［氮氧化物排放强度］}　（附 1-21）

根据区域大气、水环境主要污染物排放情况，以排放压力较大的指标表征区域污染物排放指数，根据污染物排放强度换算污染物排放等级。

数据来源：统计年鉴、环境质量公报、环境质量报告书等。

8. 可利用土地资源指数

可利用土地资源指数计算公式

［人均可利用土地资源］＝［可利用土地资源］/［常住人口］　（附 1-22）

［可利用土地资源］＝［适宜建设用地面积］－［已有建设用地面积］－［基本农田面积］　（附 1-23）

［适宜建设用地面积］＝（［地形坡度］∩［海拔高度］）－［所含河湖库等水域面积］－［所含林草地面积］－［所含沙漠戈壁面积］　（附 1-24）

［已有建设用地面积］＝［城镇用地面积］＋［农村居民点用地面积］＋［独立工矿用地面积］＋［交通用地面积］＋［特殊用地面积］＋［水利设施建设用地面积］　（附 1-25）

［基本农田面积］＝［［适宜建设用地面积］内的耕地面积］$\times\beta$　（附 1-26）

式中，β 取 0.8 或 1。

按指标计算方法的要求和所需参量进行评价单元数据的提取和计算。按指标计算方法计算可利用土地资源进行丰度分级：丰富、较丰富、中等、较缺乏、缺乏。

数据来源：地区统计年鉴、土地利用总体规划、城市总体规划等。

9. 可利用水资源指数

可利用水资源指数计算公式

［人均可利用水资源潜力］＝［可利用水资源潜力］/［常住人口］　（附 1-27）

［可利用水资源潜力］＝［本地可开发利用水资源量］－［已开发利用水资源量］＋［可开发利用入境水资源量］　（附 1-28）

［本地可开发利用水资源量］＝［地表水可利用量］＋［地下水可利用量］　（附 1-29）

［地表水可利用量］＝［多年平均地表水资源量］－［河道生态需水量］－［不可控制的洪水量］　（附 1-30）

[地下水可利用量]＝［与地表水不重复的地下水资源量］－［地下水系统生态需水量］－［无法利用的地下水量］　（附 1-31）

［已开发利用水资源量］＝［农业用水量］+［工业用水量］+［生活用水量］+［生态用水量］ （附 1-32）

［入境可开发利用水资源潜力］＝［现状入境水资源量］×[分流域片] （附 1-33）

式中，分流域片的取值范围为 0～5%。

采集多年平均水资源量；计算河道生态需水和不可控制洪水量，最后得出地表水可利用量；采集各评价单元多年平均地下水资源量；计算地下水系生态需水量和无法利用的地下水量，最后得出地下水可利用量；将地表水可利用量和地下水可利用量相加得到本地可开发利用水资源量。采集农业、工业、居民生活、城镇公共的实际用水量和生态用水量，计算已开发利用水资源量。采集上游邻近水文站实测的平均年流量数据作为多年平均入境水资源量，计算入境可开发利用水资源潜力。计算可利用水资源潜力和人均可利用水资源潜力，并划分为丰富、较丰富、中等、较缺乏和缺乏 5 个等级。

数据来源：水资源公报、统计年鉴等。

附录 2

环境功能评价指标基础数据

一级指标	二级指标	三级指标	基础指标
自然生态安全类指数	生态系统敏感性指数	沙漠化敏感性	1. 湿润指数
			2. 冬春季风速大于 6 m/s 大风的天数
			3. 土壤质地
			4. 植被覆盖（冬春）
		土壤侵蚀敏感性	5. 降水侵蚀力
			6. 土壤质地
			7. 地形起伏度
			8. 植被类型
		石漠化敏感性	9. 喀斯特地形
			10. 坡度
			11. 植被覆盖
		盐渍化敏感性	12. 蒸发量/降雨量
			13. 地下水矿化度
			14. 地形
	生态系统重要性指数	水源涵养重要性	15. 城市水源地
			16. 农灌取水区
			17. 洪水调蓄
		土壤保持重要性	18. 1～2 级河流及大中城市主要水源水体
			19. 3 级河流及小城市水源水体
			20. 4～5 级河流
		防风固沙重要性	21. 半流动沙地
			22. 半固定沙地
			23. 流动沙地
			24. 固定沙地
		生物多样性保护重要性	25. 生态系统或物种占全省物种数量比率
			26. 优先生态系统，或物种数量比率 ＞30%
			27. 物种数量比率 15%～30%
			28. 物种数量比率 5%～15%
			29. 物种数量比率 ＜5%
			30. 国家与省级保护物种
			31. 国家一级保护物种
			32. 国家二级保护物种
			33. 其他国家与省级保护物种
			34. 无保护物种

一级指标	二级指标	三级指标	基础指标
人群健康维护类指数	人口集聚度指数	人口密度	35. 总人口
			36. 土地面积
		人口流动强度	37. 暂住人口
	经济发展水平指数	人均 GDP	38. GDP
		GDP 增长率	39. 近 5 年的 GDP
区域环境支撑能力指数	环境容量指数	大气环境容量	40. 区域总量控制系数
			41. 大气环境质量标准
			42. 污染物背景深度
			43. 功能区面积
			44. 建成区面积
		水环境容量	45. 功能区的目标浓度
			46. 污染物的本底浓度
			47. 可利用地表水资源量
			48. 污染物综合降解系数
		承载能力	49. 污染物的环境容量
			50. 污染物的排放量
	环境质量指数	大气环境质量	51. 二氧化硫污染指数
			52. 氮氧化物污染指数
			53. 总悬浮颗粒物污染指数
		地表水环境质量	54. Ⅰ～Ⅲ类水质比例
			55. 劣Ⅴ类比例
		土壤环境质量	56. 重金属土壤污染指数
			57. 有机物土壤污染指数
	污染物排放指数	水污染物排放指数	58. 化学需氧量排放强度
			59. 氨氮排放强度
		大气污染物排放指数	60. 二氧化硫排放强度
			61. 氮氧化物排放强度
	可利用土地资源指数	可利用土地资源	62. 适宜建设用地面积
			63. 已有建设用地面积
			64. 基本农田面积
	可利用水资源指数	地表水可利用量	65. 多年平均地表水资源量
			66. 河道生态需水量
			67. 不可控制的洪水量
		地下水可利用量	68. 与地表水不重复的地下水资源量
			69. 地下水系统生态需水量
			70. 无法利用的地下水量
		已开发利用水资源量	71. 农业用水量
			72. 工业用水量
			73. 生活用水量
			74. 生态用水量
		入境可开发利用水资源潜力	75. 现状入境水资源量
			76. 分流域片取值范围

附录 3

环境功能区划制图标准

1. 环境功能区划制图基本要求

（1）制图基本要求

地图投影：全国图及分省图统一采用 Lambert 或 Albers 投影（均为正轴等面积割圆锥投影）。

图廓范围：内图廓尺寸 1.2 m×1.0 m，外图廓尺寸 1.3 m×1.1 m 的框架范围内。

制图数据源：根据全国数据和地理区域情况选用 1∶25 万、1∶5 万比例尺基础地理信息数据作为地理底图数据。

图面内容：由地理底图要素和专题要素两部分组成，提交的纸质和数字形式表达的地图应使用相应的图例符号及设色。

（2）地理底图要素内容及表达

为突出五种环境功能类型区的专题内容，地理底图以素色为主，国外陆地部分以淡灰色填充，海域部分以淡蓝色填充，主要表示以下要素：

[经纬网] 经纬线以图廓形式表示，同时在内外图廓间绘有分度带，需要时将对应点连接即构成很密的经纬线网。（注：省区图不绘制此要素）

[境界线] 国内部分表示国界、省界、地区界、县界，国外部分表示图界、地区界和军事分界线。

[交通] 国内部分表示高速公路、国道线、主要道路、铁路，国外部分不表示。

[水系] 国内部分表示国内主要河流、湖泊，国外部分不表示。

[居民地] 国内部分表示首都、直辖市、省会城市、地级市，国外部分不表示。

[各类名称注记] 国内部分表示首都、直辖市、省会城市名称注记、省级行政区域注记，国内主要河流、湖泊名称注记；国外部分表示邻国名称注记、重要海域、重要岛屿名称注记。

[其他制图要素] 包括图题（位置应选在图纸的上方正中，图纸的左上侧或右上侧）、比例尺、图例（应位于图纸的下方或下方的一侧）及其他可选要素（署名、编绘日期等）。

2. 图件可视化地图表达中的注意事项

公开地图应严格执行国测法字[2003]1 号“关于印发《公开地图内容表示若干规定》的通知”，公开前应通过国家的地图审核，详见《地图审核管理规定》（2006 年 6 月 23 日中华人民共和国国土资源部令第 34 号规定，自 2006 年 8 月 1 日起施行）或测绘行政主管部门的相关规定。

内部或公开使用地图数据，国家、省、地区、县行政区划界线、代码和名称参照 1∶100 万《中华人民共和国省级行政区域界线标准画法图集》绘制，国界线画法依据 1∶100 万《中国国界线画法标准样图》（国家测绘局 2001 年编制）绘制。

3. 成果数据的基本要求

全国环境功能区划图件统一使用 1∶25 万比例尺的基础地理数据作为底图。

环境功能区划基本单元为县级行政区域，在相关属性表中要求使用最新的政区界线、名称和代码，取值内容依据国家标准《中华人民共和国行政区划代码》（GB/T 2260—2006）。如使用其他年代的行政区划代码，应附详细说明。

如果将属性数据转换为 Excel 表，要求表中数据项包括：标准行政区域名称、标准行政区划代码、与县级行政区域单元对应的专题数据项及说明格式。

数据格式：上交地图原则上使用 ARC/INFO Coverage 或 Shape file 格式。如果没有条件转为上述格式，可使用其他常见、通用 GIS 商业软件矢量数据格式，但需要说明软件名称和版本。统计表格数据可使用 Excel 表格式。

第二部分

主要污染物排放总量控制规划技术指南

污染减排是调整经济结构、转变发展方式、改善民生的重要抓手，是改善环境质量、解决区域性环境问题的重要手段。总量控制和污染减排是一项科学性、系统性、复杂性都很强的工程。科学编制总量控制规划是污染减排的主要基础。中国从“九五”开始就实施主要污染物排放总量控制，把污染减排作为环境保护的重要任务。受总量控制规划的科学性和可操作性以及社会经济和环境管理水平的影响，“九五”和“十五”期间的总量控制规划目标都没有完全实现。“十一五”期间，国家加强了污染物总量控制规划编制的研究，建立了相对科学合理的总量分配方法，通过实施减排措施，大幅度推进治污工程建设，全国主要污染物化学需氧量和二氧化硫排放基本得到控制，环境恶化趋势得到一定程度缓解，但总体环境形势依然严峻。

目前，以化学需氧量为代表的水体有机污染尚未解决，部分水域富营养化问题突出；酸雨污染未得到有效缓解，二氧化硫、氮氧化物等转化形成的细颗粒物污染加重，光化学烟雾频繁发生，许多城市和区域呈现复合型大气污染的严峻态势。因此，总量控制和污染减排是中国环境保护一项长久、持续而艰巨的任务。考虑到污染减排是“十二五”环境保护规划的重要组成部分，同时为了给“十二五”排污总量指标分配和减排考核评估提供依据，环境保护部总量控制管理司组织编制《“十二五”主要污染物总量控制规划技术指南》（以下简称《指南》）。环境保护部环境规划院作为总量控制和污染减排的主要技术单位，承担了《指南》的编制工作。此《指南》是在环境保护部总量控制管理司赵华林司长、刘炳江司长、于飞副司长、黄小赠副司长等领导的直接指导下，主要由环境规划院洪亚雄院长、吴舜泽副院长、王金南副院长、杨金田副总工、王东副主任、严刚副主任以及水环境规划部和大气环境规划部的研究人员共同完成的。具体编写分工为，吴舜泽负责总体框架设计；杨金田、王东负责第 1 章；杨金田、严刚、吴悦颖负责第 2 章；陈潇君、张文静负责第 3 章；文宇、陈潇君负责第 4 章；蒋春来、孙娟负责第 5 章；蒋春来、刘伟江、杨金田、吴悦颖负责第 6 章。同时，得到了中国环境科学研究院、清华大学、北京大学、中国环境监测总站等单位的大力支持。

《指南》主要供各省（区、市）和城市编制总量控制规划时使用和参考。环境保护部总量控制管理司还将在本《指南》以及发布污染减排规划方案基础上，制定和发布《主要污染物总量减排核算细则》，从技术层面具体指导地方污染减排的工作。

第1章　总 则

1.1　目的和意义

“十二五”期间我国仍然处于工业化中后期，工业化和城市化仍将处于加快发展阶段，资源能源与环境矛盾将更加集中。为实现 2020 年全面建设小康社会、主要污染物排放量得到有效控制、生态环境质量明显改善的战略目标，应抓住“十二五”这一经济社会发展的转型期和解决重大环境问题的战略机遇期，继续强化污染减排，加大落后产能淘汰力度，促进经济发展模式转变，推动经济与环境协调发展。

科学编制总量控制规划是落实国家环保目标、有效配置公共资源、强化政府宏观调控措施的一项重要工作，是“十二五”环境保护规划的重要组成部分，是指导“十二五”污染减排工作的纲领性文件，同时也是“十二五”排污总量指标分配、减排考核评估的重要依据。

为进一步加强总量控制规划编制的科学性和规范性，提高规划指导性和可操作性，保障“十二五”总量控制目标任务的顺利完成，特制订《“十二五”主要污染物总量控制规划编制技术指南》（以下简称《指南》），指导各省（区、市）总量控制规划编制和实施工作。

1.2　指导思想

以科学发展观为指导，以改善环境质量为立足点，深入推进主要污染物排放总量控制工作，强化结构减排、细化工程减排、实化监管减排，明确主要污染物总量控制目标要求、重点任务和保障措施，加大投入、完善政策、落实责任，确保实现“十二五”污染减排目标。

1.3　编制原则

1.3.1　统筹衔接

规划编制要服从于国家宏观经济政策、节能减排重大战略、产业布局和结构调整要求，从源头预防、过程控制、末端治理等全过程系统控制角度，对主要污染物总量控制规划进行总体设计。在规划目标与规划方案的制定过程中，要加强统筹协调、上下衔接、部门联动，做到宏观与微观相结合、区域与流域相结合、行业与项目相结合。

1.3.2 分类指导

各省（区、市）应基于分区域、分流域、分行业的技术、政策、标准等差异化要求，合理测算减排潜力。总量控制目标与任务应结合当地社会经济发展目标和资源能源消费需求，综合考虑地区差异、经济发展水平、环境质量状况、污染治理现状、污染密集型行业比重、环境容量等因素，因地制宜地确定。各地应根据实际情况，实施区域性、特征性污染物总量控制。

1.3.3 分解落实

按照污染源普查动态更新工作要求，准确掌握本辖区主要污染物排放状况、重点行业治理水平，科学测算总量控制基数、新增量，上下统筹衔接，将减排任务分解落实到地区、行业、项目，明确工作重点，落实责任、严格考核，通过规划编制切实推动“十二五”污染减排工作。

1.3.4 合理可行

总量控制目标确定和任务落实要兼顾减排需求和实际可能，在综合考虑新增量的基础上，按照技术可达可控、政策措施可行、经济可承受的思路，做好存量、新增量、减排潜力、削减任务之间的系统分析，合理把握工作节奏和步伐，做到总量控制目标、任务和投入、政策相匹配。

1.4 总量控制目标和指标

各省（区、市）应按照本《指南》的方法，科学测算污染物新增量，深入挖潜分析减排量，合理制定“十二五”减排目标，明确提出减排工程的建设和政策措施的制定计划，于 2010 年 8 月上报本省（区、市）“十二五”总量控制规划（一上稿）。国家结合经济发展态势、产业结构调整要求、环境管理政策标准、区域流域环境质量等因素综合平衡提出各省（区、市）总量控制任务要求（一下稿），在“十二五”全国主要污染物总量控制规划批复后，各省（区、市）根据国家总体要求提出总量控制规划修改稿（二上稿），国家正式下达总量控制任务要求（二下稿），并签署目标责任状。

1.4.1 控制因子

在“十一五”化学需氧量（COD）和二氧化硫（SO_2）两项主要污染物的基础上，“十二五”期间国家将氨氮（NH_3-N）和氮氧化物（NO_x）纳入总量控制指标体系，对上述四项主要污染物实施国家总量控制，统一要求、统一考核。“十二五”期间水污染物总量控制还将把污染源普查口径的农业源纳入总量控制范围。

各地可根据当地环境质量状况和污染特征，增设地方特征性污染物控制因子，由各地实施考核。

国家专项规划和本省（区、市）规划有明确控制要求的区域性、特征性污染控制因子，有关地区应将其纳入“十二五”总量控制规划，予以统筹安排。

1.4.2 目标确定

以改善当地环境质量为核心，以降低流域内水体中主要污染物环境浓度、区域中酸沉降强度为重点，综合考虑本地区经济发展需求、污染物排放强度、现有源减排潜力等因素，基于排放基数、新增量测算、减排潜力分析，合理确定减排目标。

减排目标采取绝对量和相对量两种表达形式。绝对量指 2015 年排放控制量相对于 2010 年排放基数的减排量（以万吨/年表示），相对量指该绝对量相对于 2010 年排放基数的削减比例（以百分数表示）。

各省（区、市）“十二五”主要污染物削减比例原则上参照本省（区、市）“十一五”减排比例要求测算，其中，化学需氧量、氨氮总量削减比例参照“十一五”化学需氧量削减比例，各地工业水污染物减排的比例原则上不得低于“十二五”主要水污染物减排比例；二氧化硫、氮氧化物总量削减比例参照“十一五”二氧化硫削减比例。在减排项目清单编制过程中，各省（区、市）在充分挖掘工程减排潜力的基础上，应提出严于国家的区域性产业结构调整要求，严格控制新增量，应制定确保能实现“十一五”减排比例要求的情景方案。

1.5 规划基准年与排放基数

规划编制的基准年为 2010 年，规划目标年为 2015 年。

各省（区、市）应以污染源普查动态更新后的 2009 年主要污染物排放量为基础，采用 2007—2009 年的污染源普查口径数据变化趋势递推，参考 2010 年污染物减排计划及“十一五”污染减排实际进展情况，推算 2010 年排放量，作为总量控制规划“一上”、“一下”、“二上”的排放量基数。污染源普查中的集中式污染治理设施的排放量和削减量要结合各地实际，合理分摊到工业和生活污染源。待 2010 年实际排放量确定后，国家统一调整排放基数，作为“十二五”总量控制方案（二下稿）和“十二五”减排考核的基数。

1.6 规划编制技术路线

规划编制的技术路线（见图 2-1-1）包括以下步骤：

（1）对“十一五”污染减排工作的执行情况以及“十二五”减排形势进行分析，确定总量控制规划的范围（时间、控制指标以及控制对象等），掌握基础数据；

（2）分析 2009 年排放量，确定基准年污染物排放基数；

（3）测算“十二五”期间主要污染物新增量（包括地方特征因子）；

（4）测算减排潜力并提出相应的总量减排措施方案，应落实到重点工程和淘汰落后产能的重点项目上；

（5）根据经济技术可行性分析结果提出总量控制初步目标，采用“二上二下”方式协调确定各省（区、市）总量控制目标；

（6）统筹考虑各项目实施计划安排、流域区域污染防治专项规划等，国家与各省（区、市）签订目标责任状；

（7）各省（区、市）将减排目标任务、项目实施进度要求等进行分解落实，制定实施方案，推进各项政策措施；

（8）实施“十二五”总量控制规划以及年度总量减排计划。

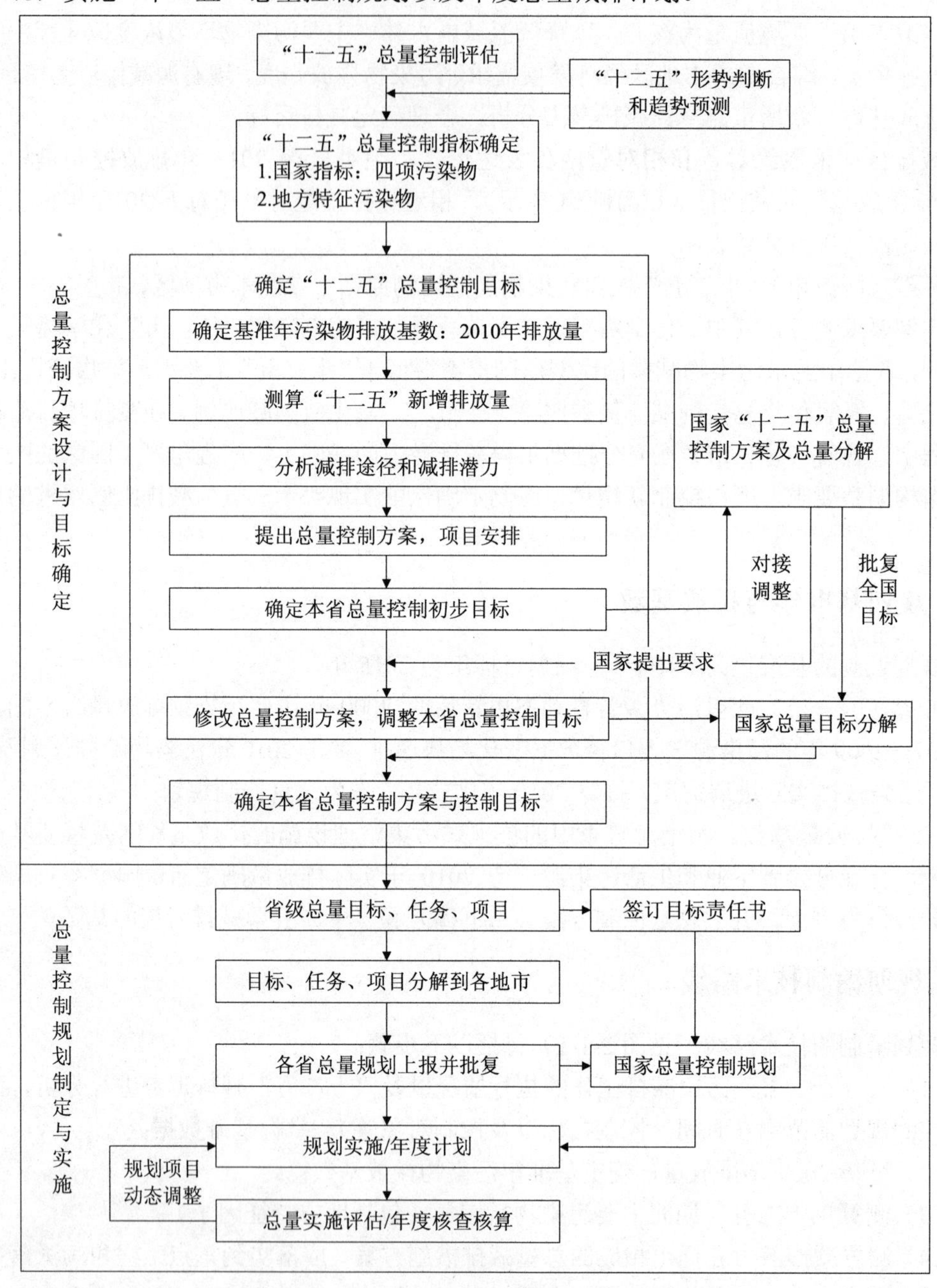

图 2-1-1 “十二五”总量控制规划编制技术路线图

第2章 “十一五”主要污染物总量控制实施情况评估

结合“十二五”减排潜力分析需求，对“十一五”主要污染物总量控制实施情况进行系统、全面的梳理、分析、评估。

2.1 总量控制目标完成情况

说明本辖区“十一五”各年度主要污染物排放总量，主要排污行业（如电力、钢铁、有色、建材、石油和化工、造纸、纺织印染、食品酿造等）各年度排污情况，分析本辖区减排重点区域和重点行业。

2.2 主要减排措施落实情况

按照城镇集中污水处理设施、火电厂脱硫设施、工业污染治理、淘汰关停落后产能等方面分别说明“十一五”减排措施的落实情况，其中工业污染治理和淘汰关停落后产能落实情况应给出本辖区重点行业的相关情况。

2.3 减排配套政策制定和落实情况

国家政策的落实情况以及本地出台的污染减排配套政策情况。

2.4 实施中存在的问题与建议

总结本辖区“十一五”主要污染物总量控制规划实施中的有关问题，提出“十二五”总量控制实施建议。

第3章 “十二五”主要污染物总量控制总体思路

3.1 水污染物总量控制总体思路

（1）推进重点行业结构优化调整，严格控制新增量

工业重点行业的污染物削减仍然是“十二五”总量控制的重点任务，应从源头减少污染物新增量，进一步加大治理力度，避免形成生活污染持续削减而工业污染物排放量不断上升的局面。一是大幅度加大结构调整力度，优化产业结构，严格行业准入，以技术经济可行为依据，对重点行业的排放标准、清洁生产标准以及落后产能淘汰标准进行更新，倒逼造纸、纺织印染、酿造、化工、制革、制糖等重点行业提升产业技术水平，优化发展方式，减少污染物新增量。二是继续加大工业污染防治力度，提高行业污染治理技术水平，严格执行行业排放标准、清洁生产标准，降低污染物产生强度、排放强度，从根本上促进工业企业全面、稳定达标排放。

（2）加快县城和重点建制镇污水处理设施建设，大力提高治污设施环境绩效

一是提高现有污水处理厂的负荷率和城镇污水管网覆盖率。二是采取适宜工艺推进县和有条件的重点建制镇建设污水处理设施，大力推进环境基本公共服务均等化。三是对重点区域、流域城市污水处理设施实施提标改造，提升其氮、磷去除效果，重点流域范围内的城市污水处理厂要实现污染物排放标准中规定的基本控制项目全面达标。四是把城市污水处理厂的污泥处理处置设施建设纳入减排工作的重要内容，未达到相关要求的予以扣减削减量。五是北方缺水城市要继续提高污水回用规模，明确污水回用方式和途径。

（3）把农业污染源纳入总量控制管理体系，着力推进畜禽养殖污染防治工作

“十二五”期间将以规模化畜禽养殖场和养殖小区为主要切入点，将农业污染源将纳入污染物总量减排体系。一是以集约化养殖场和养殖小区为重点，加快建设养殖场沼气工程和畜禽养殖粪便资源化利用工程，防治畜禽养殖污染。建设秸秆、粪便、生活垃圾等有机废弃物处理设施，推进人畜粪便、生活垃圾等向肥料、饲料、燃料转化。二是大力推广节约型农业技术，推广测土配方施肥技术，提倡增施有机肥。科学合理使用高效、低毒、低残留农药。三是推行农村生活污染源排放控制，探索分散型污水处理技术的推广和应用。落实好“以奖促治”“以奖代补”政策措施，推进农村环境综合整治。

3.2 大气污染物总量控制总体思路

（1）推进能源结构持续优化，严格控制新增量

严格执行国家产业政策，全面落实淘汰落后产能要求，在单位面积排放强度大的地区

要进一步加严产业结构调整要求，遏制高耗能、高污染产业过快发展，严格控制污染物新增量。新建项目必须按照先进的生产技术和最严格的环保要求进行控制，大幅度降低污染物排放强度，其中电力行业新建燃煤机组全部配套低氮燃烧技术并建设脱硫、脱硝设施，冶金行业新建烧结机全部脱硫，机动车实行国四排放标准、供应配套油品。进一步改善能源消费结构，控制煤炭消费增量，促进经济发展的绿色转型。

（2）巩固电力行业减排成果，推进二氧化硫全面减排

“十二五”期间，二氧化硫减排将步入精细化管理阶段，要在“十一五”电力行业二氧化硫减排取得明显成效的基础上推进全面减排，重点加大冶金、建材、石化、有色等非电力行业以及燃煤锅炉的二氧化硫减排力度，由“十一五”主要依赖工程减排向工程减排、结构减排和管理减排齐头并进的方向转变。电力行业强化脱硫设施的升级改造与运行管理，显著提高综合脱硫效率，其他行业加快脱硫设施建设；燃煤锅炉走结构升级技术路线，以集中供热和热电联产替代小型燃煤锅炉，对大吨位燃煤锅炉因地制宜安装脱硫设施。

（3）推进电力行业和机动车氮氧化物排放控制，突出重点行业和重点区域减排

氮氧化物排放控制以电力行业和机动车为重点，强化重点区域减排。电力行业全面推行低氮燃烧技术，新建机组安装高效烟气脱硝设施，现役机组应因地制宜、因煤制宜、因炉制宜地加快烟气脱硝设施建设，强化已建脱硝设施的运行管理；机动车提高新车准入门槛，加大在用车淘汰力度，重点地区供应国四油品；冶金、水泥行业以及燃煤锅炉推行低氮燃烧技术或烟气脱硝示范工程建设，其他工业行业加快氮氧化物控制技术的研发和产业化进程。

第4章　“十二五”主要污染物新增量预测

科学合理预测污染物新增量是确定总量控制目标和制定减排规划的基础。主要污染物新增量指一个地区由于社会经济发展、城镇化水平提高和资源能源消耗增长等带来的污染物增量，是该地区社会经济发展速度和方式、资源能源消耗水平、污染治理技术、环境监管能力等情况的综合体现。各省（区、市）应依据“十二五”国民经济发展规划、资源能源发展规划、产业发展规划、重大产业布局等，按照严格控制增量的原则，根据污染物排放标准、产业环保技术政策与污染治理技术要求等合理预测新增量。

4.1　社会经济发展主要参数预测

规划期内国内生产总值（GDP）、工业增加值、城镇常住人口、能源消费总量及构成是主要污染物新增量预测的基础。

4.1.1　国内生产总值

根据基准年国内生产总值 GDP 和“十二五”GDP 增长率，预测 2015 年 GDP：

$$\mathrm{GDP}_{2015} = \mathrm{GDP}_{2010} \times \left(1 + r_{\mathrm{GDP}}\right)^5 \tag{2-4-1}$$

式中，GDP_{2010}、GDP_{2015}——2010 年、2015 年的地区国内生产总值，万元。GDP_{2010} 采用本辖区 2010 年预期值；

r_{GDP}——“十二五”GDP 年均增长率，%。优先采用本辖区“十二五”规划数据；没有“十二五”规划数据的，采用“十一五”期间 GDP 实际年均增长率。

4.1.2　工业增加值

“十二五”期间各年度工业增加值测算公式如下：

$$V_i = V_{2010} \times (1 + r_{工业})^{i-2010} \tag{2-4-2}$$

式中，V_i——i 年度的工业增加值，万元；

I——年度，2011—2015 年；

V_{2010}——2010 年工业增加值，万元。采用本辖区 2010 年预期值；

$r_{工业}$——“十二五”期间工业增加值年均增长率，%。优先采用本辖区“十二五”规划数据；没有“十二五”规划数据的，采用“十一五”期间工业增加值年均增长率。

排放氨氮的重点行业各年度工业增加值计算公式如下：

$$V_{i行业} = V_{2010行业} \times (1 + r_{行业})^{i-2010} \tag{2-4-3}$$

式中，$V_{i行业}$——i 年度 9 个重点行业工业增加值之和，万元。9 个重点行业包括化学原料及化学制品制造业，有色金属冶炼及压延加工业，石油加工、炼焦及核燃料加工业，农副食品加工业，纺织业，皮革、毛皮、羽毛（绒）及其制品业，饮料制造业，食品制造业，造纸及纸制品业；

$V_{2010行业}$——2010 年 9 个重点行业工业增加值之和，万元。采用本辖区 2010 年预期值；

$r_{行业}$——“十二五”期间 9 个重点行业工业增加值年均增长率，%。优先采用“十二五”规划数据；没有规划数据的，采用“十一五”期间 9 个重点行业工业增加值年均增长率。

4.1.3 城镇常住人口

2015 年城镇常住人口数优先采用本辖区“十二五”国民经济社会发展规划数据。没有规划数据的，测算公式如下：

$$P_{2015人口} = P_{2010人口} \times (1 + r_{人口})^5 \tag{2-4-4}$$

式中，$P_{2015人口}$——2015 年城镇常住人口，万人；

$P_{2010人口}$——2010 年城镇常住人口，万人。采用污染源普查动态更新后的城镇常住人口数据；

$r_{人口}$——“十二五”城镇常住人口年均增长率，%。优先采用本辖区“十二五”规划数据；没有规划数据的，采用“十一五”期间年均增长率，“十一五”期间按非农业人口进行统计的省份采用“十一五”非农业人口年均增长率。

4.1.4 能源消费量

能源消费量预测包括能源消费总量、煤炭消费量和电力煤炭消费量等指标。有“十二五”能源发展规划的，直接采用规划数据。没有规划数据的，采取以下方法进行测算。

（1）能源消费总量

2015 年能源消费总量测算公式如下：

$$\mathrm{En}_{2015} = \mathrm{GDP}_{2015} \times E_{2010} \times (1-\lambda) \tag{2-4-5}$$

式中，En_{2015}——2015 年能源消费总量，万 t 标煤；

E_{2010}——2010 年单位 GDP 能耗，t 标煤/万元。采用本辖区 2010 年预期值；

λ——“十二五”单位 GDP 能耗下降比例，%。根据当地“十二五”社会经济发展规划或能源发展规划取值；没有规划数据的，参照“十一五”单位 GDP 能耗下降比例取值。

（2）煤炭消费增量

根据“十二五”期间能源消费总量变化趋势，测算 2015 年煤炭消费量和“十二五”期间煤炭消费增量，公式如下：

$$M_{2015} = M_{2010} \times \frac{\mathrm{En}_{2015}}{\mathrm{En}_{2010}} \tag{2-4-6}$$

$$M_{增} = M_{2015} - M_{2010} \tag{2-4-7}$$

式中，M_{2010}、M_{2015}——2010 年、2015 年煤炭消费总量，万 t；

En_{2010}、En_{2015}——2010 年、2015 年能源消费总量，万 t 标煤；

$M_{增}$——“十二五”期间煤炭消费增量，万 t。

（3）电力煤炭消费增量

采用全口径方法预测燃煤机组发电量，根据“十一五”期间火力发电煤耗下降量预测 2015 年的发电标准煤耗，据此测算 2015 年发电煤炭消费量；热电联产供热量增加带来的煤炭消费增量，按照各地“十一五”期间供热煤炭消费量增长比例测算。

$$M_{2015电} = (\mathrm{CAP}_{2010} + \mathrm{CAP}_{十二五}) \times 5\,500 \times g_{2015} \times 1.4 \times 10^{-6} + M_{2015热} \tag{2-4-8}$$

$$M_{2015热} = M_{2010热} \times (1+\kappa)^5 \tag{2-4-9}$$

$$M_{电增} = M_{2015电} - M_{2010电} \tag{2-4-10}$$

式中，$M_{2015电}$、$M_{2010电}$——分别为 2015 年和 2010 年电力煤炭消费总量（包括发电和供热耗煤量），万 t；

$M_{电增}$——“十二五”期间电力煤炭消费增量，万 t；

CAP_{2010}——2010 年煤电装机容量，万 kW；

$\mathrm{CAP}_{十二五}$——“十二五”期间新增加的煤电装机容量，万 kW。采用项目累加方法，包括在建煤电机组、取得环评文件尚未开工的煤电机组、已经完成可行性研究的煤电机组等预计在“十二五”期间投产的煤电机组；

g_{2015}——2015 年发电标准煤耗，克/千瓦时，按照下式计算：

$$g_{2015} = g_{2010} - \Delta g \times 5 \tag{2-4-11}$$

g_{2010}——2010 年发电标准煤耗，g/（kW·h）；

Δg——2005—2010 年发电标准煤耗年均降低值，g/（kW·h）；

$M_{2015热}$、$M_{2010热}$——分别为 2015 年和 2010 年热电联产机组供热煤炭消费量，万 t；

κ——2005—2010 年热电联产机组供热煤炭消费量年均增长比例，%。2010 年供热耗煤量比 2005 年减少的省份，按照全国平均增长比例（6.2%）确定“十二五”供热耗煤量增长比例。

$$\kappa = \sqrt[5]{\frac{M_{2010热}}{M_{2005热}}} - 1 \tag{2-4-12}$$

如果“十二五”期间新增加的煤电装机容量（CAP $_{十二五}$）数据难以获取，可以按照2010年电力煤炭消费量占煤炭消费总量的比例预测“十二五”电力煤炭消费增量，见下式：

$$M_{电增} = M_{增} \times \frac{M_{2010电}}{M_{2010}} \tag{2-4-13}$$

4.2　工业水污染物新增量预测

化学需氧量和氨氮新增量预测包括工业、城镇生活、农业源三部分，预测口径以污染源普查动态更新后的口径为准（不预测未列入污染源普查口径的污染物新增量）。新增量采用排放强度法和产污系数法两种方法进行预测，其中工业化学需氧量和工业氨氮排放量采用排放强度法预测，城镇生活化学需氧量和氨氮排放量、农业源化学需氧量和氨氮排放量采用产污系数法预测。

4.2.1　工业化学需氧量新增量

“十二五”期间，工业化学需氧量新增量为2011—2015年各年度工业化学需氧量新增量之和。“十二五”期间减排核查将按照分年度排放强度进行核算。原则上，新增量采用分年度排放强度和分年度工业增加值增量进行测算。为简化计算，也可采用2010年和2014年的排放强度平均值与“十二五”期间工业增加值增量测算，公式如下：

$$E_{工业COD} = I_{COD} \times (V_{2015} - V_{2010}) \tag{2-4-14}$$

$$I_{COD} = \frac{I_{2010COD} + I_{2014COD}}{2} \tag{2-4-15}$$

$$I_{iCOD} = I_{2010COD} \times (1 - r_{COD})^{i-2010} \tag{2-4-16}$$

式中，$E_{工业COD}$——“十二五”期间工业COD新增量，t；

V_{2010}——2010年辖区工业增加值，万元；

V_{2015}——2015年辖区工业增加值，万元；

$I_{2010COD}$——2010年度工业增加值COD排放强度，t/万元。采用2010年本辖区预期值；

I_{iCOD}——i年度单位工业增加值的COD排放强度，t/万元。以2010年的单位工业增加值COD排放强度为基础，逐年等比例递减，i为2011—2014年；

r_{COD}——“十二五”期间COD工业增加值排放强度年均递减率，%。取2007年、2009年COD工业增加值排放强度递减率的算术平均值，公式如下：

$$r_{COD} = \left(\frac{I_{2007COD} - I_{2009COD}}{I_{2007COD}}\right) /2 \tag{2-4-17}$$

4.2.2 工业氨氮新增量

“十二五”期间，工业氨氮新增量为 2011—2015 年各年度重点行业氨氮新增量之和。原则上，新增量采用分年度排放强度和分年度工业增加值增量进行测算。为简化计算，也可采用 2010 年和 2014 年的排放强度平均值与“十二五”期间工业增加值增量测算，公式如下：

$$E_{工业氨氮} = I_{氨氮} \times (V_{2015行业} - V_{2010行业}) \qquad (2\text{-}4\text{-}18)$$

$$I_{氨氮} = \frac{I_{2010氨氮} + I_{2014氨氮}}{2} \qquad (2\text{-}4\text{-}19)$$

$$I_{i氨氮} = I_{2010氨氮} \times (1 - r_{氨氮})^{i-2010} \qquad (2\text{-}4\text{-}20)$$

式中，$E_{工业氨氮}$——“十二五”期间重点行业的氨氮新增量，t；

$V_{2010行业}$——2010 年重点行业工业增加值，万元；

$V_{2015行业}$——2015 年重点行业工业增加值，万元；

$I_{2010氨氮}$——2010 年度重点行业的单位工业增加值氨氮排放强度，t/万元。采用 2010 年本辖区预期值；

$I_{i氨氮}$——i 年度重点行业的单位工业增加值氨氮排放强度，t/万元。以 2010 年重点行业的单位工业增加值氨氮排放强度为基础，逐年等比例递减，i 为 2011—2014 年；

$r_{氨氮}$——“十二五”期间重点行业的单位工业增加值氨氮排放强度年均递减率，%。取 2007 年、2009 年重点行业的单位工业增加值氨氮排放强度递减率的算术平均值，公式如下：

$$r_{氨氮} = \left(\frac{I_{2007氨氮} - I_{2009氨氮}}{I_{2007氨氮}}\right) /2 \qquad (2\text{-}4\text{-}21)$$

4.3 城镇生活水污染物新增量预测

城镇生活化学需氧量和氨氮新增量预测采用综合产污系数法，公式如下：

$$E_{生活} = (P_{2015人口} - P_{2010人口}) \times e_{综合} \times D \times 10^{-2} \qquad (2\text{-}4\text{-}22)$$

式中，$E_{生活}$——“十二五”期间城镇生活污染物新增量，t；

$e_{综合}$——人均 COD 和氨氮综合产污系数，g/（人·d）；

D——按 365 天计。

数据来源说明：“$e_{综合}$”指城镇居民生活污染源和餐饮、医院、服务业等污染源 COD 和氨氮综合产污系数，为污染源普查中五区五类系数在各省的综合取值。各省的 $e_{综合}$参见表 2-4-1。

表 2-4-1　各省（区、市）COD 和氨氮综合产污系数（$e_{综合}$）

省　份	COD/[g/（人·d）]	氨氮/[g/（人·d）]
北　京	88	9.7
天　津	76	9.4
河　北	67	8.2
山　西	71	8.5
内蒙古	71	8.0
辽　宁	71	8.7
吉　林	70	8.2
黑龙江	66	8.1
上　海	84	9.7
江　苏	77	9.0
浙　江	80	9.4
安　徽	72	7.7
福　建	74	8.7
江　西	75	8.0
山　东	72	8.7
河　南	67	7.7
湖　北	71	8.0
湖　南	73	8.0
广　东	78	9.1
广　西	74	8.3
海　南	71	7.9
重　庆	76	8.7
四　川	79	8.7
贵　州	71	8.0
云　南	79	8.5
西　藏	66	7.7
陕　西	68	7.9
甘　肃	65	7.8
青　海	67	7.8
宁　夏	69	7.8
新　疆	70	7.7

4.4　农业源水污染物产生量预测

已纳入污染源普查的农村生活污染源因统计口径不全，不做预测；种植业和水产养殖业污染物排放量较小且不易监控，不做预测。“十二五”期间，农业源水污染物产生量只预测畜禽养殖业部分，采用猪、奶牛、肉牛、蛋鸡、肉鸡等 5 种畜禽的产污系数分别预测，其中肉畜禽（猪、肉牛、肉鸡）以出栏量为统计基量，奶、蛋等畜禽（奶牛、蛋鸡）以存栏量为统计基量。其他畜禽不在污染源普查统计范围内，不做产生量预测。

$$E_{2015农业} = \sum (N_{2015畜禽i} \times e_{畜禽i} \times 10^{-3}) \tag{2-4-23}$$

式中，$E_{2015农业}$——2015 年农业源水污染物产生量，t；

$N_{2015畜禽i}$——2015 年 i 类畜禽统计基量，只（头）；

i——畜禽种类，包括猪、奶牛、肉牛、蛋鸡、肉鸡；

$e_{畜禽i}$——i 类畜禽产污系数，kg/（头・a），见表 2-4-2。

表 2-4-2　猪、奶牛、肉牛、蛋鸡、肉鸡污染物产生系数

畜禽养殖类别	猪	奶牛	肉牛	蛋鸡	肉鸡
COD 产生系数/[kg/（头・a）]	36.00	2 131.00	1 782.00	4.75	0.42
氨氮产生系数/[kg/（头・a）]	1.80	2.85	7.52	0.10	0.02

$N_{2015畜禽i}$ 以本辖区 2010 年预期数据作为基数，以 2005—2009 年各类畜禽存栏量或出栏量的年均增长率作为“十二五”期间年均增长率进行测算，公式如下：

$$N_{2015畜禽i} = N_{2010畜禽i} \times (1 + r_{畜禽})^5 \tag{2-4-24}$$

式中，$N_{2010畜禽i}$、$N_{2015畜禽i}$——分别为 2010 年和 2015 年各类畜禽数量，只（头）。$N_{2010畜禽i}$ 采用本辖区预期数据；

$r_{畜禽}$——2005—2009 年各类畜禽存栏量或出栏量的年均增长率，%。

4.5　二氧化硫新增量预测

二氧化硫新增量原则上采用宏观测算方法计算，以分行业测算方法予以校核，分行业测算方法用于分析和确定减排工作的重点。火电等行业以燃烧过程排放为主，采用单位能源消费量排污系数法预测；冶金、建材、有色、石化等行业工艺过程中的污染物排放量较大，采用单位产品产量（或原料用量）排污系数法预测；机动车根据车辆类型，采用排污系数法预测。宏观测算方法与分行业测算方法结果差异大于 20%时，以分行业测算结果为准；差异小于 20%时，按照取大数原则确定新增量。

4.5.1　宏观测算方法

分为电力和非电力两部分进行测算：

$$E_{SO_2} = E_{电力SO_2} + E_{非电SO_2} \tag{2-4-25}$$

式中，E_{SO_2}、$E_{电力SO_2}$、$E_{非电SO_2}$——分别为“十二五”期间 SO_2 新增量，电力、非电力行业

SO_2新增量，万 t。

（1）电力行业

电力行业SO_2新增量根据电力煤炭消费增量、燃煤硫分和脱硫效率进行测算如下：

$$E_{电力SO_2} = M_{电增} \times S \times 1.7 \times (1-\eta) \quad (2\text{-}4\text{-}26)$$

式中，$M_{电增}$——“十二五”期间电力行业煤炭消费增量，万 t；

S——燃煤机组的煤炭平均硫分，%。按照 2009 年本辖区火电机组燃煤平均硫分取值；

η——综合脱硫效率，%，按照燃煤机组全部安装脱硫设施、综合脱硫效率 85%取值。

（2）非电力行业

非电力行业SO_2新增量根据非电力行业煤炭消费增量、非电力行业单位煤炭消费量的SO_2排放强度测算如下：

$$E_{非电SO_2} = M_{非电增} \times q_{2010非电SO_2} \times (1-\kappa_{宏观}) \times 10^{-3} \quad (2\text{-}4\text{-}27)$$

式中，$M_{非电增}$——“十二五”期间非电力行业煤炭消费增量，万 t，$M_{非电增} = M_{增} - M_{电增}$；

$q_{2010非电SO_2}$——2010 年非电力行业单位煤炭消费量的SO_2排放强度，kg SO_2/t 煤：

$$q_{2010非电SO_2} = \frac{E_{2010SO_2} - E_{2010电力SO_2}}{M_{2010非电}} \times 10^3 \quad (2\text{-}4\text{-}28)$$

E_{2010SO_2}、$E_{2010电力SO_2}$——分别为 2010 年SO_2排放总量、2010 年电力行业（含自备电厂）SO_2排放量，万 t；

$M_{2010非电}$——2010 年非电力行业煤炭消费总量，万 t；

$\kappa_{宏观}$——“十二五”期间非电力行业SO_2排放强度下降比例，%。

按照“十一五”期间环境统计排放强度下降比例取值：

$$\kappa_{宏观} = \left(1 - \frac{q_{2010非电SO_2}}{q_{2005非电SO_2}}\right) \times 100\% \quad (2\text{-}4\text{-}29)$$

4.5.2　分行业测算方法

按照电力、冶金、建材、有色金属、石化、其他行业共六部分测算二氧化硫新增量，其中建材、有色、其他行业“十二五”期间淘汰落后产能等量替代部分单独计算新增量。

$$E_{SO_2} = E_{电力SO_2} + E_{冶金SO_2} + E_{建材SO_2} + E_{有色SO_2} + E_{石化SO_2} + E_{其他SO_2} + E_{替代SO_2} \quad (2\text{-}4\text{-}30)$$

式中，E_{SO_2}、$E_{电力SO_2}$、$E_{冶金SO_2}$、$E_{建材SO_2}$、$E_{有色SO_2}$、$E_{石化SO_2}$、$E_{其他SO_2}$、$E_{替代SO_2}$分别为“十二五”期间SO_2新增量、电力、冶金、建材、有色、石化、其他行业SO_2新增量以

及等量替代新增量，万 t。其中电力行业新增量测算方法同宏观测算方法，其他行业按以下方法分别进行测算。

（1）冶金行业（黑色金属冶炼及压延加工业）

采用单位产品产量排污系数法测算 SO_2 新增量，公式如下：

$$E_{冶金SO_2} = (\mathrm{CAP}_{2015冶金} \times 90\% - P_{2010冶金}) \times \mathrm{ef}_{冶金SO_2} \times 10^{-3} \qquad (2\text{-}4\text{-}31)$$

式中，$\mathrm{CAP}_{2015冶金}$——2015 年粗钢产能，万 t（有“十二五”粗钢产量预测数据的优先采用预测数据，没有预测数据的以 2015 年产能的 90%作为当年产量）；2015 年粗钢产能以 2010 年粗钢产能为基数，加上“十二五”期间新增加的炼钢产能，新增产能包括正在建设的新建、扩建钢铁项目和已获得环评文件批复尚未开工建设的钢铁项目；

$P_{2010冶金}$——2010 年粗钢产量，万 t；

$\mathrm{ef}_{冶金SO_2}$——吨钢 SO_2 排污系数，kg SO_2/t 粗钢。根据国家及地方相关产业政策中鼓励类工艺技术对应的污染源普查系数取值，工艺技术不明确的，排污系数按照 2009 年污染源普查数据更新后的冶金行业 SO_2 排放量与 2009 年统计局公布的粗钢产量计算（2007 年全国钢铁联合企业的平均排污系数为 2.32kg SO_2/t 粗钢，其中不含自备电厂、燃煤锅炉 SO_2 排放量）：

$$\mathrm{ef}_{冶金SO_2} = \frac{E_{2009冶金SO_2}}{P_{2009冶金}} \times 10^3 \qquad (2\text{-}4\text{-}32)$$

式中，$E_{2009冶金SO_2}$——2009 年污染源普查数据更新后的冶金行业 SO_2 排放量，万 t；

$P_{2009冶金}$——2009 年粗钢产量，万 t。

（2）建材行业（非金属矿物制品业）

建材行业的 SO_2 新增量，根据水泥、砖瓦及建筑砌块、平板玻璃、建筑陶瓷四个子行业的新增产品产量、产污系数和脱硫效率测算，公式如下：

$$E_{建材SO_2} = \sum_{i=1}^{n}\left[\Delta P_{i建材} \times \mathrm{pf}_{i建材SO_2} \times (1-\eta_i) \times 10^{-3}\right] \qquad (2\text{-}4\text{-}33)$$

式中，$\Delta P_{i建材}$——“十二五”期间建材第 i 个子行业产品产量的增长量，水泥、砖瓦、平板玻璃、建筑陶瓷行业的主要产品与计量单位分别为万 t 水泥、万块标砖、万重量箱平板玻璃、万 m^2 建筑陶瓷；产品产量增长量根据“十二五”建材行业发展规划取值，没有行业发展规划的，根据“十一五”期间产品产量年均增速预测；

$\mathrm{pf}_{i建材SO_2}$——建材第 i 个子行业单位产品 SO_2 产污系数，可根据国家及地方相关产业政策中鼓励类工艺技术对应的污染源普查系数取值（水泥行业新建项目多为新型干法生产工艺，产污系数推荐值为 0.311kg SO_2/t 熟料，折算成单位水泥产量的产污系数为 0.218kg SO_2/t 水泥），工艺技术不明确的，产污系数按照 2009 年辖区内该子行业单位产品的 SO_2 平均排放强度计算：

$$pf_{i建材SO_2} = \frac{E_{2009i建材SO_2}}{P_{2009i建材}} \times 10^3 \qquad (2\text{-}4\text{-}34)$$

式中，$E_{2009i建材SO_2}$——建材第 i 个子行业 2009 年污染源普查数据更新后的 SO_2 排放量，万 t；

$P_{2009i建材}$——建材第 i 个子行业 2009 年产品产量；

η_i——建材企业第 i 个子行业新增产能的综合脱硫效率，砖瓦、水泥行业取值为 0，建筑陶瓷、平板玻璃取值为 60%。

（3）有色金属行业（有色金属冶炼及压延加工业）

根据 10 种常用有色金属冶炼行业（重点为铜、铝、铅、锌、镍冶炼行业）产品产量的净增长量和 SO_2 排污系数，分别预测各子行业的 SO_2 新增量，加和得到有色金属行业的 SO_2 新增量。

$$E_{有色SO_2} = \sum_{i=1}^{n}\left(\Delta P_{i有色} \times ef_{i有色SO_2} \times 10^{-3}\right) \qquad (2\text{-}4\text{-}35)$$

式中，$\Delta P_{i有色}$——“十二五”期间第 i 个有色金属冶炼子行业金属产量的净增长量（不包括衍生品），万 t。根据行业发展规划取值，没有行业发展规划的，按照“十一五”平均增速预测；

$ef_{i有色SO_2}$——第 i 个有色金属冶炼子行业单位产品 SO_2 排污系数，$kgSO_2/t$ 金属。根据产业政策中鼓励类工艺技术及相应治理措施对应的污染源普查系数取值，若无普查系数，则根据 2009 年该子行业的 SO_2 平均排放水平计算：

$$ef_{i有色SO_2} = \frac{E_{2009i有色SO_2}}{P_{2009i有色}} \times 10^3 \qquad (2\text{-}4\text{-}36)$$

式中，$E_{2009i有色SO_2}$——有色金属第 i 个子行业 2009 年污染源普查数据更新后的 SO_2 排放量，万 t；

$P_{2009i有色}$——2009 年第 i 个有色金属冶炼子行业的金属产量，万 t。

（4）石化行业

石化行业指原油炼制加工和以石油或天然气为原料制造化学品的工业。到 2009 年年底为止全国共有 264 家炼化厂（其中地方炼化厂 177 家），全国炼油产能 4.5 亿 t/a，实际原油加工量 3.9 亿 t/a，预计到 2015 年，全国原油加工能力将达到 5.7 亿 t/a。全国各炼油厂加工原油的硫分为 0.1%～6.5%，原油来源多样、硫分变化大、产品复杂。石化行业 SO_2 新增量测算采用逐个炼化厂全口径统计方法，在 2009 年污染源普查数据更新的基础上，根据《石化产业调整和振兴规划》以及地方行业规划中各炼化项目环评批复的 SO_2 排放量，确定石化行业 SO_2 新增量，公式如下：

$$E_{2015石化} = \sum_{i=1}^{n}\left(CAP_{2010i石化} \times 90\% \times \frac{E_{2009i石化}}{P_{2009i石化}}\right) + \sum_{j=1}^{m} E_{“十二五”j} \qquad (2\text{-}4\text{-}37)$$

$$E_{石化SO_2}=E_{2015石化}-E_{2010石化} \quad (2\text{-}4\text{-}38)$$

式中，$CAP_{2010i石化}$——2010 年底，第 i 个炼化厂原油加工炼制能力，万 t/a。按照产能的 90%预测当年产量；

$E_{2015石化}$——2015 年石化行业 SO_2 排放量，万 t；

$E_{2009i石化}$——2009 年污染源普查数据更新后的第 i 个炼化厂 SO_2 排放量，万 t；

$P_{2009i石化}$——2009 年底，第 i 个炼化厂原油加工量，万 t/a；

$E_{“十二五”j}$——“十二五”期间，《石化产业调整和振兴规划》以及地方行业规划中 m 个新建、扩建炼化项目中第 j 个项目的环评批复 SO_2 排放量，没有环评批复文件的项目，用同等加工能力和工艺的炼化厂的 SO_2 排放量进行类比，万 t；

$E_{2010石化}$——2010 年石化行业 SO_2 排放量，万 t。

（5）其他行业

除电力、冶金、建材、有色和石化行业，其他行业的 SO_2 排放量主要来自燃煤锅炉和工业窑炉等，采用单位煤炭消费量的污染物排放强度法预测 SO_2 新增量，公式如下：

$$E_{其他SO_2}=M_{其他增}\times q_{2009其他SO_2}\times(1-\kappa_{其他})\times10^{-3} \quad (2\text{-}4\text{-}39)$$

式中，$M_{其他增}$——其他行业煤炭消费增量，万 t。根据 2009 年该部分煤炭消费量占全社会煤炭消费量的比例和“十二五”全社会煤炭消费增量计算：

$$M_{其他增}=M_{增}\times\frac{M_{2009其他}}{M_{2009}} \quad (2\text{-}4\text{-}40)$$

$q_{2009其他SO_2}$——2009 年其他行业单位煤炭消费量的 SO_2 排放强度，$kgSO_2$/t 煤。根据 2009 年污染源普查数据更新后的其他行业 SO_2 排放量与煤炭消费量的比值计算：

$$q_{2009其他SO_2}=\frac{E_{2009其他SO_2}}{M_{2009其他}}\times10^3 \quad (2\text{-}4\text{-}41)$$

$\kappa_{其他}$——“十二五”期间其他行业 SO_2 排放强度下降比例，%。根据“十一五”排放强度下降比例计算：

$$\kappa_{其他}=\left(1-\frac{q_{2010其他SO_2}}{q_{2005其他SO_2}}\right)\times100\% \quad (2\text{-}4\text{-}42)$$

（6）淘汰落后产能等量替代增量

淘汰落后产能项目按照 2010 年排放基数计算减排量，建材行业淘汰落后产能由先进产能等量替代的 SO_2 新增量，按照式（2-4-33）计算；有色行业淘汰落后产能等量替代的 SO_2 新增量，按照式（2-4-35）计算；其他行业淘汰落后产能等量替代的 SO_2 新增量，按照式（2-4-39）计算。

4.6 氮氧化物新增量预测

氮氧化物新增量预测按照电力行业、交通运输行业、水泥行业、其他行业四部分测算，其中交通、水泥、其他行业“十二五”期间淘汰落后产能等量替代部分单独测算新增量。

$$E_{NO_2} = E_{电力NO_2} + E_{交通NO_2} + E_{水泥NO_2} + E_{其他NO_2} + E_{替代NO_2} \quad (2\text{-}4\text{-}43)$$

式中，E_{NO_2}、$E_{电力NO_2}$、$E_{交通NO_2}$、$E_{水泥NO_2}$、$E_{其他NO_2}$、$E_{替代NO_2}$分别为“十二五”期间NO_x新增量、电力、交通、水泥、其他行业NO_x新增量以及等量替代新增量，万 t。

（1）电力行业

电力行业氮氧化物新增量采用单位燃煤量的排污系数法进行测算，公式如下：

$$E_{电力NO_x}=M_{电增} \times ef_{电力NO_x} \times 10^{-3} \quad (2\text{-}4\text{-}44)$$

式中，$ef_{电力NO_x}$——电力行业单位燃煤量的NO_x排污系数，kgNO_x/t 煤。按照新建燃煤机组全部采用低氮燃烧技术（LNB）并加装选择性催化还原（SCR）或选择性非催化还原（SNCR）脱硝装置测算（其中 SCR 占 90%），平均排污系数取值为 2.3kg NO_x/t 煤。应注意，不同煤种NO_x排污系数差异较大，对于无烟煤、贫煤用量较大的省份可以分煤种进行测算：根据 2009 年各煤种消费量所占比例计算各种类型煤炭的消费量，无烟煤平均排污系数推荐值为 3.1kgNO_x/t 煤，贫煤平均排污系数推荐值为 2.6kg NO_x/t 煤。

（2）交通运输行业

“十二五”交通运输行业NO_x新增量测算以道路移动源为主（暂不包括船舶、航空、铁路、农用机械和工程机械NO_x排放量），分车型测算机动车NO_x排放量，公式如下：

$$E_{交通NO_x} = \sum_{i=1}^{n}\sum_{j=1}^{m}\left(A_{i,j} \times F_{i,j} \times 10^{-7}\right) \quad (2\text{-}4\text{-}45)$$

式中，$A_{i,j}$——“十二五”不同类型机动车保有量的净增长量（i 表示车型、j 表示燃料类型，辆），根据“十一五”各类机动车保有量增速，分车型进行预测；

$F_{i,j}$——不同类型机动车的NO_x排污系数，kg NO_x/（年•辆）；新增车辆的NO_x排污系数全部按照国四标准车、燃用国三油品时的排放水平取值，见表 2-4-3。

（3）水泥行业

水泥行业NO_x新增量根据水泥行业新增产品产量，采用排污系数法进行测算，公式如下：

$$E_{水泥NO_x} = \Delta P_{水泥} \times ef_{水泥NO_x} \times 10^{-3} \quad (2\text{-}4\text{-}46)$$

式中，$\Delta P_{水泥}$——“十二五”期间水泥产量的增长量，万 t。根据水泥行业发展规划取值，没有行业发展规划的，按照“十一五”水泥行业产品产量增长速度推算；

$ef_{水泥NO_x}$——水泥行业 NO_x 排污系数，kg NO_x/t 水泥。根据新型干法水泥窑对应的污染源普查系数取值，NO_x 排污系数为 1.584～1.746kg NO_x/t 熟料，折算成单位水泥产量的排污系数为 1.15kg NO_x/t 水泥。

表 2-4-3 不同类型国四标准车燃用国三油品的 NO_x 排污系数

车辆类型				NO_x 排污系数/[kg/（年·辆）]
载客汽车	微型	出租车	汽油	6.90
			其他	6.90
		其他	汽油	1.33
			其他	1.33
	小型	出租车	汽油	6.97
			柴油	40.44
		其他	汽油	1.19
			柴油	8.09
	中型	公交车	汽油	4.09
			柴油	155.62
		其他	汽油	2.81
			柴油	76.11
	大型	公交车	汽油	25.68
			柴油	167.01
		其他	汽油	64.69
			柴油	350.85
载货汽车	微型		汽油	2.66
			柴油	14.54
	轻型		汽油	3.49
			柴油	14.54
	中型		汽油	5.67
			柴油	153.92
	重型		汽油	59.50
			柴油	322.73
低速载货汽车	三轮汽车			32.78
	低速货车			44.03
摩托车	普通			0.49
	轻便			0.16

（4）其他行业

其他排放源的 NO_x 新增量按照煤炭消费增量和基准年排放强度测算，公式如下：

$$E_{其他NO_x}=M_{其他增}\times q_{其他NO_x}\times 10^{-3} \tag{2-4-47}$$

式中，$M_{其他增}$——除电力、水泥以外的其他行业煤炭消费增量，万 t。根据 2009 年该部分煤炭消费量占全社会煤炭消费量的比例和“十二五”全社会煤炭消费增量计算；

$q_{其他NO_x}$——其他行业单位煤炭消费量的 NO_x 排放强度，$kgNO_x/t$ 煤。根据 2009 年污染源普查数据更新后的其他行业 NO_x 排放量与煤炭消费量的比值计算：

$$q_{其他NO_x}=\frac{E_{2009其他NO_x}}{M_{2009其他}}\times 10^3 \tag{2-4-48}$$

（5）淘汰落后产能等量替代增量

淘汰老旧机动车等量替代的 NO_x 新增量，按照式（2-4-45）计算；水泥行业淘汰落后产能等量替代的 NO_x 新增量，按照式（2-4-46）计算；其他行业淘汰落后产能等量替代的 NO_x 新增量，按照式（2-4-47）计算。

第5章 “十二五”主要污染物减排途径和要求

5.1 水污染物减排途径和要求

根据工业、城镇生活、农业三类污染源的不同减排手段，提出不同行业、不同方式的减排途径、政策要求等建议，供各地在测算减排潜力时参考。各地有地方性政策要求的，从严执行地方规定，也可结合实际情况和减排要求提出更严格的政策规定。

5.1.1 工业企业治理

（1）造纸及纸制品业

目前全国机制纸及纸板产量近 8 800 万 t，主要集中在山东、浙江、广东、河南、江苏、河北、福建、湖南、四川、安徽等地。制浆造纸企业共约 3 500 家，其中草浆规模在 3.4 万 t 以上的企业约 450 家，木浆规模在 5 万 t 以上的企业约 300 家。造纸行业 2008 年废水排放量 41 亿 t，化学需氧量 176 万 t，居工业行业之首。随着纸及纸板消费的增长和现代造纸工业产能的迅猛增加，预计 2015 年全国机制纸及纸板产量达 1.15 亿 t。

“十二五”期间，造纸行业重点推进产业结构调整，淘汰年产 3.4 万 t 以下草浆生产装置、年产 1.7 万 t 以下化学制浆生产线和以废纸为原料、年产 1 万 t 以下的造纸生产线。鼓励各省结合自身实际和环境需求确定更严格的产业要求。目前，全国有近 160 家制浆造纸企业没有碱回收装置，要限期建设碱回收装置，黑液提取率应达到 90%以上，完善中段水生化处理工艺，稳定达到新的行业排放标准。大中型废纸造纸企业都要完善废水生化处理设施。

（2）纺织印染业

我国纺织业主要集中在珠江三角洲、长江三角洲和环渤海湾地区，浙江、江苏、广东、山东、福建五省印染布产量约占全国总量的 90%。纺织业排放的化学需氧量约占全国工业化学需氧量的 8%。

“十二五”期间，纺织行业应按照国家产业结构调整要求，淘汰 74 型染整生产线、使用年限超过 15 年的前处理设备、浴比大于 1∶10 的间歇式染色设备，淘汰落后型号的印花机、热熔染色机、热风布铗拉幅机、定形机，淘汰高能耗、高水耗的落后生产工艺设备；淘汰 R531 型酸性老式黏胶纺丝机、年产 2 万 t 以下黏胶生产线、湿法及 DMF 溶剂法氨纶生产工艺、DMF 溶剂法腈纶生产工艺、涤纶长丝锭轴长 900 mm 以下的半自动卷绕设备、间歇法聚酯设备等落后化纤产能。预计可淘汰 75 亿 m 的生产规模，占目前产量的 14%。

“十二五”期间，大力推广高效短流程前处理、少水无水印染先进技术、在线检测与控制、印染废水回收利用技术、印染工业园区废水集中处理模式、印染废水综合治理技术等节能减排主流技术。

（3）农副食品加工业

农副食品加工业包括制糖、淀粉制造、屠宰及肉类加工等行业，这三个行业化学需氧量和氨氮排放量分别占农副食品全行业排放量的80%和60%，要重点抓好这三个行业的污染防治工作。

制糖行业

目前全国制糖生产企业约 300 家，其中，甜菜糖生产企业 50 家，主要分布在新疆、黑龙江、内蒙古等地；甘蔗糖生产企业 250 家，主要分布在广西、云南、广东、海南等地。2015 年，预计制糖行业产量将从 1 200 万 t 增加到 1 800 万 t。

“十二五”期间，要进一步严格产业准入门槛，广西等地新建甘蔗糖生产企业加工能力应在 5 000 t/d 以上，其他地区新建甘蔗糖生产企业加工能力在 3 000 t/d 以上；新建甜菜糖生产企业日加工能力在 2 000 t 以上。加快产业升级，建议淘汰日处理能力 1 000 t 以下的甘蔗糖生产企业、日处理能力 800 t 以下的甜糖菜生产企业。现有的制糖企业要采用循环供水工艺提高低浓度废水循环利用率；采用干法输送甜菜制糖、无滤布甘蔗制糖等生产工艺，减少中高浓度废水产生量，采用闭路循环回用处理中浓度废水；采用厌氧-好氧技术处理高浓度废水，推行废糖蜜集中生产酒精并集中治理酒精废液的处理方式。

淀粉制造行业

目前全国有淀粉生产企业 400 余家，总产量 1 650 万 t。其中，年产 10 万 t 以上的企业约 40 家。淀粉行业废水排放量约 1.5 亿 t，化学需氧量排放量约 30 万 t，氨氮排放量约 3 000 t。企业淀粉收率普遍较低，干物质损失率高，吨产品水耗较高，造成废水排放量大，污染物浓度高。

“十二五”期间，鼓励发展年产 10 万 t 以上规模的淀粉制造企业；现有小型企业要适度集中，对污染物进行统一治理。淀粉废水可生化性较好，可采用以生化为主的处理工艺进行处理。

屠宰行业

目前我国大部分城市已基本实现畜禽定点集中屠宰，共有定点集中屠宰厂约 1 800 家。屠宰废水有机污染物含量高，可生化性较好，化学需氧量浓度一般在 1 000～4 000 mg/L。全行业化学需氧量排放量约 9.5 万 t、氨氮排放量约 1 万 t。

“十二五”期间，建议淘汰手工、半机械化的落后产能，提高集中屠宰率，淘汰中小型（1 千头/d 以下）屠宰点。提高血水回收率，减少粪便排放，降低废水污染物浓度，采用厌氧-好氧等成熟处理工艺处理废水。

（4）化学原料及化学品制造业

化学原料及化学品制造业包括肥料制造、农药制造、染料制造等行业。其中，氮肥、农药、染料行业的氨氮排放量占全行业氨氮排放量的60%以上，化学需氧量排放量占全行业的 35%，是“十二五”期间化学原料及化学品制造业污染减排的重点。

氮肥行业

目前全国有氮肥企业约 500 家，合成氨产量 5 000 万 t，主要集中在山西、山东、河南、河北、四川、云南、安徽、江苏、湖北等地。2015年，全国合成氨产量预计为6 000万t。

“十二五”氮肥行业应进一步调整产业结构，建议淘汰年产量6万t以下的落后产能，此部分全国约产量550万t。现有企业要加快推广氮肥生产污水零排放技术和氮肥生产超低废水排放技术，对全国约1 600万t的合成氨生产能力实施技术改造。现有大型企业、新建项目、敏感地区企业的废水排放量下降到10 m^3/t氨，其他中小型企业废水排放量下降到20 m^3/t氨。

农药行业

全国现有农药企业3 000多家，其中原药生产企业400多家，农药年总产量近180万t，排放化学需氧量4.5万t。农药品种繁多，污染物复杂，要重点开发和推广先进的农药“三废”处理技术，如氨氮废水减排及资源化利用关键技术、农药废水高效组合催化氧化处理技术、含氰农药废水超低排放处理新技术、含吡啶农药废水的资源化回收和超低排放新技术等。

染料行业

全国共有染料企业450多家，产量近70万t，主要分布在浙江、江苏、山东和内蒙古等地。“十二五”期间，染料行业要推广催化技术、三氧化硫磺化技术、连续硝化技术、绝热硝化技术、定向氯化技术等清洁生产工艺，加强冷却水系统工艺管理，提高循环水利用。染料废水不易生物降解，应采用多级絮凝-多级生化工艺进行处理。

（5）饮料制造业

饮料制造业包括酒精制造、酒的制造、软饮料制造等行业。其中酒精、啤酒、软饮料是饮料制造业的主要排污行业，排污量占饮料制造业全行业排放量的90%以上。

目前全国酒精总产量约540万t，有近240家企业；啤酒总产量约400亿L，近250家企业，其中华润、青岛、燕京三大集团的产量占全国产量的42%；软饮料总产量约6 500万t，近6 000家企业，具有一定规模的饮料企业有1 000多家。

“十二五”期间，要按照国家产业结构调整要求，淘汰落后酒精生产工艺及年产3万t以下的酒精生产企业（废糖蜜制酒精除外）；建议淘汰年产10万t规模以下的啤酒企业。现有企业要提高废水循环利用率，将再生水回用于设备清洗、水果清洗等生产环节。对高浓度废水，采用成熟的厌氧-好氧生化处理工艺；对低浓度废水，采用物化-活性污泥法进行处理，提高企业污染治理水平。

（6）食品制造业

食品制造业包括调味品和发酵制品制造、液体乳及乳制品制造、罐头制造等行业。其中调味品和发酵制品制造业是食品制造业的主要排污行业，排污量占食品制造业全行业排放量的40%以上。

目前全国味精产量约180万t，主要分布在山东、河南、河北、福建、四川、宁夏、广东等地。柠檬酸产量约89万t，主要分布在山东、安徽、江苏等地，产量占全国的85%。

“十二五”期间，味精产能预计达到280万t。全行业要加快产业结构调整，淘汰年产3万t以下味精生产装置，建议淘汰等电离交生产工艺，预计可淘汰70万t落后产能。味精行业要采用成熟的低浓废水循环再利用技术，降低废水产生量；对高浓度废水进行喷浆造粒制取有机肥，低浓度废水采用厌氧-好氧生物处理技术。到2015年，柠檬酸行业产能将达到 120 万 t。要淘汰环保不达标的柠檬酸生产装置。推进柠檬酸洗糖水等废水再生利用的成熟技术，浓糖水、洗糖水等高浓废水采用沼气综合利用技术。

（7）医药制造业

目前全国医药工业企业约 4 800 家，工业总产值约 7 000 亿元，主要集中在河北、四川、天津、辽宁、黑龙江、河南、山东、浙江以及江苏等地。目前行业企业规模小、数量多，产品技术含量低。其中，小型企业占 83%，淘汰落后生产能力的任务较重。年废水排放量约 4.7 亿 t，化学需氧量排放量约 22 万 t，氨氮排放量约 8 000 t。

“十二五”期间，要按照国家产业结构调整要求，淘汰制药生产企业塔式重蒸馏水器、无净化设施的热风干燥箱、软木塞烫蜡包装药品工艺、“三废”治理不能达到国家标准的原料药生产装置。现有医药生产企业要采用成熟的污染治理技术，发酵类和化学合成类制药生产废水应分类收集处理，高浓度废水经预处理、厌氧处理后，再与低浓度废水混合进行好氧生化后续深度处理；对提取类、中药类和混装制剂类制药生产废水，应采用水解酸化-好氧生化工艺处理。鼓励制药企业进入工业园区，集中治污。

（8）皮革、毛皮、羽毛（绒）及其制品业

目前制革行业共有规模以上企业约 800 家，工业总产值 1 000 亿元，成品革产量 6.4 亿 m^2。制革行业生产集中度较低，布局分散，企业规模小、数量多，规模以下企业约 1 000 家，淘汰落后生产能力的任务仍然较重。全行业年废水排放量约 2.1 亿 t，化学需氧量排放量约 15 万 t，氨氮排放量约 1.5 万 t。

“十二五”期间，要按照国家产业结构调整要求，淘汰年加工 3 万标张以下的制革生产线，共约 3 000 万标张的落后制革产能。提高行业准入门槛，严格限制新建年加工 10 万标张以下的制革项目。合理规划区域布局，促进制革产业梯度转移；在全国培育 5～8 个承接转移的制革集中生产区，鼓励制革企业进入产业定位适当、污水治理条件完备的工业园区。

5.1.2　城镇生活污水处理

生活污染的削减潜力主要依靠城镇污水处理设施的建设和运行管理，包括如下五个方面。

（1）新建和扩建污水处理设施

2010 年，全国城镇污水处理规模将达到 1.2 亿 t/d，负荷率约 70%，全年污水处理量约 320 亿 t，城市污水处理率 75%。现有污水处理能力主要集中在经济发达区域、大型城市、城市市区、县城中心镇等地区，城市卫星城、县城一般建制镇及中西部县（市）等地区的污水处理能力不足，污水处理率远低于全国平均水平。

“十二五”全国各县均应建设生活污水处理厂，东部、中部地区应逐步将污染源普查范围内的重点建制镇纳入污水处理范畴，推进小城镇环境基础设施建设。到 2015 年，东部地区的城镇污水处理率应不低于 85%，中部应不低于 80%，西部应不低于 70%；全国 5 000 个重点建制镇要建设集中式污水处理设施，约占全国乡镇的 10%。

（2）现有污水处理设施的升级改造

按照“十二五”对城镇污水处理厂的要求，现有执行二级排放标准的污水处理厂在“十二五”期间要提高到一级 B 标准。部分地区根据地方标准或流域水质要求，需提高至一级

A 或更严格的标准。全国约 1 200 座污水处理厂（占总数的 60%）需要增加脱氮除磷设施，确保化学需氧量、氨氮等指标达到更严格的排放标准。

（3）完善污水管网系统

“十一五”期间，污水管网覆盖率低、管网渗漏等问题，导致部分污水处理厂负荷率、污染物进水浓度低，影响了污水处理设施实际减排效果。要通过推广网格化的城市精细管理模式，加快污水收集管网建设，大力推行雨污分流污水收集管道系统，新建配套管网 16 万 km 以上，提高城镇污水管网覆盖率以及城镇污水收集率，使现有污水处理设施的平均负荷率由 70%提高到 80%以上。

（4）重视污泥安全处理处置

目前全国城镇污水处理设施每年产生污泥 2 200 万 t 左右（含水率 80%），全国污泥处置率不足 10%。大量剩余污泥未经无害化处理，直接排入环境，大大降低了污水处理厂削减污染物、改善环境质量的实际能力。为推进城市污水处理设施的持续减排，“十二五”期间 10 万 t/d 以上规模的污水处理厂应对产生的污泥进行无害化处理处置，因地制宜地采用土地利用、污泥农用、填埋、焚烧以及综合利用等方式进行处理。到 2015 年，全国污泥无害化处理处置率要达到 50%。

（5）加大再生水回用力度

在缺水少水的地区，应大力发展再生水回用技术。采用分散与集中的方式，建设污水处理厂再生水处理站和加压泵站；在具备条件的机关、学校、住宅小区新建再生水回用系统；加快建设尾水再生利用系统，鼓励再生水回用于工业生产。2015 年，全国污水处理厂再生水回用率要达到 10%。

5.1.3 农业污染源治理

根据全国污染源普查结果，农业源污染主要来自于畜禽养殖业、水产养殖和种植业等，其中，畜禽养殖业 COD 约占农业源 COD 排放总量的 96%。“十二五”期间畜禽养殖业是农业源污染减排的主攻方向。

（1）畜禽养殖业

规模化畜禽养殖场和养殖小区污染物排放量大且相对集中，是农业源水污染物削减潜力的主要来源。养殖废弃物的肥料化以及沼气处理是现有养殖废物处理的主要途径，鼓励建设规模化畜禽养殖场有机肥生产利用工程，继续做好各种实用型沼气工程，积极推进其他方式的畜禽粪便资源化利用，鼓励养殖小区、养殖专业户和散养户进行适度集中，对污染物统一收集和治理。规模化养殖场和养殖小区对进入贮存设施的粪便，应按规定建立进（产生量）、出（处理利用量）量原始记录档案。到 2015 年，要求全国 80%以上的规模化畜禽养殖场和养殖小区配套完善的固体废物和污水贮存处理设施，并保证设施正常运行。

（2）水产养殖业

水产养殖业是部分流域、区域和局部水体污染及富营养化的主要来源之一。要根据水生生态系统的承载能力，逐步减少围网养殖；发展生态养殖，少投饵料；推广池塘循环水养殖技术，构建养殖池塘——湿地系统，实现养殖水的循环利用。“十二五”期间，国家重点流域、区域以及各地确定的重点保护水体，要按照规划要求，逐步缩减围网养殖面积，减少污染排放。

（3）种植业

种植业污染物的削减潜力主要来自于科学合理使用农药、化肥，要通过测土配方施肥和改变施肥方式等措施，提高化肥的利用率；通过调整种植结构，防治污染物流失。积极推广循环农业生产模式，使污染物在农业系统内得到循环利用，以减少污染物排放。“十二五”期间，测土配方施肥面积达 11 亿亩以上。加强农药市场监管，鼓励使用高效、安全、低毒农药产品，推广新型植保机械和实用技术，提高农药的利用效率。

5.2　大气污染物减排途径和要求

根据国家产业政策和污染减排总体要求，加大各行业落后产能淘汰力度，燃煤电厂、钢铁烧结机、石油炼化、工业炉窑等重点污染源安装污染治理设施，排放超标设施必须采取措施实现达标排放。

5.2.1　电力行业

截至 2009 年底，全国燃煤脱硫机组装机容量已达到 4.61 亿 kW，占火电机组总容量的 71%。预计到 2010 年底，全国火电机组装机容量将达到 7.0 亿 kW，其中 10 万 kW 以上燃煤机组装机容量合计 6.2 亿 kW，脱硫机组 5.5 亿 kW。“十二五”期间将淘汰 5 000 万 kW 小火电机组，其他未脱硫的燃煤机组将安装烟气脱硫设施，并对已安装的脱硫设施中运行不稳定、排放超标的进行技术改造，提高综合脱硫效率。

2008 年底，我国已有 77%的火电机组采用了低氮燃烧技术，其中，新建机组全部采用了低氮燃烧技术，NO_x 排放浓度基本达到现行的排放标准限值，NO_x 脱除效率可维持在 30%～40%。据不完全统计，当前我国火电厂已建和在建的烟气脱硝设施已达到 5 745 万 kW，其中 SCR 脱硝技术约占 96%，NO_x 脱除效率可维持在 70%～90%。“十二五”期间，应进一步淘汰小火电，加快燃煤机组低氮燃烧技术改造和脱硝设施建设，加强已投运脱硝设施的运行监管。

“十二五”期间电力行业的大气污染物减排要求如下：

一是结构减排，按照国家产业政策，淘汰运行满 20 年、单机容量 10 万 kW 级以下的常规火电机组，服役期满的单机容量 20 万 kW 以下的各类机组，以及供电标准煤耗高出 2010 年本省（区、市）平均水平 10%或全国平均水平 15%的各类燃煤机组。

二是 SO_2 治理工程，除淘汰机组外，未安装脱硫设施的燃煤机组必须安装脱硫设施，综合脱硫效率应达到 85%以上；已投运脱硫设施不能稳定达标排放的或实际燃煤硫分超过设计硫分的（小马拉大车），实施脱硫设施更新改造。

三是 NO_x 治理工程，现役机组未采用低氮燃烧技术或低氮燃烧效率差的全部进行低氮燃烧改造；东部地区和其他地区的省会城市单机容量 20 万 kW 及以上的现役燃煤机组实行脱硝改造，其他地区单机容量 30 万 kW 及以上的现役燃煤机组实行脱硝改造，综合脱硝效率应达到 70%以上。

四是 SO_2 和 NO_x 管理减排，“十一五”末已安装脱硫设施但脱硫效率达不到设计要求的（如循环流化床锅炉），或已安装脱硝设施但运行不正常的燃煤机组，通过加强管理等措施，提高减排能力。脱硫设施烟气旁路应取消或全部铅封。

5.2.2 冶金行业

2007年，我国冶金行业（黑色金属冶炼及压延加工业）共排放SO_2 220.7万t、NO_x 81.7万t。冶金行业排放SO_2的主要来源包括烧结机、炼焦炉、燃煤锅炉、自备电厂等，其中烧结工序SO_2排放量占行业排放总量的75%以上。到2009年底，全国已建成并运行了120台（套）钢铁烧结烟气脱硫设施，预计到2010年底，单台烧结面积90 m^2以上的烧结机中仍有4万m^2未安装烟气脱硫设施。

冶金行业排放NO_x的主要工序包括焦化、烧结和轧钢工序，其中烧结工序的NO_x产生量较大，排放浓度一般在350 mg/m^3（标态）左右。目前我国冶金行业只有在排放超标的情况下才应用NO_x控制技术，控制烧结机NO_x排放的方法包括废气循环、活性炭法除氮、选择性催化还原法等。“十二五”应加快冶金行业氮氧化物控制技术的研发和产业化进程，推进烟气脱硝示范工程建设。

“十二五”期间冶金行业的大气污染物减排要求如下：

一是结构减排，按照国家产业政策，淘汰土烧结、30 m^2及以下烧结机、化铁炼钢、400 m^3及以下炼铁高炉（铸铁高炉除外）、公称容量30 t及以下炼钢转炉和电炉（机械铸造和生产高合金钢电炉除外）等落后工艺技术装备。

二是SO_2治理工程，单台烧结面积90 m^2以上的烧结机、年产量100万t以上的球团设备全部脱硫，综合脱硫效率达到70%；已安装脱硫设施但不能稳定达标排放的、实际使用原料硫分超过设计硫分的、部分烟气脱硫的，应进行脱硫设施改造。

三是SO_2管理减排，“十一五”末已安装烧结烟气脱硫设施但脱硫效率达不到设计要求的，通过加强管理等措施，提高减排能力。

四是NO_x治理工程，东部地区单台烧结面积180 m^2以上的烧结机建设烟气脱硝示范工程。

5.2.3 建材行业

2007年我国建材行业（非金属矿物制品业）SO_2排放量269.4万t，SO_2平均去除率仅为12%左右。其中，砖瓦建筑砌块行业排放SO_2 127.6万t、水泥行业排放55.0万t、建筑陶瓷行业排放25.1万t、平板玻璃行业排放11.5万t，四个子行业的SO_2排放量合计占建材行业排放总量的80%以上。从地域分布来看，建筑陶瓷行业相对集中，主要分布在广东、山东、福建和四川四省，特别是广东省占全国建筑陶瓷行业SO_2排放量的比例接近50%。目前我国砖瓦生产企业和建筑陶瓷企业窑炉尾气多未进行任何处理，砖瓦生产企业数量众多、生产规模小，难以大范围推广烟气脱硫，但对于SO_2排放量大的煤矸石制砖企业需安装脱硫设施；目前平板玻璃行业安装脱硫设施的生产线不足10条，平拉法（含格法）等落后生产工艺仍占平板玻璃产能的10%左右；截至2008年底，我国非新型干法水泥产量仍超过5亿t，“十二五”应进一步加大水泥落后产能的淘汰力度。

2007年我国建材行业的NO_x排放量201.2万t，其中水泥行业排放115万t。未来随着水泥行业淘汰落后产能工作的推进，新型干法窑的应用比例将大幅度提高，在降低能耗和

SO_2排放量的同时，NO_x排放量将显著增加。我国水泥行业尚未开展有效的NO_x排放控制工作，根据国外水泥行业NO_x污染防治的经验，应用 LNB+SNCR 技术，水泥行业NO_x排放浓度可以降低 70%～80%，具有投资少、环境效益高的特点。"十二五"我国将加强水泥行业NO_x减排适用技术的推广和应用，根据水泥窑的现状和特性，推进烟气脱硝示范工程建设。

"十二五"期间建材行业的大气污染物减排要求如下：

一是结构减排，按照国家产业政策，淘汰窑径 3.0 m 以下水泥机械化立窑生产线、窑径 2.5 m 以下水泥干法中空窑（生产高铝水泥的除外）、水泥湿法窑生产线（主要用于处理污泥、电石渣等的除外）、直径 3.0 m 以下的水泥磨机（生产特种水泥的除外）以及水泥土（蛋）窑、普通立窑等落后水泥产能；年产 1 000 万块以下的砖瓦生产企业，18 门以下砖瓦轮窑以及立窑、无顶轮窑、马蹄窑等土窑；70 万 m^2/a 以下的中低档建筑陶瓷砖、20 万件/a 以下低档卫生陶瓷生产线；所有平拉工艺平板玻璃生产线（含格法）。

二是SO_2治理工程，所有煤矸石砖瓦窑、规模大于 70 万 m^2/a 且燃料含硫率大于 0.5% 的建筑陶瓷窑炉、所有浮法玻璃生产线加装脱硫装置，以上脱硫设施综合脱硫效率需达到 60%。

三是 NO_x 治理工程，水泥行业新型干法窑推行低氮燃烧技术和烟气脱硝示范工程建设，并逐步推广，规模大于 2 000 t 熟料/d 的新型干法水泥窑为"十二五"改造重点，综合脱硝效率应达到 70%。

5.2.4 有色金属行业

有色金属冶炼及压延加工业 2007 年排放 SO_2 122.0 万 t，其中铜、铝、铅、锌、镍冶炼行业的SO_2排放量分别为 19.9 万 t、27.7 万 t、32.5 万 t 和 10.1 万 t，占有色金属行业SO_2排放量的 74.6%。铜、铅、锌、镍等金属冶炼企业，生产原料为硫化精矿，含硫量在 30% 以上，每年进入冶炼厂的硫量约 300 万 t，焙烧、烧结、熔炼工序是产生SO_2的最主要环节。有色金属冶炼企业的SO_2排放水平主要取决于冶炼工艺和烟气中硫的利用率，由于技术装备水平整体比较落后，目前仅大型冶炼厂硫的利用率达到 90%以上，多数小型铜冶炼厂只有 40%～60%，铅冶炼厂硫的利用率更低。为提高硫的利用率、降低SO_2排放量，根本途径是改进生产工艺、淘汰落后产能，对不能达标排放的生产设备安装治污设施。

"十二五"期间有色金属行业的大气污染物减排要求如下：

一是结构减排，按照国家产业政策，淘汰：铝自焙电解槽、100 kA 及以下电解铝预焙槽；密闭鼓风炉、电炉、反射炉炼铜工艺及设备；采用烧结锅、烧结盘、简易高炉等落后方式炼铅工艺及设备，未配套建设制酸及尾气吸收系统的烧结机炼铅工艺；采用马弗炉、马槽炉、横罐、小竖罐（单日单罐产量 8 t 以下）等进行焙烧，采用简易冷凝设施进行收尘等落后方式炼锌或生产氧化锌制品的生产工艺及设备以及其他资源利用水平、冶炼能耗、环保和劳动安全达不到国家要求的落后工艺设备。

二是SO_2治理工程，加快生产工艺设备更新改造；加大冶炼烟气中硫的回收利用率，SO_2含量大于 3.5%的烟气应采取烟气制酸或其他方式回收烟气中的硫，低浓度烟气和制酸尾气排放超标的必须进行脱硫处理。

5.2.5 石化行业

石油炼制行业的SO_2排放主要来自电站锅炉烟气、重油和蜡油催化裂化过程的催化剂再生烟气、硫黄回收装置尾气和各种加热炉烟气。其中重油催化裂化过程催化剂再生烟气中的SO_2排放量最大，一般占炼油工艺SO_2排放总量的2/3，是石油炼制行业SO_2减排的重点。我国现有催化裂化装置约140套，SO_2排放量约30万t。

“十二五”期间石化行业的大气污染物减排要求如下：

一是结构减排，按照国家产业政策，淘汰100万t/a及以下生产气、煤、柴油的小炼油生产装置及二次加工装置，土法炼油以及其他不符合国家安全、环保、质量、能耗等标准的成品油生产装置。

二是SO_2治理工程，对石油炼制行业催化裂化装置进行催化剂再生烟气治理，加热炉和锅炉烟气脱硫（综合脱硫效率达到70%以上）。

三是SO_2管理减排，改进尾气硫回收工艺、提高硫磺回收率。

5.2.6 焦化行业

“十二五”期间焦化行业的大气污染物减排要求如下：

一是结构减排，淘汰土法炼焦（含改良焦炉）、兰炭（干馏煤、半焦）、炭化室高度4.3 m以下的小机焦（3.2 m及以上捣固焦炉除外）。

二是SO_2治理工程，炼焦炉荒煤气脱硫，H_2S脱除效率达到95%以上。

5.2.7 燃煤锅炉

我国现有燃煤工业锅炉约50万台，总容量200万蒸吨/h，年燃煤量约4亿t，仅次于燃煤电站。据估算，每年燃煤工业锅炉排放400万～500万t烟尘、500万～600万t SO_2、120万～150万t NO_x。在北方一些城市，燃煤工业锅炉已取代燃煤电站，成为城市中最主要的大气污染源。为有效改善城市空气质量，“十二五” 将燃煤锅炉作为SO_2减排重点之一，加快结构升级，以集中供热和热电联产替代小型燃煤锅炉，对大吨位燃煤锅炉因地制宜安装脱硫设施。

“十二五”期间燃煤锅炉的大气污染物减排要求如下：

一是结构减排，根据热电联产和集中供热规划，淘汰小型燃煤锅炉。

二是SO_2治理工程，对规模在35 t以上、SO_2排放超标的燃煤锅炉实施烟气脱硫，综合脱硫效率应达到70%。

三是NO_x治理工程，东部规模在35 t以上的燃煤锅炉建设低氮燃烧示范工程，使NO_x去除率达到30%。

5.2.8 交通运输业

2007年我国机动车的NO_x排放量550万t，其中老旧机动车尤其是黄标车（污染物排放达不到国一标准的汽油车和达不到国三标准的柴油车）的NO_x排放量很高，黄标柴油车的NO_x排放量占机动车总排放量的50%以上，单车排放强度是轻型车的10～100倍，主要包括公交、邮政和环卫车辆，以及城市间的长途客、货运车辆，应为“十二五”淘汰重点。另外，车用燃油质量差、含硫量高是制约机动车 NO_x 排放控制的最主要因素，尤其是当前的柴油品质极不利于柴油机尾气后处理技术的应用，影响 NO_x 减排效果。目前我国供应的汽油和柴油油品含硫量分别为 500 ppm 和 2 000 ppm，按计划 2010 年初才会供应汽油车国三（硫含量 150 ppm）标准的汽油油品，2011 年左右才有可能供应上国三（硫含量 350 ppm）标准的柴油油品，“十二五”期间全面供应国四油品的难度非常大，应先在汽车保有量大且氮氧化物污染严重的地区供应国四油品。“十二五”期间机动车 NO_x 排放控制的主要措施包括：严格执行老旧机动车淘汰制度，除正常淘汰达到使用年限的机动车外，加速淘汰黄标柴油车（污染物排放达不到国三标准的柴油车）；重点地区（北京市、天津市、河北省、山东省、上海市、江苏省、浙江省、广东省）全面供应国四油品。

第6章 “十二五”主要污染物减排项目和减排量测算

基于 2010 年污染源排放基数，根据排放标准、产业政策与污染治理技术要求分析减排潜力，筛选重点污染源，制定减排方案；针对“十一五”期间的现有污染源，分地区、分行业按照工程减排、结构减排和监管减排三类措施，编制减排项目清单，其中“十一五”结转项目也需纳入减排项目清单。

“十二五”减排方案可根据排放标准、污染控制技术要求和环境质量改善要求等进行多方案设计，但应保证其中一方案参照“十一五”期间国家下达的主要污染物削减比例确定化学需氧量和氨氮、二氧化硫和氮氧化物削减目标，进行方案设计。

6.1 水污染物减排项目和削减量

6.1.1 减排项目清单

减排项目清单需按要求列出污染源 2010 年的产品产量、化学需氧量和氨氮等主要污染物的实际排放量、浓度、水量等主要指标，说明主体生产设备名称、规模、污染治理设施类型、污染物去除率等。在 2010 年排放基数与新建设施治污水平的基础上测算新增减排量，作为减排目标预测和宏观管理的依据。

根据明确的污染源减排途径，提出污染源减排项目清单及其投资额度。减排项目清单分为以下类别：①工业结构优化调整项目；②工业企业深度治理项目；③城镇污水集中处理项目；④畜禽养殖污染治理项目；⑤水产养殖结构调整项目。各类减排项目清单见附表。

6.1.2 各类项目的减排量测算

项目的减排量测算只针对化学需氧量和氨氮两种污染物进行，各地有区域总量控制指标的，可根据实际要求增加其他污染物减排量测算。

（1）工业结构优化调整项目

工业结构优化调整项目的减排量主要是指关闭工业企业或其部分生产设施形成的削减量。计算方法如下。

- ❖ 淘汰、取缔、关闭企业的减排量等于企业 2010 年环境统计（即动态调整后的污染源普查数据）的污染物排放量。
- ❖ 关闭部分生产线、淘汰部分生产设备的企业新增削减量，按照物料衡算或排污系数法单独计算削减量，但不能超过 2010 年环境统计的企业污染物排放量。

（2）工业企业深度治理项目

①工业企业新建治理工程，出水浓度明显降低的，公式如下：

$$R_{企业}=WQ_{2010}\times(C_{0,2010}-C_0)\times10^{-2} \quad (2\text{-}6\text{-}1)$$

式中，$R_{企业}$——治理工程新增削减量，t；

WQ_{2010}——2010 年环境统计中污水排放量，万 t；

$C_{0,2010}$——2010 年环境统计中污染物排放浓度，mg/L；

C_0——治理项目污染物实际排放浓度，mg/L。数据取该类企业在“十二五”期间将执行的国家或地方排放标准数值上限；出水浓度变化率超过 30%（含 30%）的，按该公式计算。

②企业在深度治理的同时，实施清洁生产和再生水利用，导致企业新鲜水用量和废水排放量明显减少的，公式如下：

$$R_{企业}=E_0-WQ\times C_0\times10^{-2} \quad (2\text{-}6\text{-}2)$$

式中，E_0——2010 年环境统计中污染物排放量，t；

C_0——企业废水排放的实际浓度，mg/L；

WQ——实施清洁生产和再生水利用后的企业废水排放量，万 t/a。新鲜用水量和 WQ 变化率均超过 30%（含 30%）的，按本公式计算。

③工业园区建设集中污水处理设施的，公式如下：

$$R_{园区}=E_{工业}-Q\times D\times C_0\times10^{-2} \quad (2\text{-}6\text{-}3)$$

式中，$R_{园区}$——园区污水处理厂新增污染物减排量，t；

$E_{工业}$——原有工业企业 2010 年环境统计的污染物排放量之和，t；

Q——园区污水处理厂处理水量，万 t/d；

D——按 365 天计；

C_0——污水处理厂污染物出水浓度，mg/L。

（3）城镇污水集中处理项目

城镇污水集中处理项目主要分为：①新建污水处理设施新增的污染物减排量；②完善污水收集管网、提高原有污水处理设施负荷率、新增的污染物减排量；③通过升级改造提高排放标准新增的污染物减排量；④污水再生利用新增的污染物减排量，仅计算回用到工业和市政用水部分。公式如下：

$$R_{城镇}=\Delta Q\times\Delta C\times a\times D\times10^{-2} \quad (2\text{-}6\text{-}4)$$

式中符号在以下情况下的解释：

<u>*新建的污水处理设施*</u>

ΔQ——污水处理厂设计规模，万 t/d；

ΔC——污水处理厂污染物进出水浓度差，mg/L。各省进水浓度值可参考表 2-6-1 取值，出水浓度按“十二五”期间执行标准取值；

a——污水处理厂负荷率，%。2012 年 12 月 31 日之前建成的按 75%计算，2013 年 1 月 1 日之后建成的按 60%计算；

D——按 365 天计。

原有污水处理设施提高负荷

ΔQ——污水处理厂新增处理水量，万 t/d；

ΔC——污水处理厂污染物进出水浓度差，mg/L。各省进出水浓度值采用 2010 年环境统计数据；

a——取 100%；

D——按 365 天计。

提标改造的污水处理设施

ΔQ——污水处理厂实际处理水量，万 t/d；

ΔC——污水处理厂污染物 2010 年和 2015 年出水浓度差，mg/L。2010 年出水浓度值采用环境统计数据，2015 年出水浓度值按"十二五"期间执行标准取值；

a——取 100%；

D——按 365 天计。

新增再生水回用的污水处理设施

ΔQ——污水处理厂新增再生水回用量，万 t/d；

ΔC——污水处理厂再生水设施进水浓度，mg/L，采用污水厂 2010 年环境统计数据中排放浓度；

a——取 100%；

D——按 365 天计。

原有城镇污水处理厂同时有提标改造、增加处理水量、回用水设施的，分别计算污染物削减量。

表 2-6-1　各地污水处理厂污染物进水浓度参考值

省　份	COD/（mg/L）	氨氮/（mg/L）
北　京	400	50
天　津	380	48
河　北	370	48
山　西	370	48
内蒙古	370	48
辽　宁	370	48
吉　林	370	48
黑龙江	370	48
上　海	270	45
江　苏	270	43
浙　江	270	43
安　徽	270	43

省　份	COD/（mg/L）	氨氮/（mg/L）
福　建	270	43
江　西	270	43
山　东	290	43
河　南	290	43
湖　北	270	41
湖　南	270	41
广　东	270	41
广　西	260	40
海　南	260	40
重　庆	320	44
四　川	320	44
贵　州	320	44
云　南	320	44
西　藏	400	50
陕　西	400	50
甘　肃	400	50
青　海	400	50
宁　夏	400	50
新　疆	400	50

（4）畜禽养殖污染治理项目

与工业和生活污染物不同，绝大多数畜禽养殖废弃物可以通过资源化利用的途径在农业生产中得到再利用，即只要能认定某种废弃物经处理后作为原料，采用可核证的处理处置贮存措施，稳定持续地进入了农业生产或综合利用，则可视为有效的畜禽养殖污染治理项目。不支持不能综合利用，没有采取有效措施妥善贮存，直接排放的项目。

畜禽养殖污染治理项目减排量以该养殖场 2015 年产生量直接扣减分类型的减排技术措施削减量测算。2010 年畜禽养殖场原有综合利用和治理设施对应的去除量不再纳入减排量计算口径，减排技术措施以 2015 年所有措施（含 2010 年的原有措施和“十二五”期间新增的措施）分类型进行统一测算。分类型的减排技术措施主要包括：规模化畜禽养殖场和养殖小区改进养殖方式（生物发酵床、垫草垫料等，且垫料还田利用或生产有机肥的）、建设治污设施（改进清粪方式、沼气工程、有机肥生产、污水处理工程等）等，其相应的减排量计算方式如下。

改进养殖方式减排

采用生物发酵床、垫草垫料养殖，且垫料还田利用或生产有机肥的，COD 减排量为产生量的 70%，氨氮减排量为产生量的 60%。

建设治污设施减排

$$E_{养殖} = E_{干清粪} + E_{沼气} + E_{有机肥} + E_{沼液处理} \tag{2-6-5}$$

式中，$E_{养殖}$——畜禽养殖污染治理削减量，按照干清粪、混合液厌氧处理产生沼气、粪渣生产有机肥、沼液处理等方式计算；

$E_{干清粪}$——采用干清粪方式的削减量，按COD产生量的10%、氨氮产生量的4%计算；

$E_{沼气}$——采用混合液厌氧处理产生沼气的削减量，按COD产生量的10%、氨氮产生量的2%计算；

$E_{有机肥}$——采用粪渣生产有机肥的削减量，按COD产生量的50%、氨氮产生量的28%计算；

$E_{沼液处理}$——采用沼液处理（包括灌溉还田和经生化处理达标排放）的削减量，灌溉还田的，按化学需氧量产生量的10%、氨氮产生量的5%计算；沼液经生化处理达标排放的，按COD产生量的10%，氨氮产生量的33%计算。

鼓励有条件的规模化畜禽养殖场和养殖小区采用全过程综合治理技术进行处理，包括建设雨污分离污水收集系统，采用干清粪的方法收集粪便，尿液进入沼气池发酵处理，沼液经生化处理或多级氧化塘处理后达标排放，粪渣和沼渣通过堆肥发酵制取颗粒有机肥或有机无机复混肥。采用全过程综合治理技术的，COD 按产生量的 80%、氨氮按产生量的70%计算减排量。

（5）水产养殖结构调整项目

“十二五”期间，国家重点流域、区域以及各地确定的重点保护水体，按照相关要求减少围网养殖面积的，根据鱼、虾、蟹、贝等主要水产品的实际减少量和污染物产生系数测算减排量，公式如下：

$$R_{水产} = M_{水产} \times e_{水产} \times 10^{-3} \tag{2-6-6}$$

式中，$R_{水产}$——减少围网养殖的污染物减排量，t；

$M_{水产}$——减少围网养殖的水产品实际减少量，t；

$e_{水产}$——各类水产品的污染物产生系数，g/kg。见表 2-6-2。

表 2-6-2　水产养殖产品污染物产生系数

水产养殖类别	鱼	虾	蟹	贝	其他
COD 产生系数/（g/kg）	48.5	19.2	44.3	30.8	61.8
氨氮产生系数/（g/kg）	2.5	0.6	2.1	0.3	1.2

6.1.3　投资估算

说明减排方案中各项减排措施所需投资情况，针对与主要污染物削减有关的工程治理、结构调整、监督管理等进行投资估算。各项减排措施所需成本主要包括治理设施建设投资、运行维护费用及其他费用。

6.2　大气污染物减排项目和削减量

大气污染物减排项目清单应包括各个项目的 2010 年污染物排放基数、燃料消耗量、产污设备名称、规模、项目类型、治理技术、污染物去除率等主要指标，根据排放基数与减排措施的污染物去除效率计算“十二五”减排量。2010 年排放基数与污染治理水平是减排量测算的基础，也是减排管理和考核的依据。减排项目实施计划需要落实到年度，说明项目完成时间。各类减排项目清单见附表。

6.2.1 二氧化硫治理工程

（1）电厂脱硫工程

新建脱硫设施

燃煤发电机组新建脱硫设施，以 2010 年分机组的 SO_2 排放量作为排放基数，根据脱硫工程的综合脱硫效率计算 SO_2 削减量，计算公式如下：

$$R_{脱硫工程}=E_0\times\eta \tag{2-6-7}$$

式中，$R_{脱硫工程}$——新建脱硫设施的 SO_2 削减量，万 t/a；

E_0——该机组 2010 年的 SO_2 排放基数，万 t；

η——综合脱硫效率，按照 85%取值。

已投运脱硫设施改造工程

全面系统梳理辖区内各电厂的综合脱硫效率、设计煤种与实际煤种的差异，结合达标情况提出技改名单，按照 2010 年排放基数与提高治理效率后的排放量差值计算 SO_2 削减量：

$$R_{改造工程}=E_0-M\times1.7\times S\times(1-\eta) \tag{2-6-8}$$

式中，$R_{改造工程}$——已投运脱硫设施改造工程的 SO_2 削减量，万 t/a；

M——该机组 2010 年的燃煤量，万 t；

S——煤炭平均硫分，%；

η——改造后的综合脱硫效率，%。取消烟气旁路并稳定运行的，综合脱硫效率按照 90%取值。

电量交易、节能环保电力调度，暂不作为减排措施

（2）钢铁烧结烟气脱硫工程

新建烧结烟气脱硫设施

钢铁烧结机和球团生产设备的新建烟气脱硫设施，根据该设备的 SO_2 排放基数与脱硫工程的综合脱硫效率计算 SO_2 削减量，计算公式同式（2-6-7），综合脱硫效率按照 70%取值。

已投运脱硫设施改造工程

全面分析辖区内所有钢铁烧结烟气脱硫设施的脱硫效率、投运率、处理烟气量，结合达标情况提出技改名单，按照改造后脱硫烟气量的增加量或提高的脱硫效率计算 SO_2 削减量。

$$R_{改造工程}=(C_{入1}\times V_{入1}\times\gamma_1\times\eta_1-C_{入0}\times V_{入0}\times\gamma_0\times\eta_0)\times10^{-13} \tag{2-6-9}$$

式中，$C_{入0}$——改造前的脱硫设施入口 SO_2 平均浓度，mg/m^3（标态）；

$V_{入0}$——改造前的脱硫设施入口烟气平均流量，m^3（标态）/h；

γ_0——改造前的脱硫设施年运行小时数，h/a；

η_0——改造前的脱硫效率，%；

$C_{入1}$——改造后的脱硫设施入口 SO_2 平均浓度，mg/m^3（标态）；

$V_{入1}$——改造后的脱硫设施入口烟气平均流量，m^3（标态）/h；

γ_1——改造后的脱硫设施年运行小时数，h/a；

η_1——改造后的脱硫效率，%。

（3）石油炼制行业 SO_2 治理工程

催化裂化装置催化剂再生烟气脱硫工程

催化剂再生工艺安装烟气脱硫设施，SO_2 削减量根据该工艺的 SO_2 排放基数与脱硫工程的综合脱硫效率计算，计算公式同式（2-6-7），综合脱硫效率按照 70%取值。

加热炉或焚烧炉烟气治理工程

对各种加热炉、焚烧炉实施烟气脱硫，SO_2 削减量根据该设备的 SO_2 排放基数与脱硫工程的综合脱硫效率计算，计算公式同式（2-6-7），综合脱硫效率按照 70%取值。

硫黄回收工程

改进尾气硫回收工艺、提高硫黄回收率，按照改造后处理烟气量的增加量或提高的污染物去除效率计算 SO_2 削减量：

$$R_{改造工程}=(C_{入1}\times V_{入1}\times\gamma_1\times\eta_1-C_{入0}\times V_{入0}\times\gamma_0\times\eta_0)\times\frac{64}{34}\times10^{-13} \quad (2\text{-}6\text{-}10)$$

式中，$C_{入0}$——改造前污染治理设施入口 H_2S 浓度，mg/m^3（标态）；

$V_{入0}$——改造前污染治理设施入口烟气流量，m^3（标态）/h；

γ_0——改造前污染治理设施年运行小时数，h/a；

η_0——改造前的 H_2S 去除效率，%；

$C_{入1}$——改造后污染治理设施入口 H_2S 浓度，mg/m^3（标态）；

$V_{入1}$——改造后污染治理设施入口烟气流量，m^3（标态）/h；

γ_1——改造后污染治理设施年运行小时数，h/a；

η_1——改造后的 H_2S 去除效率，%。

（4）焦炉煤气脱硫工程

炼焦炉煤气脱硫，根据焦炉的 SO_2 排放基数与脱硫工程的 H_2S 脱除效率计算 SO_2 削减量，计算公式同式（2-6-7），H_2S 脱除效率按照 95%取值。

（5）硫酸尾气治理工程

化工行业和有色金属冶炼行业制酸尾气治理工程，按照该设备的 SO_2 排放基数与脱硫工程的综合脱硫效率计算 SO_2 削减量，计算公式同式（2-6-7），综合脱硫效率按照 70%取值。

制酸设施通过工艺改造提高 SO_2 吸收率，增加的 SO_2 削减量按照硫酸产量的增加量计算：

$$R_{改造工程}=\Delta P_{硫酸}\times C_{硫酸}\times\frac{64}{98}\times10^{-4} \quad (2\text{-}6\text{-}11)$$

式中，$\Delta P_{硫酸}$——改造后的硫酸产量增加量，t/a；

$C_{硫酸}$——硫酸产品的浓度，%。

（6）建材窑炉烟气脱硫工程

所有未脱硫的煤矸石砖瓦窑、规模大于 70 万 m^2/a 且燃料含硫率大于 0.5%的建筑陶瓷窑炉、浮法玻璃生产线须安装烟气脱硫设施，按照该设备的 SO_2 排放基数与脱硫工程的综合脱硫效率计算削减量，计算公式同式（2-6-7），综合脱硫效率按照 60%取值。

（7）燃煤锅炉烟气脱硫工程

规模在 35 t 以上、SO_2 排放超标的燃煤锅炉实施烟气脱硫，按照该锅炉的 SO_2 排放基数与脱硫工程的综合脱硫效率计算削减量，计算公式同式（2-6-7），综合脱硫效率按照 70%取值。

6.2.2　氮氧化物治理工程

（1）电力行业低氮燃烧改造及烟气脱硝工程

电力行业采用低氮燃烧技术或安装烟气脱硝设施，以 2010 年分机组 NO_x 排放量作为排放基数，根据减排措施的污染物去除效率计算 NO_x 削减量，计算公式同式（2-6-7），其中所采用低氮燃烧技术的 NO_x 去除率按照 35%计算，烟气脱硝工程综合脱硝效率按照 70%计算。既进行低氮燃烧改造又安装烟气脱硝设施的，计算公式如下：

$$R_{低氮及脱硝工程} = E_0 \times \eta_1 + E_0 \times (1-\eta_1) \times \eta_2 \qquad (2\text{-}6\text{-}12)$$

式中，$R_{低氮及脱硝工程}$——实施低氮燃烧改造及烟气脱硝的 NO_x 削减量，万 t/a；

η_1、η_2——分别为低氮燃烧 NO_x 去除率和烟气脱硝综合效率，取值分别为 35%和 70%。

（2）水泥行业低氮燃烧改造及脱硝工程

根据水泥窑炉的 NO_x 排放基数和 NO_x 治理工程的去除效率计算削减量，计算公式同式（2-6-7），LNB+SNCR 工艺的 NO_x 去除效率按照 70%取值。

（3）钢铁烧结烟气脱硝示范工程

根据该烧结机的 NO_x 排放基数与 NO_x 治理工程的污染物去除效率计算削减量，计算公式同式（2-6-7），脱硝效率根据实际采用的脱硝技术确定。

（4）燃煤锅炉低氮燃烧示范工程

根据该锅炉的 NO_x 排放基数与 NO_x 治理工程的去除效率计算削减量，计算公式同式（2-6-7），低氮燃烧 NO_x 去除效率按照 30%取值。

（5）机动车淘汰工程

根据"十二五"期间各类机动车的淘汰数量和排污系数计算 NO_x 削减量，公式如下：

$$R_{机动车淘汰} = \sum_{i=1}^{n}\sum_{j=1}^{m}(B_{i,j} \times F_{i,j} \times 10^{-7}) \qquad (2\text{-}6\text{-}13)$$

式中，$R_{机动车淘汰}$——淘汰机动车的 NO_x 削减量，万 t/a；

$B_{i,j}$——"十二五"期间该类型机动车的淘汰数量（i 表示车型，j 表示燃料类型），辆。根据"十一五"各类车型的年平均淘汰率以及"十二五"加速淘汰黄标车计划确定；

$F_{i,j}$——该类型机动车 2010 年的 NO_x 排污系数，kg NO_x/（a•辆）。$F_{i,j}$ 计算如下。

$$F_{i,j} = \frac{E_{i,j} \times 10^7}{N_{i,j}} \tag{2-6-14}$$

$E_{i,j}$——该类车型 2010 年的 NO_x 排放总量，万 t；

$N_{i,j}$——该类车型 2010 年的机动车数量，辆。

（6）机动车油品替代工程

机动车油品质量由国三标准提高到国四标准，根据供应国四油品的机动车数量和国三、国四标准的排污系数差值计算 NO_x 削减量：

$$R_{\text{机动车油品替代}} = \sum_{i,j} (C_{i,j} \times \Delta F_{i,j} \times 10^{-7}) \tag{2-6-15}$$

式中，$R_{\text{机动车油品替代}}$——机动车油品质量由国三标准提高到国四标准实现的 NO_x 削减量，万 t/a；

$C_{i,j}$——该类型机动车中供应国四油品的机动车数量，辆；

$\Delta F_{i,j}$——供应国四油品的机动车与供应国三油品的机动车相比，NO_x 排污系数的差值，具体取值见表 2-6-3。

表 2-6-3 供应国四油品机动车（相对供应国三油品机动车）NO_x 排污系数差值

车辆类型				NO_x 排污系数差值/[kg/（a•辆）]
载客汽车	微型	出租车	汽油	1.59
			其他	1.59
		其他	汽油	0.31
			其他	0.31
	小型	出租车	汽油	1.61
			柴油	8.41
		其他	汽油	0.28
			柴油	1.68
	中型	公交车	汽油	0.44
			柴油	17.73
		其他	汽油	0.30
			柴油	8.67
	大型	公交车	汽油	2.75
			柴油	19.03
		其他	汽油	6.93
			柴油	39.97
载货汽车	微型		汽油	0.61
			柴油	3.02
	轻型		汽油	0.81
			柴油	3.02
	中型		汽油	0.61
			柴油	17.54
	重型		汽油	6.38
			柴油	36.77

6.2.3　淘汰落后产能项目

分行业确定淘汰落后产能项目，编制项目清单。按照淘汰设备 2010 年的污染物排放基数计算削减量：

$$R_{结构}=E_0 \tag{2-6-16}$$

关闭部分生产线、淘汰部分生产设备的污染物削减量，如果没有单个设备的排放基数，按照物料衡算法、排污系数法或监测数据法计算污染物削减量，但不能超过 2010 年该企业的污染物排放基数总和。

6.2.4　管理减排项目

“十一五”末已安装脱硫设施但效率低下的（如循环流化床锅炉、烧结烟气脱硫设施），或已安装脱硝设施但运行不正常的燃煤机组，通过加强管理、提高投运率、完善在线监测等措施增加污染物削减量，根据 2010 年排放基数与提高污染物去除效率后的排放量计算新增削减量。其中，循环流化床锅炉（包括电力行业与非电力行业）的 SO_2 管理减排削减量按照式（2-6-8）计算；烧结烟气脱硫设施的 SO_2 管理减排削减量和燃煤机组烟气脱硝设施的 NO_x 管理减排削减量按照式（2-6-9）计算。

6.2.5　投资估算

重点针对减排方案中提出的主要污染物减排工程措施进行投资估算，淘汰落后产能等难以测算的可不进行估算。

各项减排措施所需成本主要包括治理设施建设投资、运行维护费用及其他费用。根据工程规模对建设投资和运行费用进行估算，主要行业计算参数取值见表 2-6-4 和表 2-6-5。其中，建设投资按照“十二五”期间新建污染治理设施规模进行计算（包括新增生产设备配套建设污染治理设施），运行费用按照“十二五”末全部污染治理设施规模计算，“十一五”末已有治理设施的改造费用根据各省减排项目的实际情况取值。

表 2-6-4　电力行业 NO_x 减排投资费用计算取值

减排技术	建设投资/（元/kW）	年运行费用/（元/kW）
LNB*	30	—
SCR*	150	30
SCR	100	30
SNCR	50～60	12
SNCR*	50～60	12

注：*代表老机组改造。

表 2-6-5 SO_2减排成本计算参数取值

减排工程类型	建设投资	年运行费用
电厂燃煤锅炉脱硫	200 元/kW	30 元/kW
其他燃煤锅炉脱硫	7 万元/蒸吨	1 万元/蒸吨
烧结烟气脱硫	30 万元/m^2	10 万元/m^2

6.3 可达性分析

“十二五”主要污染物总量控制规划的编制，实质在于通过强化污染物排放总量基数、新增量、各类污染削减措施和投入需求的分析，强化可达性分析。其中，新增量测算应综合考虑本地经济发展和产业结构现状，尤其是高耗能、高污染行业发展状况，结合“十一五”经济发展速度和产业结构变化形势预测，评估污染减排所面临的压力和困难；削减量测算应留有余地，充分考虑不利因素的影响和各类减排项目的实际实施情况，确保减排综合措施到位。通过经济社会发展态势、产业结构变化趋势、减排资金能力投入需求等关键问题的分析，剖析减排任务落实可能存在的问题以及影响减排目标实现的主要因素和环节，本着稳妥可靠的原则，对“十二五”年总量减排目标完成情况进行可达性分析。

附 表

现状与预测表

附表 1 “十一五”主要水污染物排放情况

省份	年份	工业				生活			农业		
		废水排放量/万 t	COD 排放量/t	氨氮排放量/t	重点行业氨氮排放量/t	废水排放量/万 t	COD 排放量/t	氨氮排放量/t	废水排放量/万 t	COD 排放量/t	氨氮排放量/t
	2007										
	2009										
	2010										

注：本表所有污染物排放情况按污染源普查口径填写。重点行业氨氮排放量按照新增量测算选取的 9 个重点行业的氨氮排放量之和填写。

附表 2 经济社会发展情况

省份	年份	总人口/万人	城镇常住人口/万人	GDP/万元	工业增加值/万元	重点行业工业增加值/万元
	2006					
	2007					
	2008					
	2009					
	2010					
	2011	/	/			
	2012	/	/			
	2013	/	/			
	2014	/	/			
	2015					

注：重点行业氨氮排放量按照新增量测算选取的 9 个重点行业的氨氮排放量之和填写，表中“/”部分不需填报，以下各表同。

附表 3 “十二五”工业和生活水污染物新增量预测

省份	年份	工业增加值COD排放强度/（t/万元）	工业COD新增量/t	重点行业工业增加值氨氮排放强度/（t/万元）	重点行业工业氨氮新增量/t	城镇生活COD新增量/t	城镇生活氨氮新增量/t
	2007		/		/	/	/
	2009		/		/	/	/
	2010		/		/	/	/
	2011					/	/
	2012					/	/
	2013					/	/
	2014					/	/
	2015					/	/
	“十二五”合计	/		/			

附表 4 “十二五”畜禽养殖污染物新增量预测

省份	畜禽种类	“十一五”养殖规模/（只/头）			“十二五”年均增长率/%	2015 年养殖规模/（只/头）	2015 年污染物产生量/t	
		2007 年	2009 年	2010 年			COD	氨氮
	猪							
	奶牛							
	肉牛							
	蛋鸡							
	肉鸡							
	合计	/	/	/	/	/		

附表 5 “十二五”工业结构调整水污染物减排项目

省份	地市	企业名称	工业企业法人代码	所处流域	所属行业	主要生产工艺	关闭原因	投运时间	关闭设施 2010 年污染物排放量/t		关闭设施的产品及产量		
									COD	氨氮	产品	产量	产量单位

注：1. 关闭原因按产业政策有关规定填写，如“淘汰年产 3.4 万 t 以下草浆生产装置”。

2. 项目完成时间填写具体年份，其中接转项目须填写 2010 年具体月份，下同。

附表 6 “十二五”工业治理水污染物减排项目

省份	地市	企业名称	企业法人代码	所处流域	所属行业	主体处理工艺	是否纳管	执行标准	投运时间	设计处理规模/（万 t/d）	项目投资/万元	预计 2015 年实际处理水量/（万 t/d）	预计削减量/（t/a）	
													COD	氨氮

附表 7　“十二五”城镇生活污水处理设施建设项目（新建、扩建、配套管网建设项目）

省份	地市	污水处理厂名称	所处流域	新建设施处理工艺	投运时间	项目投资/万元	项目类型	设计处理规模/（万 t/d）	配套管网/km	2015 年新增处理水量/（万 t/d）	“十二五”期间执行的排放标准/（mg/L）		预计削减量/（t/a）	
											COD	氨氮	COD	氨氮

附表 8　“十二五”城镇生活污水处理设施建设项目（深度治理提标改造建设项目）

省份	地市	污水处理厂名称	所处流域	原设施处理工艺	设计处理能力/（万 t/d）	新增设施处理工艺	投运时间	新增设施投资/万元	2010 年实际处理水量/（万 t/d）	2010 年排放浓度/（mg/L）		“十二五”期间执行的排放标准/（mg/L）		预计削减量/（t/a）	
										COD	氨氮	COD	氨氮	COD	氨氮

附表 9　“十二五”城镇生活污水处理设施建设项目（再生水设施建设项目）

省份	地市	污水处理厂名称	所处流域	污水处理能力/（万 t/d）	再生水处理能力/（万 t/d）	再生水处理工艺	再生水设施投运时间	再生水项目投资/万元	2010 年污染物排放浓度/（mg/L）		预计削减量/（t/a）	
									COD	氨氮	COD	氨氮

附表 10　“十二五”城镇生活污水处理设施建设项目（污泥处理项目）

省份	地市	污水处理厂名称	所处流域	污水处理工艺	污水设计处理能力/（万 t/d）	污泥产生量/（t80%干泥/a）	污泥处理处置方式	污泥处理量/（t/a）	投运时间	项目投资/万元	预计削减量/（t/a）	
											COD	氨氮

注：不依附污水处理厂而单独建设的污泥处理厂，在“污水处理厂名称”一栏中填写污泥处理厂的名称，不需填写污水处理相关信息。

附表 11　“十二五”规模化畜禽养殖场和养殖小区工程治理项目

省份	地市	畜禽养殖企业（公司/小区）名称	养殖种类	养殖规模/（只/头）	所处流域	投运时间	项目投资/万元	2015 年污染物产生量/t		污染物削减途径及 COD 削减量/（t/a）						污染物削减途径及氨氮削减量/（t/a）					
								COD	氨氮	养殖方式	干清粪	沼气	有机肥	沼液处理	合计	养殖方式	干清粪	沼气	有机肥	沼液处理	合计

注：“养殖种类”、“养殖规模”填写各类畜禽（猪、肉牛、奶牛、肉鸡、蛋鸡）的名称和数量，如“猪”、“300”，同一养殖场有多种畜禽的，分行填写。

附表 12 “十二五”水产养殖场取缔关停项目

省份	地市	水产养殖场（公司、养殖户）名称	所处流域	养殖产品	关闭的养殖产量/（t/a）	关闭的养殖面积/m^2	2010 年排放量/t		关闭时间	预计削减量/（t/a）	
							COD	氨氮		COD	氨氮

附表 13 “十二五”能源消费量测算

年份	单位 GDP 能耗/（t 标煤/万元）	能源消费总量/（万 t 标煤）	煤炭消费总量/万 t	其中：			燃煤机组装机容量/万 kW	发电标准煤耗/[g/（kW·h）]
				发电煤炭消费量/万 t	热电联产机组供热煤炭消费量/万 t	非电力行业煤炭消费量/万 t		
2005								
2006								
2007								
2008								
2009								
2010								
2015								

注：发电煤炭消费量包括企业自备电厂耗煤量。

附表 14 SO_2 排放基数与分行业增量测算

指标	2007 年污染源普查 SO_2 排放量/万 t	2009 年污染源普查数据调整后的 SO_2 排放量/万 t	2010 年 SO_2 排放量/万 t	“十二五”新增量	
				“十二五” SO_2 排放增量/万 t	其中淘汰落后产能替代 SO_2 增量/万 t
全省 SO_2 排放总量合计					
一、电力行业排放量					/
其中：自备电厂 SO_2 排放量			/	/	/
二、非电力行业排放量					
1. 宏观测算结果					
2. 分行业测算结果					
（1）冶金行业排放量					/
其中：烧结工序 SO_2 排放量			/	/	/
（2）建材行业排放量					
其中：砖瓦及建筑砌块					
水泥					
建筑陶瓷					
平板玻璃					
（3）有色金属行业排放量					
（4）石化行业排放量					/
其中：催化裂化工艺 SO_2 排放量			/	/	/
（5）其他排放量					

附表 15　NO_x 排放基数与分行业增量测算

指标	2007 年污染源普查 NO_x 排放量/万 t	2009 年污染源普查数据调整后的 NO_x 排放量/万 t	2010 年 NO_x 排放量/万 t	“十二五”新增量	
				“十二五” NO_x 排放增量/万 t	其中淘汰落后产能替代 NO_x 增量/万 t
全省 NO_x 排放总量合计					
1. 电力行业排放量					/
其中：自备电厂 NO_x 排放量			/	/	/
2. 交通运输业排放量					
其中：黄标柴油车 NO_x 排放量				/	/
3. 水泥行业排放量					
4. 其他排放量					

附表 16　电力行业脱硫工程（管理）项目

省份	地市	法人代码	企业名称	发电机组			燃料煤		项目类型	SO_2 减排措施	投资/万元	2010 年 SO_2 去除率/%	2010 年 SO_2 排放量/t	2015 年 SO_2 去除率/%	“十二五” SO_2 削减量/(t/a)	完成时间
				编号	装机容量/万 kW	投运时间	用量/(t/a)	含硫量/%								

注：1. 项目类型填写“新安装脱硫设施”、“已投运脱硫设施改造”或“循环流化床锅炉管理”；

2. SO_2 减排措施，“新安装脱硫设施”填写脱硫技术类型，“已投运脱硫设施改造”项目填写具体改造内容，“循环流化床锅炉管理”减排措施包括提高投运率、完善在线监测等。

附表 17　钢铁烧结烟气脱硫工程（管理）项目

省份	地市	法人代码	企业名称	烧结机或球团设备				铁矿石含硫量/%	项目类型	SO_2 减排措施	投资/万元	2010 年 SO_2 排放量/t	工程（管理）实施前				工程（管理）实施后				“十二五” SO_2 削减量/(t/a)	完成时间
				名称	编号	规模/m^2	投运时间						脱硫设施入口 SO_2 平均浓度/(mg/m^3)	脱硫设施入口烟气平均流量/(m^3/h)	脱硫设施年运行小时数/h	脱硫效率/%	脱硫设施入口 SO_2 平均浓度/(mg/m^3)	脱硫设施入口烟气平均流量/(m^3/h)	脱硫设施年运行小时数/h	脱硫效率/%		

注：1. 烧结机或球团设备名称填写烧结机或球团设备；

2. 项目类型填写“新安装脱硫设施”、“已投运脱硫设施改造”或“管理减排”，其中“新安装脱硫设施”项目不需填写工程（管理）实施前的四项参数；

3. SO_2 减排措施，“新安装的脱硫设施”填写脱硫技术类型，“已投运脱硫设施改造”项目填写具体改造内容，“管理减排”项目填写加强管理的措施。

附表 18　石油炼制行业 SO_2 治理工程项目

省份	地市	法人代码	企业名称	生产工艺				污染物种类	污染减排措施	投资/万元	2010年 SO_2 排放量/t	工程实施前				工程实施后				“十二五” SO_2 削减量/(t/a)	完成时间
				类型	设备编号	设备规模	规模单位					治理设施入口污染物浓度/(mg/m^3)	治理设施入口烟气流量/(m^3/h)	治理设施年运行小时数/h	污染物去除效率/%	治理设施入口污染物浓度/(mg/m^3)	治理设施入口烟气流量/(m^3/h)	治理设施年运行小时数/h	污染物去除效率/%		

注：1. 污染物种类填写 SO_2 或 H_2S；

2. 治理设施入口污染物浓度，根据污染物种类填写 SO_2 或 H_2S 浓度；

3. 新安装脱硫设施，“工程实施前”和“工程实施后”共8项参数中可只填写“工程实施后”的“污染物去除效率”。

附表 19　焦炉煤气脱硫工程项目

省份	地市	法人代码	企业名称	炼焦炉		SO_2 减排措施	投资/万元	H_2S 去除率/%	2010年 SO_2 排放量/t	“十二五” SO_2 削减量/(t/a)	完成时间
				编号	规模/m						

附表 20　硫酸尾气治理工程项目

省份	地市	法人代码	企业名称	设备名称	项目类型	SO_2 减排措施	投资/万元	SO_2 去除率/%	2010年 SO_2 排放量/t	硫酸生产情况		“十二五” SO_2 削减量/(t/a)	完成时间
										硫酸产量增加量/(t/a)	硫酸产品浓度/%		

注：1. 设备名称填写有色金属冶炼炉或制酸设备名称；

2. 项目类型填写“新安装脱硫设施”或“已建制酸设备改造”。

附表 21　建材窑炉烟气脱硫工程项目

省份	地市	子行业名称	法人代码	企业名称	产品名称	建材窑炉				燃料		脱硫工艺	投资/万元	SO_2 去除率/%	2010年 SO_2 排放量/t	“十二五” SO_2 削减量/(t/a)	完成时间
						类型	编号	窑炉规模	规模单位	类型	含硫量/%						

附表 22　燃煤锅炉烟气脱硫工程项目

省份	地市	法人代码	企业名称	燃煤锅炉		燃料煤		项目类型	SO_2减排措施	投资/万元	2010 年SO_2去除率/%	2010 年SO_2排放量/t	2015 年SO_2去除率/%	“十二五”SO_2削减量/（t/a）	完成时间
				编号	规模/蒸吨	用量/（t/a）	含硫量/%								

注：1. 项目类型填写“新安装脱硫设施”、“已投运脱硫设施改造”或“循环流化床锅炉监管”；

2. SO_2减排措施，“新安装脱硫设施”填写脱硫技术类型，“已投运脱硫设施改造”项目填写具体改造内容，“循环流化床锅炉监管”减排措施包括提高投运率、完善在线监测等。

附表 23　电力行业低氮燃烧改造及脱硝项目

省份	地市	法人代码	企业名称	发电机组			燃料		项目类型	低氮燃烧技术类型	低氮燃烧NO_x去除率/%	烟气脱硝技术类型	烟气脱硝效率/%	投资/万元	2010 年NO_x排放量/t	“十二五”NO_x削减量/（t/a）	完成时间
				编号	装机容量/万 kW	投运时间	类型	用量/（t/a）									

注：1. 项目类型填写“低氮燃烧改造”、“新建脱硝设施”或两者的组合；

2. 若该机组 2010 年已经使用低氮燃烧技术，且“十二五”期间不对燃烧方式进行调整，则“燃烧治理技术”和“低氮燃烧NO_x去除率”两项为空白；

3. 若该机组既进行低氮燃烧改造，又安装烟气脱硝设施，则表格中所有指标都应填写。

附表 24　电力行业现有脱硝设施改造（管理）减排项目

省份	地市	法人代码	企业名称	发电机组			燃料		项目类型	减排措施	投资/万元	2010 年NO_x排放量/t	工程（管理）实施前				工程（管理）实施后				“十二五”NO_x削减量/（t/a）	完成时间
				编号	装机容量/万 kW	投运时间	类型	用量/（t/a）					脱硝设施入口NO_x浓度/（mg/m^3）	脱硝设施入口烟气流量/（m^3/h）	脱硝设施年运行小时数/h	脱硝效率/%	脱硝设施入口NO_x浓度/（mg/m^3）	脱硝设施入口烟气流量/（m^3/h）	脱硝设施年运行小时数/h	脱硝效率/%		

注：1. 项目类型填写 “脱硝设施改造”或“脱硝设施管理”；

2. 减排措施，“已投运脱硝设施改造项目”填写具体改造内容，“管理减排项目”填写加强管理的措施。

附表 25 水泥行业低氮燃烧改造及脱硝项目

省份	地市	法人代码	企业名称	水泥窑			项目类型	低氮燃烧技术类型	低氮燃烧 NO_x 去除率/%	烟气脱硝技术类型	脱硝效率/%	投资/万元	2010 年 NO_x 排放量/t	“十二五” NO_x 削减量/（t/a）	完成时间
				类型	编号	规模/（t 熟料/d）									

注：项目类型填写“低氮燃烧改造”、“新建脱硝设施”或两者的组合。

附表 26 钢铁烧结烟气脱硝示范工程

省份	地市	法人代码	企业名称	烧结机			烧结矿产量/（万 t/a）	NO_x 治理技术	NO_x 去除率/%	投资/万元	2010 年 NO_x 排放量/t	“十二五” NO_x 削减量/（t/a）	完成时间
				编号	规模/m^2	投运时间							

附表 27 燃煤锅炉低氮燃烧示范工程

省份	地市	法人代码	企业名称	燃煤锅炉		燃料煤		NO_x 治理技术	NO_x 去除率/%	投资/万元	2010 年 NO_x 排放量/t	“十二五” NO_x 削减量/（t/a）	完成时间
				编号	规模/蒸吨	类型	用量/（t/a）						

注：项目类型填写低氮燃烧技术类型。

附表 28 机动车淘汰 NO_x 减排项目

类型				“十二五”期间机动车淘汰量（辆）				被淘汰车辆 2010 年 NO_x 排放量/t
				国〇	国一	国二	国三	
载客汽车	载客	出租车	汽油					
		其他	汽油					
	轻型	出租车	汽油					
			柴油					
		其他	汽油					
			柴油					
	中型	公交车	汽油					
			柴油					
		其他	汽油					
			柴油					

类型				“十二五”期间机动车淘汰量（辆）				被淘汰车辆 2010 年 NO_x 排放量/t
				国〇	国一	国二	国三	
载客汽车	大型	公交车	汽油					
			柴油					
		其他	汽油					
			柴油					
载货汽车	微型		汽油					
			柴油					
	轻型		汽油					
			柴油					
	中型		汽油					
			柴油					
	重型		汽油					
			柴油					
低速载货汽车	三轮汽车							
	低速货车							
摩托车	普通							
	轻便							

附表 29　机动车油品供应 NO_x 减排项目

类型				“十二五”期间供应国四标准油品的机动车数量/辆	NO_x 削减量/（t/a）
载客汽车	载客	出租车	汽油		
			其他		
		其他	汽油		
			其他		
	轻型	出租车	汽油		
			柴油		
		其他	汽油		
			柴油		
	中型	公交车	汽油		
			柴油		
		其他	汽油		
			柴油		
	大型	公交车	汽油		
			柴油		
		其他	汽油		
			柴油		
载货汽车	微型		汽油		
			柴油		
	轻型		汽油		
			柴油		
	中型		汽油		
			柴油		
	重型		汽油		
			柴油		
低速载货汽车	三轮汽车				
	低速货车				
摩托车	普通				
	轻便				

附表 30　淘汰落后产能大气污染物减排项目

省份	地市	行业代码	法人代码	企业名称	关闭设施				关闭设施的产品			关闭设施的2010年SO_2排放量/t	关闭设施的2010年NO_x排放量/t	关闭时间
					名称	编号	规模	规模单位	名称	产量	产量单位			

第三部分

重点流域水污染防治规划技术指南

流域水污染防治一直是中国环境保护工作的重中之重。党中央、国务院高度重视水污染防治和水环境保护工作。从“九五”开始，国务院就开始组织编制重点流域水污染防治规划，开展国家重点流域的水污染治理。胡锦涛总书记在中国共产党第十七次全国代表大会上提出要“促进国民经济又好又快发展”，温家宝总理在第六次全国环境保护大会上提出“必须把环境保护摆在更加重要的战略位置”，并批示要求“三河三湖水污染防治工作需要认真总结经验教训，改进计划编制、审批、管理和检查工作，使其真正起到宏观指导作用，落实项目责任，提高水污染防治效益”。李克强副总理批示“请环保部会同有关部门认真落实家宝同志批示精神，对三河三湖防治工作进行认真深入地分析总结，提出改进工作的举措，提高计划执行的有效性”。

《水污染防治法》第十五条规定：“防治水污染应当按流域或者按区域进行统一规划。国家确定的重要江河、湖泊的流域水污染防治规划，由国务院环境保护主管部门会同国务院经济综合宏观调控、水行政等部门和有关省、自治区、直辖市人民政府编制，报国务院批准。”我国重点流域水污染防治工作经历了“九五”、“十五”和“十一五”三个时期，流域水污染防治规划的法律地位、编制组织和技术路线不断完善，规划范围不断扩大，成为落实国家水污染防治战略、任务与措施的重要部分。围绕流域的水环境质量、排污总量、治理项目和投资测算四位一体的污染防治基本框架，不断完善规划框架体系，饮用水水源等高功能水体优先保护的理念得到贯彻，总量控制成为流域、区域的约束性指标，跨界水环境质量与减排工程项目成为流域考核评估的主体，流域水污染防治综合管理理念逐步清晰。

为了科学编制重点流域水污染防治“十二五”规划，环境保护部成立了跨部门的领导小组、跨专业的总体专家指导组、规划编制总体组以及重点流域编制组等，是历史上重点流域水污染防治规划技术力量聚集最强的一次编制。环境保护部环境规划院和中国环境科学研究院作为主要力量，牵头编制八个重点流域“十二五”水污染防治规划。在环境保护部污染防治司和流域规划编制专家指导组指导下，特别是在环境保护部污染防治司赵华林司长、凌江副司长、李蕾副司长和李云生处长等领导的指导下，环境保护部环境规划院联合兄弟单位完成了《重点流域水污染防治“十二五”规划编制技术指南》（以下简称《指南》）。环境规划院参加《指南》编制的人员主要有洪亚雄院长、吴舜泽副院长、王金南副院长、陆军副院长、王东副主任、吴悦颖高工、赵越高工、余向勇研究员、刘伟江副研究员、徐敏副研究员、张晶博士等。同时，也汇聚了指导组专家以及各个流域规划编制专家的智慧，在此表示衷心的感谢。具体分工为：第 1 章至第 3 章由王东负责，第 4 章由孙娟负责，第 5 章由赵越负责，第 6 章由徐敏负责，第 7 章由赵越负责，第 8 章由谢阳林负责，第 9 章由张晶负责。

《指南》直接指导国家编制重点流域水污染防治“十二五”规划。各省（区、市）和城市编制流域水污染防治规划时也可参考使用。

第1章　总则

1.1　编制目的与意义

自“十一五”以来，国家水污染防治力度明显加大，国务院陆续批复了淮河、海河、辽河、松花江、三峡库区及上游、丹江口库区及上游、黄河中上游、滇池、巢湖流域水污染防治规划和太湖流域水环境综合治理总体方案，在地方各级政府和国务院有关部门的共同努力下，规划确定的各项任务稳步推进，重点流域水污染防治工作取得了积极成效。一是化学需氧量减排完成阶段任务。2008 年，淮河、海河、辽河、松花江、黄河中上游、三峡库区及其上游等流域化学需氧量排放量比 2005 年下降 11.7%。重点流域“十一五”规划的河流国控断面高锰酸盐指数平均浓度 6.27 mg/L，比 2005 年下降了 1.24 mg/L。二是重点流域污染防治工作稳步推进。到 2008 年底，2006 年批复实施的松花江流域水污染防治规划项目投资完成率达到 70%以上；2008 年批复的淮河、海河、辽河、黄河中上游、三峡库区及其上游、太湖、巢湖、滇池等 8 个流域水污染防治规划（方案），七成考核断面水质监测达标，四成规划治污项目完成，超过“十五”同期进度，基本完成了 2008 年度防治目标任务。三是积极探索污染防治新思路。以“三大减排”为着力点，新增污水处理能力 857 万 t/d，淘汰了一批造纸、化工、印染、酒精等行业的落后产能，有关省级环保部门污染源在线监控系统陆续建成并实现联网。对长江、黄河、淮河、海河四大流域部分水污染严重、环境违法问题突出的工业园区实行了“流域限批”。江苏、山东、辽宁等省积极实施严格的水污染物地方排放标准，为治污提供了制度保障。各流域积极开展环境经济政策试点，河北子牙河、江苏太湖流域、浙江省境内流域等积极探索生态补偿新机制，湖北、天津、浙江等开展排污权有偿使用与交易的政策试点。

尽管我国水污染防治工作取得积极进展，但是，我国的水环境污染仍处在有机污染尚未根本解决，营养物污染和有毒有害物质污染同时并存的阶段，流域水污染防治任务依然艰巨，主要表现在以下几个方面：一是重点流域污染排放强度大、负荷高，主要污染物排放量远远超过受纳水体的环境容量，重点流域水资源短缺导致水污染加重，水污染又加剧水资源供需矛盾。二是河流水系中氨氮污染突出，2008 年重点流域地表水河流国控断面中氨氮平均浓度为 2.17 mg/L，劣Ⅴ类断面占 20.8%。三是总氮（TN）、总磷（TP）等营养物质污染问题突出，2008 年重点流域地表水河流国控断面中 TN 平均浓度为 4.41 mg/L，超过湖库Ⅴ类标准 1.2 倍，超过湖库Ⅴ类标准的断面数占 47.8%；TP 平均浓度为 0.27 mg/L，超过湖库Ⅴ类标准 0.35 倍，超过湖库Ⅴ类标准的断面占 31.2%。四是重金属、持久性有机污染物（POPs）等污染在部分流域、部分地区污染问题非常突出。五是全国地下水环境质量总体呈现逐渐恶化趋势，区域性地下水污染问题突出。

“十二五”时期是实现2020年环境小康目标的关键时期，同时也是保障城乡居民饮用水安全、控制污染物排放、改善水环境质量、防范突发污染事件的重要时期。因此，为贯彻党中央、国务院领导的讲话和批示精神，满足全面实现建设小康社会目标，落实《中华人民共和国水污染防治法》的规定，指导流域水污染防治工作，进一步完善规划思路，强化规划的指导和约束功能，理顺规划实施的保障机制，使“十二五”规划成为改善重点流域水环境质量的有力保障，制定《全国重点流域“十二五”水污染防治规划编制技术指南》（以下简称《指南》）具有重要意义。

1.2 编制原则与总体思路

1.2.1 指导思想

以科学发展观为指导，以“让江河湖泊休养生息”为理念，以优化经济结构和产业布局为方向，以流域骨干水污染防治工程为依托，以水环境政策机制创新为保障，以改善流域水环境质量和维护水生态健康为重点，以削减排污总量—改善水环境质量—防范水环境风险为主线，综合运用工程、技术、生态的方法，统筹地表水、地下水和近岸海域污染防治，全面提升水污染防治和水环境监管水平，优先保障饮用水水源地水环境安全，努力恢复江河湖泊的生机和活力，促进流域经济社会的可持续发展。

1.2.2 编制原则

（1）以人为本，防治结合

要坚持源头和全过程预防，在取水、用水、排水的各个环节强化水环境保护，减少污染物产生，减轻对水环境的压力。要坚持防住“两头”，未受污染或受污染较轻的流域区域，要严加防范和保护，防止受到破坏；污染严重的流域区域，要彻底消除环境安全重大隐患，防止发生造成生态环境重大破坏或产生重大社会影响的环境污染事件，防止发生严重危害群众健康的群体性事件。

（2）全面推进，重点突破

由关注水环境质量改善向水质改善与水资源保护、水生态保护并重转变。在所有重点流域推进COD和氨氮的总量控制，在区域层面推进重金属、总氮、总磷及其他有毒有害物质的控制，全面提升重点工业行业的污染防治水平和城镇污水处理水平。将保障群众饮水安全作为首要任务，将降低重金属污染风险作为重要任务，重点改善跨省界水体水环境质量，维护水环境安全。

（3）节约资源，优化结构

以节约水资源为重点突破口，加大先进生产技术和先进管理技术的引进和应用，在生产、消费、处理全过程贯彻清洁生产、绿色消费、深度治理、综合利用的理念，实现经济效益和环境效益的统一。充分考虑水环境容量约束，严格环境准入，实现流域内部的产业结构优化，避免跨流域间的污染转移。

（4）综合手段，统筹治理

水污染防治是复杂的系统工程，需要综合运用法律、经济、技术、行政和信息公开等各种办法解决问题。加快法律法规的配套完善，研究制定环境经济政策，充分利用市场机制推进污染防治。加强水污染防治技术支撑能力建设，加强信息公开与共享，提高公众参与程度。深化水环境目标责任制考核，将水污染防治工作目标、任务和措施层层分解，严格评估、严肃考核、严厉问责。

1.2.3 总体思路

重点流域水污染防治工作经历了“九五”、“十五”和“十一五”三个时期，水污染治理投资力度不断加大，治理水平逐步提高，主要污染物排放总量开始下降，水环境质量总体保持稳定，局部开始好转。“十二五”是实现2020年环境小康目标的关键时期，同时也是控制污染物排放、改善水环境质量、防范突发污染事件的重要时期。“十二五”期间应重点关注五方面压力，着力构建三大体系，努力实现两个统筹，共同服务一个核心目标。五方面压力包括经济社会发展压力、水资源供需压力、污染物排放压力、水环境监管压力及水环境风险压力；三大体系包括流域统筹的分区防控体系，全面控源的污染减排体系和点面结合的风险防范体系；两个统筹为地表水与地下水统筹，陆域与海域统筹；一个核心目标是实现水环境质量持续改善，体现“让江河湖泊休养生息”的理念。

（1）流域统筹的分区防控体系

建立流域、控制区、控制单元的分区水环境管理体系。按流域编制水污染防治规划，按控制区识别和分析流域水环境问题，明确治污重点和方向。以国控断面为节点，统筹考虑水资源分区、行政分区与河流（河段）的对应关系划定控制单元，把控制单元作为“总量、质量、项目、投资”四位一体制定水污染防治方案的基本单元，按照水质改善、生态保护、污染控制等不同要求划分控制单元类型，建立规划目标指标体系，实现污染源、入河（湖）排污口、水体水质之间的响应，落实目标责任考核。

（2）全面控源的总量控制体系

总量控制的根本目的是改善环境质量，保障人民健康。总量控制指标的确定必须结合各层面、各区域水环境质量与水环境功能的指标需求，以能够达到水质改善为目标，制定流域和区域的总量控制指标。在减排措施上，在工程减排、结构减排和监管减排的基础上，要更重视科技支撑和政策保障的作用。在技术路线选择上，要充分发挥设施多指标的协同削减效应。

“十二五”期间重点流域COD、氨氮排放量持续削减。按照控制单元水污染状况，严重超标单元实行目标总量控制，排污总量大幅削减（高于国家平均水平）；基本达标的单元为保证水质稳定达标，排污总量保持削减（基本维持国家平均水平）；已经达标的单元重点提升水生态安全，排污总量基本保持稳定（可低于国家平均水平）。部分排污量非常小的控制单元，在确保水环境安全的情况下可适当增加排污量。

总磷和总氮两项指标不作为全国重点流域的总量控制指标，但重点湖库为控制富营养化将总氮、总磷可作为总量控制约束性指标。用环境标准与政策等手段加强总氮、总磷污染物排放的控制。

对于水体中重金属超标或因产业布局、生产水平、原料结构而存在重金属污染风险的区域，需将超标重金属作为区域性总量控制约束性指标。下大力气治理现有污染源，努力实现新建项目废水中重金属的零排放。

参照点源总量控制的目标指标体系，完善非点源统计、监测、评估方法，启动建立非点源总量控制台账，逐步建立标准与规范体系，从畜禽养殖、农村生活污水、农业污染等主要污染控制对象入手开展减排量化评估，用简便易行、因地制宜的工艺技术落实减排，用激励和补偿性经济政策推进减排，鼓励开展非点源减排交易试点。

（3）点面结合的风险防范体系

将环境风险纳入工业企业防治的范畴。增加非常规污染物的排放控制。将有毒有害物质等污染物纳入日常监管范围，拓展管理领域，调整管理思路，从环境影响评价、工程规范、验收标准等多方面入手，建立环境风险防范的制度体系。将高风险行业纳入“绿色保险”体系，保证污染事故的赔偿资金。控制产业规模，提高集中度，将中小企业集中于工业园区，加强工业污染集中控制，实行污染集中控制和治理的市场化、社会化和产业化，降低治污成本。

增加敏感水体和区域的TMDL（最大日负荷）指标，在企业排放标准中，对环境污染事故发生的临界峰值严格监控。

重点关注重污染、高风险行业，推广废水循环利用技术。将石化行业、合成氨、氯碱工业、磷化工、硫化工、焦化行业、染料行业、有色冶炼、热电行业（油、煤）、特种行业（金氰化钾）、矿山油田开采等行业作为风险防范的重点。抓好重化工业以及量大面广的工业废水处理处置。以造纸、酿造、化工、纺织、印染行业为重点，大力推进清洁生产和提高废水处理设施运行率。在钢铁、电力、化工、煤炭等重点行业推广废水循环利用。

依法关停重污染的小企业，重点是要依法关停一批生产工艺落后、污染大的小造纸、小印染、小电镀、小化工、小炼油、小水泥、小冶炼等高污染、高能耗的“低、小、散”企业。在2010年淘汰落后产能的基础上进一步提高淘汰标准。

重视传统的重金属等污染问题的解决。要把有毒有害污染物的排放管理和风险管理作为重点，有条件的地区实施严格的总量控制，试点进行全废水毒性法控制废水排放，尽快编制有毒有害污染物名录，并逐步建立有毒有害污染物排放法规和标准体系，建立有毒有害污染物的监控、预警和干预体系。

充分重视一些微量有毒有害物质、汞污染、POPs、苯系物、PTS、PBTS、环境激素、危险化学品等影响人体健康的污染物，把非常规污染物纳入风险管理的领域，并作为“十二五”期间的工作重点。

把防范重大污染事故、提高应急能力作为环境监管能力建设的重要出发点之一，加强针对性和目的性。加强环境应急体系建设，提升应急能力。抓好与安全生产、运输行业的联动，形成联动机制。

1.3 主要内容及技术路线

重点流域“十二五”水污染防治规划主要内容为：介绍流域概况，建立流域、控制区、控制单元三级分区；分析流域水污染现状，评估“十一五”规划完成情况；识别流域主要水环境问题，筛选优先控制单元并为其分类；结合污染源新增量预测，在经济社会发展的宏观大背景下，分析“十二五”水环境压力与形势；充分考虑必要性及可达性，构建以水质改善、总量控制、水生态恢复为重点构成的指标目标体系；开列优先控制单元水环境问题清单，设计优先控制单元水污染防治方案；布置支撑目标的规划重点任务，筛选流域及各分区规划项目，测算规划投资；提出确保规划顺利实施的政策保障体系（见图 3-1-1）。

1.4 编制依据

（1）法律、行政法规、规章

❖ 《中华人民共和国环境保护法》

❖ 《中华人民共和国水污染防治法》

❖ 《中华人民共和国海洋环境保护法》

❖ 《中华人民共和国水法》

❖ 《中华人民共和国清洁生产促进法》

❖ 《中华人民共和国环境影响评价法》

（2）国家规范性文件

❖ 《国务院关于环境保护若干问题的决定》（国发[1996]31 号）

❖ 《国务院办公厅转发环保总局等部门关于加强重点湖泊水环境保护工作意见的通知》（国办发[2008]4 号）

❖ 《国务院办公厅关于转发环境保护部等部门重点流域水污染防治专项规划实施情况考核暂行办法的通知》（国办发[2009]38 号）

❖ 《关于加强重金属污染防治工作指导意见的通知》（国办发[2009]61 号）

（3）相关国家标准

❖ 《地表水环境质量标准》（GB 3838—2002）

❖ 《地下水质量标准》（GB/T 14848—93）

❖ 《生活饮用水卫生标准》（GB 5749—2006）

❖ 《污水综合排放标准》（GB 8978—96）

❖ 《农田灌溉水质标准》（GB 5084—2005）

❖ 《渔业水质标准》（GB 11607—89）

❖ 《城镇污水处理厂污染物排放标准》（GB 18918—2002）

❖ 《水污染物排放总量监测技术规范》（HJ/T 92—2002）

❖ 《饮用水水源保护区划分技术规范》（HJ/T 338—2007）

❖ 《饮用水水源保护区标志技术要求》（HJ/T 433—2008）

（4）相关地方法规、文件、标准

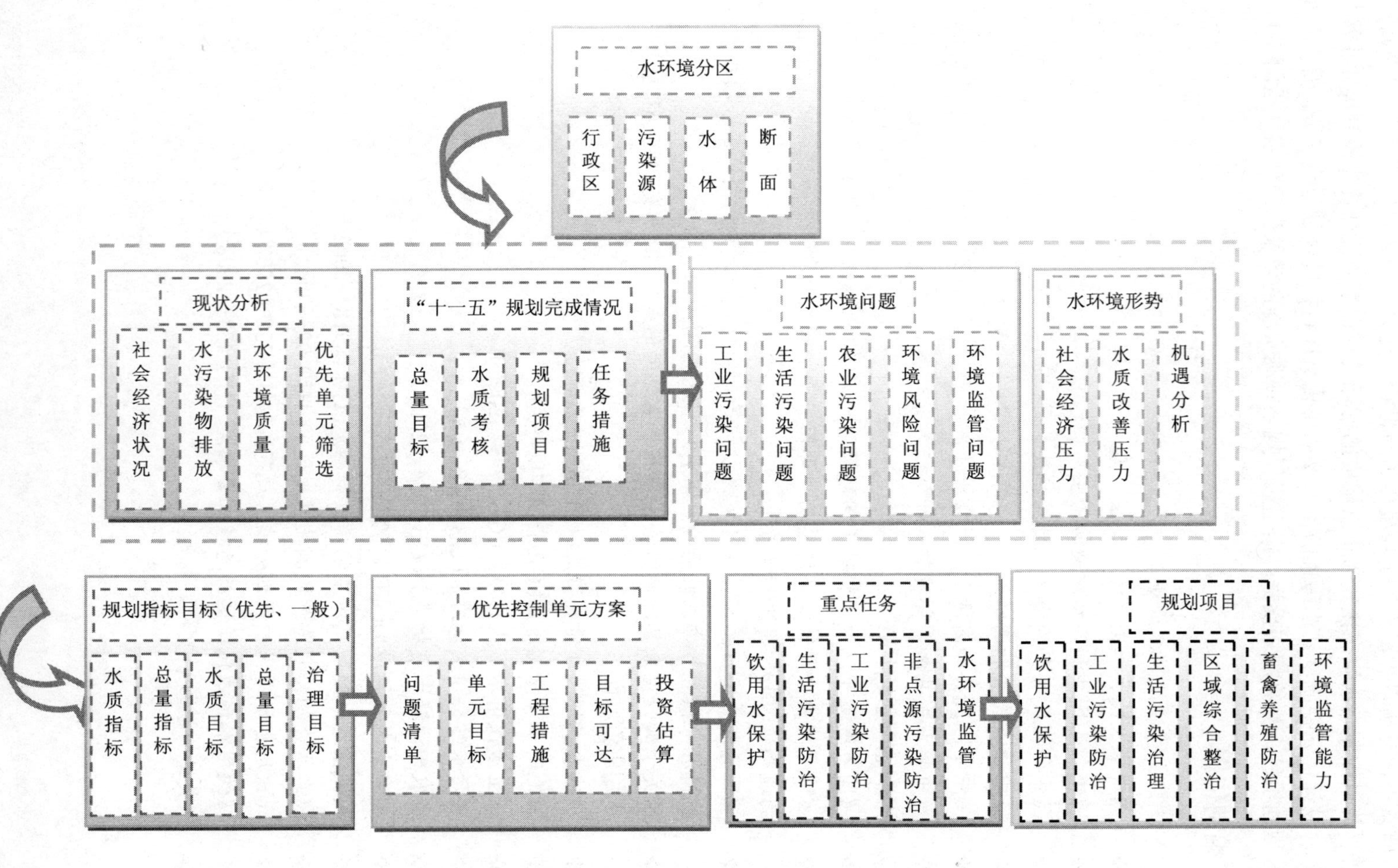

图 3-1-1 重点流域水污染防治“十二五”规划编制技术路线

第 2 章　流域概况

2.1　规划范围及分区

介绍重点流域规划范围、流域面积及行政区划。介绍流域水系概况，主要包括水系构成情况、水（环境）功能区划情况和入河排污口分布等，形成水域概化图；分析水资源情况，主要包括降雨和径流情况、水资源的时空分布特点、水资源的开发利用情况等，并进行水资源供需平衡分析。规划范围表见附表 1。

对重点流域实施流域、控制区、控制单元三级分区。控制区不跨省级行政区范围，对于巢湖、滇池等省内流域，控制区对应的陆域范围可以进一步细化到地市或者区县，控制区命名形式为“××（水系属性）+××省（省级行政区属性）控制区”。控制单元最小行政单位到区县，对于个别区县涉及两个重要水体的，排污基本平均分配到不同水系，且污染严重、跨界矛盾突出、环境相对敏感或者列为优先控制单元的，可以将区县分拆为两个不同的控制单元，并在对应排污区域内注明××县（部分），控制单元命名以“水+陆”的方式进行命名，即“主要的水体或河段+区县”（××河××市控制单元），水污染控制分区表见附表 2。

2.2　社会经济状况

以重点流域各控制区为对象，分析与水污染防治密切相关的指标现状，包括人口、GDP、工业行业构成、城镇化水平等。

分析城镇化发展趋势、产业结构变化趋势，分析工业 39 个行业的结构调整工作的进展、分析土地利用结构变化（可以采用遥感分析方法，在《长江中下游流域水污染防治规划（2009—2015）》规划编制中已有所应用），总结各控制单元的资源特征及变化。

第3章　现状分析和规划实施评估

3.1　水环境质量状况

收集整理各级监测断面的相关水质数据，分时段、分地区分析规划断面（饮用水水源地、城市主要水体、干流、支流）的水质状况，客观评估本流域主要断面水环境质量状况及“十一五”期间的变化趋势，分析水质现状与目标之间的差距，分析主要超标因子及时间空间分布特征。具体要求可参见本章技术附录1《水质评价和目标设置若干问题的技术要求》。

以水功能区划为基础，分析各控制单元水体划定的使用功能与现状水质之间的差异（填写本部分附表3、附表4、附表5、附表6和附表7）。

3.2　水污染物排放状况

提供各控制单元主要污染物排放现状。对于部分区县级行政单元内辖多个控制单元的，在各控制单元的入河排放量数据齐备的前提下，现状排放量可以按入河排放量的比例分配到各单元。各控制单元及各主要河流的入河排放量的比例建议由各流域水保局负责提供。或按照各控制单元人口、面积、经济发展情况的比例予以区分。

重点收集整理用水量、排水量、排污量、入河量等有关数据，分析废水和主要污染物产排放情况、构成和分布，分析主要污染指标排放量的变化趋势。

根据工业企业污染物排放种类和排放量、污染物入河量、对控制断面水质的贡献、企业废水治理水平等因素进行排序，并筛选出每个控制单元的重点污染源。

结合污染源普查数据分析非点源污染物排放量行业构成（农村生活、农田径流、规模化畜禽养殖等）及空间分布。

3.3　优先控制单元筛选与分类

（1）优先控制单元筛选

根据水域的敏感性、水体污染指标的超标程度以及排污强度的大小，将控制单元划分为优先控制单元和一般控制单元。饮用水问题突出、涉及跨省界问题、对下游单元水质具有较大影响的单元划分为优先单元，规划将着重进行其综合性治理与保护方案设计，并将水质改善目标作为规划的刚性目标。水环境问题相对较少，对下游影响程度较轻的单元划分为一般控制单元，落实规划普适性治理要求，断面水质改善情况只进行评估，不做考核要求。

按照目标层、准则层、指标层建立三级水污染控制单元水环境评估体系。对控制单元各项指标进行评分后，根据不同权重计算综合水环境质量、社会经济发展状况、水污染状况、水域功能敏感性、水资源生态禀赋的综合得分，进而汇总出控制单元的总分，以此确定优先控制单元名单及主要治理或保护任务。

水环境质量

评估控制单元水环境质量状况，包括水质现状、上游水质状况、水质恶化趋势以及重金属等指标的污染程度（表 3-3-1）。

表 3-3-1　水环境质量评估

准则层	指标层		评估标准	评估分值	权重/%
水环境质量评估	地表水现状水质评价	地表水水质类别	Ⅰ类	30	30
			Ⅱ类	25	
			Ⅲ类	20	
			Ⅳ类	15	
			Ⅴ类	10	
		河流水质达标率	100%	30	20
			90%～100%	25	
			80%～90%	20	
			70%～80%	15	
			70%以下	10	
		湖库水质达标率	100%	30	10
			90%～100%	25	
			80%～90%	20	
			70%～80%	15	
			70%以下	10	
		湖库富营养化程度	贫营养	30	5
			中营养	25	
			轻度富营养	20	
			中度富营养	15	
			重度富营养	10	
		超标因子百分数	10%以下	30	10
			10%～20%	25	
			20%～30%	20	
			30%～40%	15	
			40%以上	10	
		重金属等指标超标状况	超标倍数＜1	50	10
			超标倍数介于 1～5	35	
			超标倍数＞5	15	
		上游来水水质类别	Ⅰ～Ⅲ类	50	5
			Ⅳ～Ⅴ类	35	
			劣Ⅴ类	15	
	地表水水质变化趋势	近几年水质总体变化趋势	恶化	15	5
			保持良好	35	
			水质变优	50	
		近几年污染指标变化趋势	污染指标数目增加或超标倍数增加	30	5
			污染指标数目减少或超标倍数降低	70	

社会经济发展状况

评估控制单元社会经济发展造成环境的压力及可提供的治污基础条件。包括人口密度、城镇化率、人均 GDP 和工业增加值、人均用水量等（表 3-3-2）。

表 3-3-2 社会经济发展状况评估

准则层	指标层		评估标准	评估分值	权重/%
社会经济发展状况评估	人口、经济状况	单位面积人口密度/（人/km^2）	＜50	50	20
			50～100	30	
			＞100	20	
		城镇人口增长率	＜2%	50	10
			2%～5%	30	
			＞5%	20	
		人均 GDP/（元/人）	＜8 000	50	30
			8 000～12 000	30	
			＞12 000	20	
		单位面积工业增加值/（万元/km^2）	＜0.002	50	20
			0.002～0.005	30	
			＞0.005	20	
	水资源利用状况	人均用水总量/（m^3/人）	＜300	50	20
			300～600	30	
			＞600	20	

水污染状况

评估控制单元的污染源状况和产污结构，包括生活污染源、工业污染源和面源污染源（表 3-3-3）。

表 3-3-3 水污染状况评估

准则层	指标层		评估标准	评估分值	权重/%
水污染状况评估	生活源污染指标	生活废水排放强度/（t/万元）	＜5	30	10
			5～10	25	
			10～15	20	
			15～20	15	
			＞20	10	
		生活 COD 排放强度/（t/万元）	＜0.000 5	30	10
			0.000 5～0.001	25	
			0.001～0.002	20	
			0.002～0.003	15	
			＞0.003	10	

准则层	指标层		评估标准	评估分值	权重/%
水污染状况评估	生活源污染指标	生活氨氮排放强度/（t/万元）	＜0.000 1	30	10
			0.000 1～0.000 2	25	
			0.000 2～0.000 3	20	
			0.000 3～0.000 4	15	
			＞0.000 4	10	
		城镇污水集中处理率	80%以上	30	10
			70%～80%	25	
			60%～70%	20	
			50%～60%	15	
			50%以下	10	
	工业源污染指标	工业废水排放强度/（t/万元）	＜5	30	10
			5～10	25	
			10～15	20	
			15～20	15	
			＞20	10	
		工业 COD 排放强度/（t/万元）	＜0.001	30	10
			0.001～0.002	25	
			0.002～0.003	20	
			0.003～0.004	15	
			＞0.004	10	
		工业氨氮排放强度/（t/万元）	＜0.000 1	30	10
			0.000 1～0.000 2	25	
			0.000 2～0.000 3	20	
			0.000 3～0.000 4	15	
			＞0.000 4	10	
	工业源污染指标	工业废水排放达标率	90%～100%	35	10
			70%～90%	25	
			50%～70%	15	
			30%～50%	10	
			20%～30%	9	
			0～20%	6	
		重金属排放强度	—	—	10
			—	—	
			—	—	
	面源污染指标	单位耕地面积化肥施用	＜2 500	30	5
			2 501～3 000	25	
			3 001～3 500	20	
			3 501～4 000	15	
			＞4 000	10	
	污染结构	污染源结构	非点源污染为主	20	5
			城镇生活污染为主	30	
			工业污染为主	50	

水域功能敏感性

评估控制单元内的饮用水水源地等高功能水体及风险源分布状况，包括饮用水水源地、污染源潜在污染风险等方面识别潜在风险因素，分析风险程度，提出风险评估结论（表3-3-4）。

表 3-3-4 水域功能敏感性评估

准则层	指标层		评估标准	评估分值	权重/%
水域功能敏感性评估	水源地状况	单位水源地服务人口/（万人/个）			10
		单位人口供水量/（万 t/人）	＜3 000	50	10
			3 000～5 000	30	
			＞5 000	20	
	污染源风险	重金属污染源	较少	30	10
			较多	70	
		入河排污口	较少	30	10
			较多	70	
		沿江重点工业点源	较少	30	20
			较多	70	
		水源地是否有化工、有色金属冶炼、医药制造等行业的污染源	有	70	20
			无	30	
		沿江、水源地有无危险品运输	有	70	20
			无	30	

资源生态禀赋

评估控制单元的水资源量、开发利用情况和水生态状况等，识别水资源对环境的影响以及造成的水生态问题（表 3-3-5）。

表 3-3-5 资源生态禀赋评估

准则层	指标层		评估标准	评估分值	权重/%
水资源生态禀赋评估	水资源开发利用状况	单位面积水资源量/（万 m^3/km^2）	＜10	50	35
			10～30	30	
			＞30	20	
		人均水资源利用量/（m^3/人）	＜1 000	50	35
			1 000～3 000	30	
			＞3 000	20	
	生态环境状况		—	—	30

水环境状况综合评分

根据各指标层评估分值，运用专家调查法和层次分析法等综合评估方法，确定水环境质量评估、社会经济发展状况评估、水污染状况评估、水域功能敏感性评估、资源生态禀赋评估五个准则层的权重分别为 50%、10%、25%、10%、5%，计算控制单元水环境综合评估指数，以“优（91～100）、良（81～90）、中（71～80）、低（60～70）、差（0～59）”为评价等级，定性和定量分析水环境评估结果及存在问题，得出控制单元水环境综合评估结论。

（2）优先控制单元分类

根据水资源量及用水量现状、污染来源构成及贡献程度、水污染治理水平，将优先控制单元划分为重点治理单元、面源污染防控单元、生态水量保障单元。若全年各水期水质均有超标现象，枯水期超标严重，且超标指标包括 COD、BOD、重金属等多项指标的，则判断水环境问题主要有点源引起，划分为重点治理单元，“十二五”期间重点进行污染物削减。若丰水期水质超标且主要超标指标为氨氮（总氮）、总磷和粪大肠菌群，判断水环境问题主要由非点源引起，划分为面源污染防控单元，“十二五”期间重点控制农业面源等非点源，也可在充分科学研究的基础上通过削减点源而减轻水体水质超标状况。水污染治理设施建设相对完善、水污染治理水平相对较高，行政区内用水矛盾突出，生态水量得不到保障的单元，划分为生态水量保障单元，重点进行全社会节水、提高废水再生利用率，优化水资源配置，保障生态用水。

3.4　“十一五”规划完成情况

分类型、分区域汇总分析“十一五”规划项目实施情况，分析各类型项目完成情况、各区域的实施差异，汇总分析“十一五”各类规划项目资金落实情况、主要资金来源、存在的问题。结合各地区“十一五”总量控制目标，分析总量目标（化学需氧量）完成情况。综合“十一五”规划实施的成果，分析基础设施建设状况，包括工业污水治理水平、城市污水处理能力、监管能力等，重点分析工业治理中存在的问题以及“十二五”防控的方向、城镇污水管网和污泥处理处置设施配套及所存在差距的情况（见本部分附表 8）。全面分析规划目标、任务措施的完成情况。形成对本流域水环境问题的基本判断，结合目前掌握的资料和其他相关研究成果，初步分析问题成因。

总结“十一五”水污染防治的成效、经验和教训，全面评估治污措施成效，筛选已在“十一五”期间证明行之有效，并可以在“十二五”期间继续实施的政策和机制。

第 4 章　水环境问题与形势

4.1　环境问题

从主要水环境问题涉及的区域和领域、环境管理存在问题及成因、环境政策及执行方面存在的不足、监管能力方面存在的差距等方面，分层次阐述存在的问题；深入分析重点区域污染防治项目执行率低的症结所在。

4.2　压力与形势

从流域经济社会发展状况、资源开发、重大战略布局、水环境质量现状及改善需求等方面，分析“十二五”本流域水污染防治面临的压力和有利因素，尤其要重视重大经济社会发展战略对“十二五”水污染防治的影响，科学把握本流域“十二五”阶段面临的压力与挑战。注意本部分内容与第二部分（现状分析）原因、问题分析的差异性。基本内容应包括如下部分。

（1）社会经济与产业压力分析

预测经济社会发展带来的水环境保护压力，如人口增长、城镇化率增加、粮食增产、经济增长等，有条件的可以借鉴《总量规划编制技术指南》进行污染物排放量预测。对比治污能力现状，分析治污差距（见本部分附表 9）。总结目前产业结构存在的问题，梳理区域“十二五”产业政策，分析产业发展方向和格局（见本部分附表 10）以及农业畜禽养殖业排放（见本部分附表 11）。分析为保障经济社会可持续发展和改善水环境质量，在水资源保护及开发利用方面所面临的压力和重大项目造成的影响。

（2）水质改善的压力

分析流域的水质改善需求和面临的实际压力。分析社会对流域水质改善需求的压力，综合对比保障机制、基础设施和监管能力的现状，分析存在的差距。基于重点流域特征性问题，如水生态安全、特征性污染等，分析“十二五”期间水质改善的特征性压力和不确定影响因素。

（3）机遇分析

总结目前流域水污染防治形成的有利机制和基础能力，梳理区域治污的有利契机。分析“十二五”期间治污的有利条件，总结所具备的基础设施条件、环境监测和监管能力基础，分析目标责任、生态补偿、联合治污、公众监督等各项治污促进机制的建设情况，分析区域资金政策倾向，研究规划实施的融资环境等。

第5章　规划指标及目标

结合分区防控思路建立规划的目标指标体系，应充分体现规划的战略性和针对性。目标指标重在合理设定目标断面和目标值，并需针对优先控制单元提出总量控制目标和水质目标，各指标值应经充分研究论证，并结合各项任务措施进行输入响应及可达性分析后确定。

5.1　指标体系

规划指标体系包括水质指标、总量指标。其中，水质指标可分考核指标与评估指标。水质指标可按《地表水环境质量标准》进行筛选。总量控制指标包括 COD 和氨氮，可根据水环境质量状况及工业行业排污构成等进行区域性特征污染指标或其他指标的选取。规划指标的现状数据应包括 2009 年实际和 2010 年预计数值。

考虑各流域的共性、区域特征污染以及更加明确落实目标责任和反映水环境质量趋势的需求，建立常规指标与区域特征指标相结合、考核断面与评估断面相结合、考核指标与评估指标相结合的规划指标体系。具体如下。

（1）常规指标是指针对需重点解决的各流域共性的水污染问题，是通过与总量控制政策相结合而确定。区域特征指标是针对区域内水环境质量特征，集中解决局部的突出水环境问题。

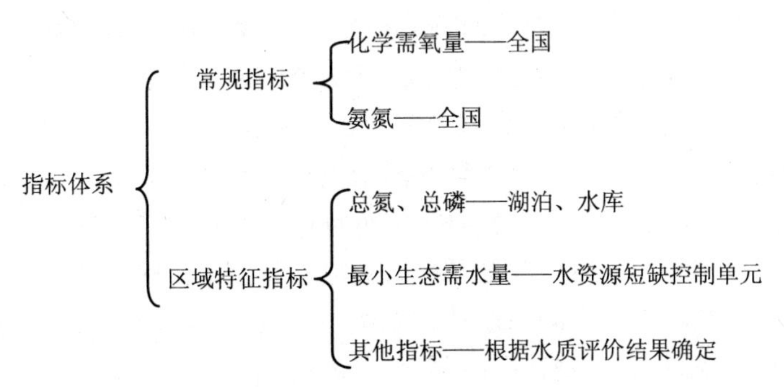

（2）水质考核是指为加快实施流域水污染防治专项规划，进一步落实水污染防治责任制，改善水环境质量，依据相关考核办法对规定的断面和指标进行考核。水质评估是指在分析规划实施效果，识别流域水环境问题时对若干断面的水质变化趋势进行的评估，其结果不作为有关政府绩效考核的内容。针对考核与评估的不同作用及效力，“十二五”应该进一步优化考核与评估的断面，细化考核与评估的指标。

考核与评估断面，水质考核断面应主要为饮用水水源地、跨界断面和重要江河支流入江断面以及主要入河支流控制断面几大类型的国控断面，如有部分省控或市控断面为跨省界或具有突出的功能，也可将其设为考核断面，同时形成该类断面升为国控断面的建议方案。其他国控断面以及部分重要的省控断面可作为评估断面。

考核与评估指标，针对不同类型控制单元明确考核指标，水质维护单元的总量控制指标（如COD、氨氮）作为评估指标，除富营养化问题突出的面源控制单元外，总氮、总磷均作为评估指标，饮用水水源地应根据生活饮用水卫生标准适当增加微生物和毒理类指标。

5.2 目标体系

（1）水质目标

水质目标制定的范围以敏感水域为重点，包括饮用水水源地、跨省界水体、重要江河等。

饮用水水源保护以重点保护高功能用水为核心，是关乎民生的大事。加强饮用水水源环境监管、让人民喝上干净的水也是流域规划的首要任务；跨省界水体保护目标用于分清各级行政区的水污染防治责任和方便考核管理；重要江河水质目标反映流域总体水质状况，是流域水污染治理的长期任务。

水质目标值确定要注重可行性和必要性。可行性，首先考虑流域水环境质量背景值，其次考虑工程和管理措施实施后的水质目标可达性，定性建立总量削减与水质改善之间的对应关系；必要性，考虑上游水质对下游的影响程度，上游出境断面水质目标设定不易过宽，需遵循水体自净规律，给下游水质达标工作预留一定空间，同时下游水质目标设定不宜过严，要结合上游对下游的影响。

（2）总量控制目标

水污染防治总量控制目标的制定，采用“自上而下、自下而上”相协调方法予以确定。

全国及流域水污染防治总量控制目标，以重要水体水环境水质改善和保护为目标，把人口、经济、水资源、水环境系统作为一个整体，综合考虑与2020年“小康”社会的阶段性目标相对接，与国家“十二五”社会经济发展计划相一致，与主体功能区划相匹配，与流域资源开发利用情况相协调，确定在一定时间阶段内，一定经济成本和技术支撑下切实可行的COD和氨氮总量控制目标，自上而下宏观引导。

区域总量控制目标，结合各控制单元水污染现状和水环境质量需求，提出分解到控制单元的总量控制方案。在目标分解过程重点突出目标的可行性与差异性，如在水质较好地区，污染物治理到一定水平，可用容量目标来确定总量控制目标。对于需要削减的控制单元，分析现状排污与纳污能力之间的差距，选择进行容量总量控制或者基于治理任务和管理要求的目标总量控制，需注意省内部相邻单元之间的平衡。自下而上反馈调整。

优先控制单元总量目标确定时应基于优先控制单元综合治理方案工作，开展详细、深入的水环境问题分析、水环境压力和形势分析、工程措施与对策分析；建立输入响应关系，结合控制单元水质改善需求（水质目标）和区域“十二五”主要污染物控制规划要求（减排项目），进行控制单元水质目标可达性分析；综合考虑技术可行性、资金投入可行性、实施可行性，在水质目标改善程度和总量削减任务之间进行多次的反馈综合分析、综合决策，最终确定能够满足单元水质改善需求的总量控制目标。

一般单元的总量控制目标应综合流域水质和排污现状、水环境改善需求、治污能力等因素来确定。水质达标的控制单元，单元的污染物排放总量不得增加，其削减比例可小于全省平均值。水质不达标的控制单元，应基于水质改善需求（水质目标），进行输入响应分析，同时考虑技术经济可行性确定单元总量控制目标，其净削减比例应不低于全省平均值。

（3）污染防治目标

污染防治目标应重点针对城镇污水处理率、工业行业排放标准及行业清洁生产要求提出。

提高城镇污水处理水平。进一步完善和新增污水管网，新建污水处理厂，并要求对已有和新建的污水处理厂提出城镇污水处理率、污水处理厂负荷率和污泥无害化处理率等指标的要求。

提高重点行业排放标准。在考虑“十一五”期间城镇污水处理和造纸行业污染的提标升级改造的效果的基础上，“十二五”期间针对基于技术经济可行性，对重点行业化学原料及化学品制造业、纺织业、食品制造业、食品加工业等提出提高排放标准的要求，完善排放标准，实现企业全面稳定达标。

实施行业清洁生产审核。由末端污染减排向源头污染减排过渡，结合“十一五”期间发布的清洁生产相关标准，以造纸及纸制品业、化学原料及化学制品制造业、农副食品加工业、纺织业为重点，全行业推进清洁生产。建立健全清洁生产法规政策和标准体系，加强清洁生产技术创新，推广清洁生产新技术、新工艺，着力提高企业生产效率、污染物治理效率和水重复利用率。

第 6 章　优先控制单元水污染防治

形成优先控制单元“十二五”水污染防治的基本任务，并分单元展开。各优先单元基本情况需要填写附表 12。

6.1　水环境问题清单

建立每个控制单元水资源量、用水量、废水及污染物排放量、废水及污染物入河量、水环境质量现状之间的对应关系，重点进行如下分析。

（1）水平衡分析

系统整理各控制单元水资源量、可利用水资源量、用水量、废水排放量、废水入河量、水文数据、水质数据等，对不同部门和不同来源的数据进行校核，分析其中的逻辑关系合理性，统筹考虑科学性及管理需求，提出规划基础数据选取方案。

（2）水环境质量现状与使用功能之间的差距分析

重点分析近年来地表水体水环境质量的年际变化趋势、年内水期之间的变化情况以及污染指标的变化等。收集各河段流量信息，分析流量与水环境质量之间的对应关系。对照水体的使用功能，分析各项污染指标与目标水质之间的差距。

（3）污染物排放与水质改善要求之间的差距分析

重点分析近年来废水及主要污染指标（COD、氨氮等）的排放量变化、各工业行业废水达标治理水平、城镇污水处理设施完善程度，结合水利部门纳污能力和限排意见，分析每个控制单元总量削减的压力。

（4）现有治理设施实际运行效果与设计要求之间的差距分析

分析包括工业企业稳定达标率，城镇污水处理厂运行负荷、污染物去除效率、污水收集管网的完善程度、污泥稳定化处理和无害化处置等方面的问题。

（5）产业结构合理性分析

结合经济社会数据和排污数据，分析污染来源的行业贡献率，从水环境保护的角度分析产业结构的合理性。

（6）环境安全保障分析

以水体使用功能为重点，分析各控制单元饮用水安全保障、跨省界水体水质情况、农业用水安全保障和水生态安全保障情况。

从上述 6 个方面分析各控制单元的水环境问题，并在单元内进行排序，总结出流域需要解决的水环境问题的优先次序。

表 3-6-1 控制单元水环境问题清单

水环境问题分类	技术要点	重点问题及排序	“十二五”重点领域及任务
水平衡	水资源量、可用水资源量、供水量、用水量、排水量系统分析		
污染物产排关系	主要污染物产生、排放、入河数据的逻辑校验；环统数据、普查数据、水利部门入河排污口监测数据之间的平衡分析与纳污能力的对比分析		
水环境质量评价	水体使用功能分析；分水期水质达标情况评价；超标指标变化特征；生态水量对水质的影响		
排放强度与治理水平	单位面积、单位水资源量、单位 GDP 废水及污染物排放强度分析；工业行业排污贡献；非点源排放、入河量测算；城镇污水处理率；工业企业稳定达标率		
环境安全	饮用水安全保障水平；农业用水安全保障水平；跨省界水体污染事故控制水平；水生态安全保障水平		

6.2 控制单元目标

应根据水资源水文条件、水（环境）功能区对水质的要求、近年来控制断面水质的变化趋势，以及当地的经济发展水平合理确定水环境质量改善目标。

按照功能区水质达标要求，综合统计分水期水文条件、水环境功能区划、入河排污口布局以及陆域污染物排放，建立陆域源-入河量-断面水质响应关系，计算达到功能区水质目标的基于容量总量控制的入河污染物排放限值，分析各陆域污染源排放量，在污染治理成本可行前提下，提出总量可达的陆域污染源排放限值以及对应控制断面的可达性水质目标。

6.3 工程、措施与对策分析

基于水环境问题分析提出针对性断面水质改善措施，参考总量控制、区域污染治理、产业结构调整途径等自上而下提出措施，并辅以各控制单元区域“十二五”规划的工程项目建议，提出初步的水环境问题解决方案和骨干工程清单。

6.4 控制单元规划目标可达性分析

根据水质改善途径措施，在输入响应分析的基础上，结合初步水质目标，提出水质改善、总量削减、污染防治、环境管理等方面的规划目标指标，并分解落地，综合论证分析可达性以及优化治污方案。

6.5 投资估算和项目实施

对优先控制单元水污染防治综合治理方案涉及的项目，分别进行投资估算。按照最终确定的优先控制单元水污染防治综合治理方案的分类要求，对所有方案涉及的项目进行汇总，根据优先控制单元治污特点、总量减排计划、分阶段水质改善目标、财政年度投资计划等，综合考虑所选项目的治污效益、项目的先进性、实施难易及实施周期等因素，制定项目实施进度计划。

具体情况参见技术附录 2“优先控制单元水污染防治综合治理方案编制技术要求”。

第7章　重点任务

从保护、预防、治理、监管的角度出发，按领域设计规划重点任务，作为流域的普适性要求。提出对本流域各重点任务的特征性、针对性要求，务求任务落地。要突出水环境风险防范内容。根据各环境特点和防治需求相应补充、调整重点任务的次序和内容，不要求各流域对所有任务全面覆盖。应特别注意优先控制单元水污染防治部分与本部分区域、饮用水等领域的交叉问题。

7.1　饮用水水源地保护

提出饮用水水源地优化调整和备用水源地建设要求。结合流域内饮用水面临的主要问题，提出流域水源地污染治理和风险防范的要求。结合实际，筛选重点饮用水水源地清单，针对人为污染引起水质超标或环境风险较大的饮用水水源地，确定饮用水水源达标工程，制定解决水源地超标项目的综合方案。

7.2　城镇污水处理及配套设施建设

提出新建、扩建污水处理厂建设和再生水利用要求，提出现有污水处理设施的升级改造和污水收集管网完善改造要求，并注意与国家"十二五"污水处理厂建设有关规划衔接。因地制宜地对区域性污泥处理处置建设提出要求。应将运行负荷率低于60%或者进水COD低于150 mg/L的城镇污水厂作为重点，分析管网完善等配置需求。应结合实际提出城镇污水厂运行负荷率等指标要求。

7.3　工业污染防治

根据国家产业政策及流域水污染形势，设定环保准入门槛。对允许进入流域的工业行业提出环保要求（规模、工艺、用水指标、排放标准、污染物种类等），提出淘汰落后工业企业清单，加大工业结构调整力度。结合流域主要问题识别，筛选流域重点防控工业源（含工业园区）清单，明确需开展清洁生产、综合利用、循环经济、废水深度治理、应急设施等项目建设的重污染行业及重点企业。

7.4　非点源污染防治

结合农业部门有关农村面源防治的指导意见，提出不同农业面源污染防治重点方向和建议，包括生态拦截示范工程建设要求、规模化畜禽养殖的除粪方式及废水处理要求、农村生产生活污染防治示范工程建设要求、农田退水污染控制要求等。

7.5 水环境监管能力建设

根据国家环境监测、监察“十二五”规划的需求，提出水环境监管能力建设、环境执法、水环境监测断面优化布控、水环境监测指标方案以及必要的人员力量的要求，明确不同地区重点污染源、主要入河排污口、跨界重要水体、特征指标监控和预警能力的建设目标。

第8章　规划项目

结合规划普适性要求和优先控制单元水污染防治综合治理方案，确定规划重点工程项目，按照项目类型进行汇总（见附表13）和优选，构建“十二五”水污染防治项目库，形成规划项目清单。原则上调水水源地不纳入规划范围，调水工程不纳入规划工程，除湖库型流域或已经在“十一五”流域水污染防治规划包括了垃圾处理设施建设项目的流域之外，“十二五”期间不新增垃圾处理设施建设项目类型。应特别注意规划项目与城镇污水处理规划、各级环境保护规划的衔接。规划项目按照各优先控制单元实现水质目标的项目进行开列，然后按照项目类型开列其他单元的项目。

8.1　城镇污水处理及配套设施项目

城镇污水处理及配套设施项目主要包括：①城镇污水处理设施新建、扩建；②污水处理厂提标改造；③再生水利用设施建设；④污水收集管网改造与完善；⑤污泥处理处置。项目清单见附表14。

8.2　工业污染防治项目

主要包括以下类型项目：①工业企业废水深度处理工程；②工业企业特征污染物处理工程；③工业企业清洁生产；④工业企业风险防范设施建设工程；⑤工业企业中水回用工程；⑥工业园区集中污水处理设施建设；⑦淘汰落后生产能力项目。项目清单见附表15。

8.3　饮用水水源地污染防治项目

主要包括解决突出民生问题的大型超标水源地污染治理项目，项目建设内容应直接服务于水源地水质改善或稳定达标，保护区划定、防护隔离等不宜作为单独的项目上报。重点支持与水源地超标问题密切相关、治理目标明确、环境效益显著、技术经济可行的项目，主要包括：①二级水源保护区非点源污染控制工程：主要针对面源、内源和流动线源，如城镇与农田径流（排污沟）污染控制、水体内源控制、流动线源治理、农村生态建设等工程；②水源地生态修复与建设工程；③水源地事故点风险防范设施建设。项目清单见附表16。

不支持项目类型主要包括：保护区内违章建筑物清拆、人口搬迁、关闭排污口、违法企业整治关停。新建水源地等内容应在规划任务中予以要求，不纳入规划项目清单。

8.4 畜禽养殖污染防治项目

主要包括以下类型项目：①规模化养殖场综合防治工程；②水产养殖污染治理工程。见附表 17。

8.5 区域水环境综合整治项目

主要考虑对污染物削减和水质改善起直接作用的内容（大型工业污染源、集约化畜禽养殖、建制镇生活污水处理厂不包括在内），项目清单见附表 18。支持的项目主要包括：

（1）农业农村污染防治工程，主要为农业面源、分散式畜禽养殖及连片农村生活污染治理项目，包括：

❖ 农业有机废弃物处理和资源化工程；
❖ 化肥、农药、农膜残留物治理工程；
❖ 农田退水治理工程，包括生态沟渠、塘坝的综合整治；
❖ 分散式畜禽养殖污染治理工程；
❖ 水产和水禽养殖污染治理工程；
❖ 生活污水处理：支持采取分散式、低成本的无（微）动力处理设施、氧化塘等治理和收集系统项目；连片整治村庄污水处理及收集系统项目。

（2）交通源污染治理工程，包括：

❖ 交通及旅游造成的河流、湖库水面垃圾收集与处理；
❖ 废油收集与处理工程；
❖ 码头污染治理工程。

（3）水质深度净化项目，包括：

❖ 污水处理厂尾水深度处理工程（重点支持人工湿地工程）；
❖ 河口湿地及生态缓冲带构建及修复项目。

（4）水生态修复工程，包括：

❖ 村镇河道、塘、水库等水系生态整治；
❖ 岸边及水面垃圾打捞与处理（三峡、巢湖和河道）；
❖ 以削减内源、减少底泥污染为目的的清淤、疏浚项目等；
❖ 富营养化水体的蓝藻防控及生态修复；
❖ 废弃沟渠、塘、库生态系统重建；
❖ 城市黑臭河道生态堤岸、河道内水体水质改善工程；
❖ 底泥处理与资源化工程；
❖ 水藻分离工程等；
❖ 黑臭河道水体原位或旁路水体水质净化项目；
❖ 河道生态堤岸建设项目；
❖ 湖库湖滨带污染治理工程；
❖ 生态浮岛；
❖ 湖滨缓冲带建设；

❖ 富营养化和沼泽化水体水草资源化工程。

（5）历史遗留的工矿及场地污染治理，包括：

❖ 主要支持责任主体已经灭失，遗留环境污染的工矿污染治理。主要治理内容包括工业企业“三废”排放导致的周边农村地区水源、居住区、农田污染问题，不支持已经获得中央环保专项资金支持的“土壤污染防治示范项目”；

❖ 以主要污染物或特征污染物治理为主要目的矿山环境整治，包括矿山地表径流治理项目、废弃矿渣安全处置等；

❖ 暂无人长期监测和定时修复的封场填埋场，以及纳入环境保护区的垃圾填埋场，包括填埋场渗滤液对周边水质污染治理工程等。

除以上列出的五类主要考虑支持的工程项目外，能够改善水体环境的其他项目也予以考虑。

不支持的项目类型包括：

❖ 可明确归属于工业点源、城镇生活点源、饮用水、集约化畜禽养殖等领域的项目；

❖ 退耕还林、植树、公园绿化等景观建设项目；

❖ 污染企业的关停、拆迁等项目；

❖ 移民经济补偿等项目；

❖ 有明确责任主体的工矿企业污染治理项目；

❖ 环境地质灾害污染治理项目。

8.6 环境监管能力建设项目

环境监管能力建设项目应从流域特殊性监管需求考虑，上报项目要与国家环境监管能力建设规划充分衔接，纳入环境监管能力建设规划的达标建设等项目不列入本规划。

在上报项目清单时，应附各项目的文字简介，具体包括：项目名称、建设地点、项目建设内容、项目投资估算及分项投资情况（对于已经审批的水环境综合整治项目还应提出符合流域规划总量削减、水质改善需求的合理建设内容对应的投资）、项目审批情况、项目实施进度安排、项目承担单位和责任单位、自筹资金落实情况和资金来源分析、项目环境效益、纳入其他规划情况等，项目清单见附表19。

规划工程项目需要制定实施进度计划和开展资金来源分析，明确目前项目进展情况（分规划、项目建议书批复、可研编制、可研批复、初步设计、在建等），同时明确项目实施的责任单位，以保证项目的可实施性。项目实施进度计划需综合考虑流域治污需求和项目的治污效益、项目的先进性、实施难易及实施周期等因素，以单元或地区为单位制定。针对各类污染防治项目开展项目资金来源分析，明确地方投资目标和国家支持需求，分年度开列投资资金落实计划。遵循“水污染防治的主要责任在地方政府”的原则，项目资金以地方政府投资为主，中央财政通过不同途径予以支持，同时落实企业治污责任，充分发挥市场机制，多渠道分析资金有效来源。

建议参考以下条目编写：①规划项目；②项目资金来源分析。

第 9 章　效益分析和保障措施

9.1　效益分析

应根据“十二五”期间本流域主要污染物新增量预测和规划项目的治污效益，通过优先控制单元治污方案水质模拟结果分析规划水质目标的可达性，还应从工程、措施、政策等多角度综合分析目标可达性。

治污效益分析重点以控制单元为单位，分析相应提高的污水处理能力和污水收集率比例，实施集中式畜禽养殖等综合治理措施的污染物削减效果，工业达标治理提高的能力和清洁生产提高比例等，分析汇总各控制单元 COD、氨氮等主要污染物和特征污染物的削减量。

目标可达性分析须包括对流域总量控制目标可达性和水质目标可达性的分析。流域总量控制目标可达性是根据污染物排放现状、骨干工程可形成的主要污染物削减能力，结合“十二五”新增量测算，分析污染物总量控制指标可达性；流域水质目标可达性分析是依据控制单元水文、水质及排污等相关数据资料，通过水质模型模拟，建立污染源与水质目标之间的响应关系，计算骨干工程对规划水质目标的支持程度，模拟与评估规划工程项目方案能否达到控制单元水质目标要求。

9.2　保障措施

结合“十一五”规划实施的经验教训和“十二五”规划重点任务，从促进规划项目建设，保障规划项目运营效果，提高治污效益等角度制定保障措施，促进规划有效实施。

保障措施应体现本地特征和可操作性，特别注意提出针对主要问题和主要任务的解决政策措施。

附 表

附表 1　规划范围表

省区	地市	区县

注：若某一区县分属不同流域，应注明本区县内具体范围。

附表 2　规划分区表

控制区	控制单元	河流	控制断面	地市	区县	备注

附表 3　监测断面基本信息表

断面名称	测站名称	断面级别	断面性质	所属系统	所属地市	所属控制单元	所在河流（湖库）	断面位置						水（环境）功能区目标	水质现状类别	超标指标	超标原因	超标年份	超标水期	是否属于“十一五”规划断面	是否纳入“十二五”规划建议	备注
								经度			纬度										
								（°）	（′）	（″）	（°）	（′）	（″）								

填表说明：

1．需要填写参与水质分析的所有断面，包括国控、省控、市控、县控等各类断面。原则上应覆盖各主要水体及各控制单元。

2．一个流域、一个省一张表，尽可能收集全部水质断面情况，按照控制断面位置为次序进行系统分析。

3．省份包括省、自治区、直辖市，地市包括地级市、地区、自治州、盟，区县包括区、县、县级市、旗，以下各表同。

4．断面名称：填写监测断面通用的中文名称。测站名称：填写承担断面监测和管理任务的监测单位名称。

5．断面级别：填写断面级别，分为国控、省控、市控、县控、其他。

6．断面性质：填写断面跨界类型，分为国界、省界、市界、县界，以及背景断面、对照断面、控制断面、湖（库）断面、水源地断面等，可以填写多个类型。

7．所属系统：填写断面所属的系统，如环保、水利等。

8．所属地市：填写断面所属地市名称。

9．所属单元：按流域水污染防治规划编制大纲中控制单元对应的名称填写。

10．所在河流（湖库）：填写监测断面所在河流（湖库）名称。

11．断面位置（经度和纬度）：填写断面准确经度和纬度，按（°）、（′）、（″）格式填写，“（°）”、“（′）”计至个位，“（″）”计至1位小数。如无经纬度，填所在乡镇名称。

12．水（环境）功能区目标：填写监测断面处地表水域的（环境）功能目标，地表水水质目标分为Ⅰ、Ⅱ、Ⅲ、Ⅳ、Ⅴ和劣Ⅴ类。示例“Ⅲ”。

13．水质现状类别：根据《地表水环境质量标准》（GB 3838—2002）采用单因子评价法。地表水水质类别分为Ⅰ、Ⅱ、Ⅲ、Ⅳ、Ⅴ和劣Ⅴ类。示例“Ⅲ”。

14．超标指标：根据水质目标类别，评价监测断面的水质超标指标和倍数，按超标倍数由高到低排序。

15．超标原因：根据每一项超标指标，分析并填写超标原因。

16．超标年份：填写现状水质超过功能要求的年份（2005—2010），示例“2006”。对于不超标的断面，超标指标、倍数、年份、水期均填“无”，存在多年年份和水期超标的，可以依次分别填写。

17．超标水期：填写现状水质超过功能要求的数据发生的丰、平或枯水期。示例“丰”。

附表 4　河流断面水质数据表

年份	2009												2010												2011											
月份	1	2	3	4	5	6	7	8	9	10	11	12	1	2	3	4	5	6	7	8	9	10	11	12	1	2	3	4	5	6	7	8	9	10	11	12
流量																																				
pH																																				
电导率																																				
溶解氧																																				
高锰酸盐指数																																				
生化需氧量																																				
氨氮																																				
石油类																																				
挥发酚																																				
汞																																				
铅																																				
化学需氧量																																				
总氮																																				
总磷																																				
铜																																				
锌																																				
氟化物																																				
硒																																				
砷																																				

年份	2009												2010												2011											
月份	1	2	3	4	5	6	7	8	9	10	11	12	1	2	3	4	5	6	7	8	9	10	11	12	1	2	3	4	5	6	7	8	9	10	11	12
镉																																				
六价铬																																				
氰化物																																				
阴离子表面活性剂																																				
硫化物																																				
粪大肠菌群																																				
硫酸盐																																				
氯化物																																				
硝酸盐																																				
铁																																				
锰																																				
其他																																				

填表说明：

1. 以附表 3 为准填写相关监测断面基础数据。一个断面一张表。部分因子若无监测数据填写“—”。
2. 单位：单位不需填写，水温单位为℃、水位单位为 m、流量单位为 m^3/s、pH 值无量纲、电导率单位为 mS/m、透明度单位为 m、叶绿素 a 单位为μg/L、粪大肠菌群单位为个/L，其余指标的单位都为 mg/L。
3. 对于河流断面，一个断面一张表，分月收集分析数据，列出全部监测指标，尤其是五年期间存在超标现象的全部因子，目前所列监测指标仅为示意年份：填写水质监测的年份（2006—2010），如“2006”。
4. 月份：填写水质监测的月份，如“7”。

附表 5　湖库点位水质数据表

年份	2009												2010											
月份	1	2	3	4	5	6	7	8	9	10	11	12	1	2	3	4	5	6	7	8	9	10	11	12
水位																								
电导率																								
透明度																								
溶解氧																								
高锰酸盐指数																								
生化需氧量																								
氨氮																								
石油类																								
总氮																								
总磷																								
叶绿素 a																								
挥发酚																								
汞																								
铅																								
化学需氧量																								
铜																								
锌																								

年份	2009												2010											
月份	1	2	3	4	5	6	7	8	9	10	11	12	1	2	3	4	5	6	7	8	9	10	11	12
氟化物																								
硒																								
砷																								
镉																								
六价铬																								
氰化物																								
阴离子表面活性剂																								
硫化物																								
粪大肠菌群																								
硫酸盐																								
氯化物																								
硝酸盐																								
铁																								
锰																								

附表 6　各分区水质状况表

控制区	控制单元	地市	水体	断面名称	年份	不计总氮总磷	全指标（河流总氮不参评）
						水质	水质

注：填写多年水质状况数据，至少应包括 2009 年与 2010 年数据。

附表 7　规划断面水质目标表

断面名称	控制单元	控制区	2010 年水质类别	规划水质目标	水体	断面类别	备注

注：断面类别分为“国控”、“省控”、“市控”、“县控”、“其他”。

附表 8 城镇污水厂数据分析表

地市	县区	处理厂名称	排水去向	所属控制单元	处理工艺	执行排放标准	投运时间	设计处理能力	配套管网长度	实际处理水量	其中：工业废水量	再生水处理量	污泥产生量	污泥处置方式	污泥安全处置量	浓度								规划设想方向						
																COD		氨氮		总氮		总磷		扩建规模	扩建工艺	配套管网	改造规模	改造工艺	再生水利用	污泥处理
																进水	出水	进水	出水	进水	出水	进水	出水							

填表说明：

1．涉及水量的全部以万 t/d 为单位，涉及浓度的全部以 mg/L 为单位，污泥以 t/a 为单位。
2．省份包括自治区、直辖市，地市包括自治州、盟，区县包括县级市、旗。
3．排水去向填写“××河”或“××湖”。
4．所属控制单元填写污水厂排水去向所属的控制单元（控制单元按流域规划大纲划分结果）。
5．设计处理能力按已建成的处理规模填写。
6．实际处理水量、浓度等取最近一年的平均值。
7．污泥产生量按 80%含水率计算。
8．污泥处置方式分为：填埋、焚烧、堆肥、土地利用、临时堆放。
9．配套管网长度按一、二级干管计算。
10．可以附文字说明本污水厂存在的主要问题和未来需求。
11．设计处理能力按已建成的处理规模填写。

附表 9　区县污水排放数据分析表

省份	地市	县区	城市废水排放量/（亿 t/a）	万元 GDP 废水排放量	其中：工业废水排放量/（亿 t/a）	其中：生活污水排放量/（亿 t/a）	城镇污水处理率/%	污水管网长度/km	区域总人口/万人	城镇人口/万人	城镇污水收费标准/（元/t）	新增总人口/万人	新增城镇人口/万人	新增 GDP	新增污水处理设施规模/（万 t/d）	新增管网长度/km	城镇污水处理率目标/%

填表说明：

1. 现状数据填写 2009 年数据，规划数据填写 2015 年预测数据。
2. 用水量填写工业及城镇生活用水量。
3. 污水收费标准按 2009 年实际收费标准填写。
4. 涉及新增的内容填写 2015 年预测值和 2009 年现状值之差。

附表 10　行业排放数据分析表

行业	工业废水排放量	工业增加值	万元工业增加值废水排放量	工业废水处理率	工业废水排放浓度	工业 COD 产生量	工业 COD 排放量	万元工业增加值 COD 产生量	工业氨氮排放量	特征污染物排放量	稳定达标排放水平	行业清洁审查水平	污染源监控水平	环境风险防范水平	行业污染问题	“十二五”重大产业布局或重大项目	“十二五”新增工业增加值	“十二五”防治思路
造纸及纸制品业																		
化学原料及化学制品制造业																		
食品制造业																		
纺织业																		

行业	工业废水排放量	工业增加值	万元工业增加值废水排放量	工业废水处理率	工业废水排放浓度	工业COD产生量	工业COD排放量	万元工业增加值COD产生量	工业氨氮排放量	特征污染物排放量	稳定达标排放水平	行业清洁审查水平	污染源监控水平	环境风险防范水平	行业污染问题	“十二五”重大产业布局或重大项目	“十二五”新增工业增加值	“十二五”防治思路
石油加工、炼焦及核燃料加工业																		
农副食品加工业																		
饮料制造业																		
皮革、毛皮、羽毛（绒）及其制品业																		
医药制造业																		
有色金属冶炼及压延加工业																		
工业合计																		

填表说明：

1. 按废水排放量大小排序，填写占本行政区排污量 80%以上的全部行业，COD 和氨氮排放量所占比例不低于 70%。
2. 工业合计填写本行政区工业废水及主要污染物排放量，应包括重点源和非重点源。
3. 特征污染物根据行业原料、工艺特征确定，同时考虑对水体的影响程度和对人体的危害程度。
4. 稳定达标排放水平、行业清洁生产水平、污染源监控水平、环境风险防范水平等后续单元格为分析问题思路，可以单独文字说明，不以数字表达为主。
5. 行业污染问题需根据达标情况、对水体的影响情况以及行业发展水平等进行总结分析。
6. “十二五”治理思路需结合经济社会发展规划和产业发展规划，重点考虑布局优化、规模变化、产品调整以及深化治理等方面的问题。

附表 11　农业源数据分析表

省份	地市	县区	COD/（t/a）		氨氮/（t/a）				总氮/（t/a）				总磷/（t/a）			
			畜禽养殖业排放量	水产养殖业排放量	种植业流失量		畜禽养殖业排放量	水产养殖业排放量	种植业流失量		畜禽养殖业排放量	水产养殖业排放量	种植业流失量		畜禽养殖业排放量	水产养殖业排放量
					基础	流失			本年	基础			本年	基础		

填表说明：按照污染源普查动态更新数据填写。

附表 12　优先控制单元数据分析表

优先控制单元	入河排污口名称	入河排污口位置	对应排污陆域范围	主要排污单位	用水量	排水量	排污量/（t/a）			入河排污量/（t/a）			断面水质/（mg/L）		
					（万 t/a）		COD	氨氮	特征污染物	COD	氨氮	特征污染物	COD	氨氮	特征污染物
合计															

填表说明：

1. 以上数据填写 2009 年数据，如无则根据最近年份数据填写。
2. 用水量填写工业和生活用水量。
3. 特征污染物选择有本地区行业排污特点指标和影响水质达标的、超标严重的指标。

附表 13 规划项目汇总表

省份	控制单元	城镇污水处理及配套设施项目		工业污染防治项目		饮用水水源地污染防治项目		畜禽养殖污染防治项目		区域水环境综合整治项目		环境监管能力建设项目		合 计	
		个数	投资/亿元	个数	投资/亿元	个数	投资/亿元	个数	投资/亿元	个数	投资/亿元	个数	投资/亿元	个数	投资/亿元
合计															

附表 14 城镇污水处理及配套设施规划项目

序号	控制单元	改善断面	省份	地市	项目名称	建设内容	投资/万元	项目进展
1								
2								

附表 15 工业污染防治规划项目

序号	控制单元	改善断面	省份	地市	项目名称	建设内容	投资/万元	项目进展
1								
2								

附表 16 饮用水水源地污染防治规划项目

序号	控制单元	改善断面	省份	地市	项目名称	建设内容	服务人口/万人	投资/万元	项目进展
1									
2									

附表 17　畜禽养殖污染防治规划项目

序号	控制单元	改善断面	省份	地市	项目名称	建设内容	投资/万元	项目进展
1								
2								

附表 18　区域水环境综合整治规划项目

序号	控制单元	改善断面	省份	地市	项目名称	建设内容	合理建设子项对应投资/万元	全部综合整治项目投资/万元	项目进展
1									
2									

附表 19　环境监管能力建设规划项目

序号	省份	地市	项目名称	建设内容	投资/万元	项目进展
1						
2						

附录 1

水质评价和目标设置若干问题的技术要求

经商有关单位和专家，研究提出重点流域水污染防治规划编制过程中水质评价若干问题的技术要求，供各流域组和地方在流域规划、省级规划、单元方案编制中参考实施。

1. 水环境质量现状评价和变化趋势评估

水质评价因子原则上采用全指标，即《地表水环境质量标准》（GB 3838—2002）中表 1 的 24 项指标，其中河流监测断面水温、总氮不参与评价，湖泊监测点位应同时进行水质评价和营养状态评价。

应注意不同指标项对水质评价结果的影响，非全指标评价时，应注明评价因子。如引用流域考核等数据时，应注明考核因子。对于不存在超标现象的因子或者难以获得更多因子监测数据的，可以采用目前公开的各类环保水质报告的 9 项评价项目（pH 值、溶解氧、高锰酸盐指数、五日生化需氧量、氨氮、石油类、挥发酚、铅和汞）进行水环境现状描述，但应注明评价项目。

水质评价时应注意不同断面数对水质评价结果的影响，原则上首先应对上一轮规划确定的控制断面水质情况进行评价，断面数不同时的水质评价结果应说明对应的断面情况。应系统收集规划区范围内的国家、地方控制断面监测数据（县控监测断面视需求补充），系统收集环保、水利系统监测断面情况，逐一对不同系统、不同级别现有断面进行分析、比选。优先控制单元水污染防治方案编制时应尽可能详细地收集断面数据而不拘泥于断面级别。对于存在超标现象的情况，也应进行系统收集分析而不拘泥于断面级别。

水质评价方法遵循现有采用单因子评价方法，明确具体超标因子和对应的浓度值。尽可能采用浓度值数据（或者超标倍数）而不是类别值进行深入量化分析，尽可能分断面进行多年数据对比分析。评价结果表述应包括月均值水质评价结果和年均值水质评价结果。评价结果应以月均值水质评价结果为主，辅以年均值进行评价。水期特征明显的水域，还可以给出分水期水质评价结果。对于超标断面，数据收集和分析可以进一步细化。饮用水水源地水质，按照环办[2009]128 号文件要求进行评估。对于劣Ⅴ类或超过使用功能要求的断面，需分析主要污染指标的变化趋势，说明哪些指标有所好转，哪些指标无明显变化，哪些指标变差。

规划实施水质评价结论，首先应回答上一轮规划确定的各断面目标完成情况，对未达到规划水质目标要求的断面情况进行分析（个数或者百分比）。其次，应回答上一轮规划确定的全部断面总体水质（分现状水质类别的断面个数或比例），并与 2005 年基数进行对比，也可以辅以全部断面水质指标平均值等方式，回答水质改善情况。有条件的，还可以进一步分析水质现状与水（环境）功能达标情况。规划实施水质评价周期可以跨度更长，对“十一五”乃至“十五”、“九五”期间的水质变化趋势评估。

2. 控制断面确定

规划断面由控制单元主断面及敏感水体断面（如集中式饮用水水源地断面、跨界断面、城市重点水体断面）组成。控制单元主断面原则上应位于控制单元所包含水体的最下游，地方可根据实际情况对规划大纲中确定的备选断面进行初步调整，并说明调整的原因。

应注意控制断面、考核断面与国控断面概念的差异。国控断面是为在国家的尺度上评价全国水环境质量而设立的监测网络系统，需要长期存在和使用。流域控制与考核断面用来反映一个阶段的某地的水污染控制效果。所以“十二五”规划编制中控制与考核断面设置应尽可能兼顾国控断面，但不一定完全拘泥于国控断面。

地方可提出将规划考核断面升级为国控断面的建议，促进国控监测断面的优化调整，需注意与环境监测规划、国控网调整规划的衔接，满足以下要求。

（1）环境管理需求

国控点位（断面）设置的总体原则应具有代表性、针对性和连续性，国控监测点位要能够代表所在水系或区域的水环境质量状况，力求以较少的断面获取最具有代表性的样品，全面、真实、客观地反映所在区域水环境质量及污染物的时空分布状况及特征。针对性国控点位设置应优先满足环境管理需求。国控监测点位应在现有 759 个国控断面的基础上进行优化和调整，保证我国环境监测数据的历史延续性。

（2）水体代表性需求

一般选择原则为水质受人类活动影响及存在潜在污染风险并对人类社会生产与生活经济有密切关系的重要水体。如，我国主要水系的干流和年径流量在 5 亿 m^3 以上的重要一、二级支流，年径流量在 3 亿 m^3 以上的国界河流、省界河流、入海河流、大型水利设施所在水体等。面积在 100 km^2（或储水量 15 亿 m^3）以上的重要湖泊，库容量在 10 亿 m^3 以上的重要水库以及重要跨国界湖库等。

（3）点位选取的需求

背景断面、对照断面、控制断面以及国界断面、省界断面、湖库点位、重要水源地断面等。其中，对照断面指具体判断某一区域水环境污染程度时，位于该区域所有污染源上游处，提供这一水系区域本底值的断面。控制断面指为了掌握水环境受污染程度及其变化情况的断面，一般设在城市下游、工业集中区下游、支流汇入口前断面、入海口断面、湖库河流出入口，起到预警作用。

（4）空间分布需求

河流受人类活动影响区域内，应每 100 km 左右设置一个国控断面。湖库按湖体自然状况划区设置断面，无明显功能分区的，可采用网格法按湖库面积设置监测断面。库体每 50～100 km^2 应设置一个监测断面，同时空间分布要有代表性。

规划考核断面需在规划断面中筛选，作为“十二五”流域规划年度考核的基础，应与流域规划重点解决的水环境问题和重点关注的区域挂钩。在新的考核要求出台前，考核断面类型包括跨省界断面、主要饮用水水源地、重点城市重要水体水质、重点支流入干流断面四种类型。考核办法参照《重点流域水污染防治专项规划实施情况考核暂行办法》（国办发[2009]38 号）执行。

3. 关于水质目标

按照现有标准，“十二五”规划中确定的水质类别目标，按照《地表水环境质量标准》（GB 3838—2002）中的全项目进行考虑，湖库增加总氮。

流域规划水质目标表达应分别针对规划控制断面确定相应的 2015 年水质类别。对于“十二五”期间还难以消灭劣Ⅴ类水体的断面，其规划目标可以按照具体浓度值进行设计。总氮、总磷、粪大肠菌群等指标超标严重，可根据超标程度、规划治理措施的削减效果等确定单项指标浓度限值。对于水质较好的断面，在难以实现水质类别进一步改善一个或多个类别时，也可以研究提出五年水质指标具体浓度控制值以体现治污成效。

在规划大纲完成、任务措施基本明确后，对于已经过技术经济论证确定的“十二五”断面水质类别目标，可以对照水（环境）功能区阶段目标，分析明确规划控制断面对应的水（环境）功能区达标情况。

考核时将针对具体流域或区域的特征污染物或“十二五”期间要求监控污染物的确定考核项目，同时，考核断面也不一定覆盖全部规划控制断面。

附录 2

优先控制单元水污染防治综合治理方案编制技术要求

对于重点流域水污染防治规划初步确定的优先控制单元，在单元水污染防治规划编制中，可以参考以下的框架结构和技术要求进行编制。

1. 控制单元概况

本部分应说明与控制单元水污染防治方案编制有关的基础数据、基本情况，如控制单元的地理位置、区域范围、土壤植被、气候、人口和城镇化、地形地貌、土地利用和经济社会状况等信息，尤其应以图表方式说明水系概况（主要包括支流情况、水环境功能区划情况和入河排污口分布等，形成水域概化图）、水资源情况（主要包括降雨和径流情况、水资源的时空分布特点、水资源的开发利用情况、水资源供需平衡等），并为后续方案编制奠定数据资料基础。

2. 水环境问题分析

本部分主要包括水环境质量评价、污染源分析和综合分析等内容。

对优先控制单元的水环境问题分析，应尽可能分空间、时间展开，把握水量、水质与污染源的对应关系，强化综合平衡分析，理清水质超标原因和改善的切入点。

水环境质量评价采用单因子评价法，分析控制单元水环境的主要超标因子及时间空间分布特征。水质评价应基于 2009 年或者 2010 年最新数据进行，并采用分年份、月份的方式进行评价，有条件的可以进行分水期评价，对于调水等特殊情况还应分输水期和非输水期进行分别评价；空间分析应针对主要超标指标在同一河流的沿程浓度变化情况、干流及主要支流的污染物浓度变化情况进行；参与评价的断面应包括本控制单元内环保部门的国控、省控、市控和县控断面以及水利系统的监测断面，而不仅仅局限于最下游的考核断面。对于存在超标现象的断面，无论断面级别或部门，均应作为水质评价分析的重点，进行深入分析，并判断该断面超标对下游断面的影响或贡献。控制单元内涉及重要饮用水水源地的，还应收集水源地水质监测资料进行分析评价。

污染源分析应识别控制单元的废水和主要污染物排放情况、构成和空间分布。方案编制阶段应系统收集整理污染源普查更新数据、环境统计、环境监察等有关数据，以工业企业排污和城镇生活排污为重点研究对象，系统整理污染源与入河排污口的对应关系，分析废水及污染物排放量、入河量。有条件的，应结合水域概化图明确控制单元排污情况。污染源分析应进行治污水平和污染物排放总量控制的分析评价，如城镇污水处理率和污染物去除率、城镇污水排放浓度、污水处理厂运行负荷率、工业企业稳定达标率和污染物去除率，分行业或者分区域污染物排放总量变化情况等，以进一步明确潜力方向。污染物入河量原则上采用实测数据，在无实测数据或实测数据不充分的情况下，可采用经验系数法进行测算。对于面源污染对水体水质影响较大的控制单元，需补充面源影响分析。判断面源污染对水体水质的影响，应考虑以下因素：降雨是否丰沛易形成农田径流，区域内农业活动是否发达，丰水期水质是否较差，氨氮、总磷等是否为主要超标指标。

综合分析是通过水环境质量-污染源-水量物质平衡进行逻辑分析。收集整理用水量、排水量、排污量、入河量以及各监测断面水质浓度等有关数据，建立陆域排污口-监测断面的空间对应关系，建立控制单元排污概化图表示污染源、入河排污口、水质断面关系。通过综合分析，识别控制单元主要水环境问题和成因，确定控制单元主要超标断面、污染指标、超标时间、贡献较大的污染源、主要排污口，列出控制单元主要水环境问题清单。对于较复杂、涉及多个行政区的控制单元，可以进一步细分控制单元，将水环境问题进一步分解到各子单元，以体现分析问题的针对性。

3. 水环境压力和形势分析

对于控制单元与行政区域基本吻合且区域经济社会发展数据基本明确的，可以参考《“十二五”主要污染物总量控制规划编制技术指南》分工业、生活两方面测算污染物新增量。城镇生活源新增量预测采用产排污系数法，控制单元新增城市人口情况可以参考区域增速。规模化畜禽养殖排放预测可以污染源普查数据为更新基础，根据多年来养殖规模增速进行测算，并辅以畜禽养殖“十二五”规划情况对其进行校核。工业源主要污染物的新增量预测需考虑控制单元“十二五”期间重大涉水项目的建设和布局，并利用控制单元工业废水排放量的变化趋势进行新增量的污染物测算，平均排放浓度参考基准年的平均值或执行标准的加权平均值。农业源仅预测畜禽养殖情况，种植业等面源可以视同保持不变。

当控制单元与行政区域不完全一致时，可以采用重大项目法进行预测，应收集“十二五”期间控制单元的城镇化和经济社会发展趋势、产业结构调整政策、涉及水污染物的重大新建建设项目环评资料和有关规划，估算目标年新增废水和主要污染物新增排放量。也可以采用类比关联的行政区域发展态势进行预测。

对于控制单元“十二五”期间面临的重大压力、机遇和挑战也应在方案编制时进行分析。

4. 工程、措施与对策分析

本部分主要基于水环境问题分析提出针对性断面水质改善措施，参考总量控制、区域污染治理、产业结构调整等自上而下提出措施，并辅以各控制单元区域“十二五”规划拟议的工程项目建议，提出初步的水环境问题解决方案和骨干工程清单。

（1）针对性水质改善措施分析

控制单元水污染防治方案应在现状综合分析、未来形势预测的基础上，明确水质改善的切入点，以输入响应关系为主线，明确控制的重点对象、监控的主要行业等，按照治理的难易程度、费效高低、基本要求与增量要求等次序进行水质改善措施与对策的筛选、分析。

方案编制过程中，应综合考虑流域级和城市级规划总体要求、政府及公众意愿和控制单元特征性污染等因素，坚持控制单元综合治理与流域、区域水污染防治相协调的原则，统筹水环境、水生态、水资源等的利用与保护，落实预防、治理和修复相互补充的水污染防治策略，明确控制单元综合治理的重点地区和主要污染源的治理方向，设定初步设定的水质改善目标。

对控制单元内的工业源，应按照基于对超标断面水质因子的吻合性、对超标断面水质浓度的贡献度（污染源与断面距离及其衰减等因素）、现状排放情况与治理潜力、治污难度与可行性等方面进行的综合排序分析，兼顾排污量大小、国家的产业政策等，优先实施对水质影响大的项目、削减潜力大的项目、按照国家产业政策需关停的项目。对于超标因子为特征因子的，要分析超标断面汇水区内主要的特征污染源，避免“一刀切”。

对控制单元内的城市生活源，应系统分析污水产生量和管网建设条件。可以纳入管网收集范围但尚未纳入的，考虑建设污水收集管网；未纳入污水管网收集范围的，在综合考虑污水处理厂的位置、地形和地质条件、处理能力、现状运行情况以及经济技术条件等因素后，考虑配套污水收集管网或扩建、升级、新建污水处理设施。水资源短缺的控制单元，考虑制定污水再生利用方案。

对于水环境问题主要因面源引起的控制单元，特别是湖库型控制单元应提出面源（包括农业面源和城市面源）污染防治方案。可供采取的综合措施包括农业面源治理、水生态修复、生态调水、沿河截污、底泥疏浚等。流动源、内源等其他污染源是造成水环境问题的主要因素，应针对特征污染源编制流动源、清淤疏浚和截污等治理方案。

水质超标主要由几个重要工业源引起且实施相关管理改造措施就可以实现水质达标的，不需要分类制定工业、城镇生活、农业污染源、内源和流动线源的防治措施，即重在针对性，重在实效，不求任务措施的全面性。

原则上，水质改善措施首先推进污染源稳定达标，实施工业源综合整治（关停、提标等），减少工业源排放总量，其次考虑生活废水的集中治理和深度处理、回用，再次，进一步采取增流、湿地深度净化等综合治理措施，明确并严控污染物新增量要求等综合手段。

（2）衔接总量控制、污染治理要求的对策措施分析

目前，《“十二五”主要污染物总量控制规划编制技术指南》、“城市污水处理设施建设‘十二五’规划”、“工业行业结构调整”等国家专项规划均提出了分区域、分类型的行业污染综合防治、城市环境基础设施建设等方面的要求。

对于一般控制单元，按照自上而下的城市污水处理率、产业结构调整要求等进行落实，主要基于“十二五”主要污染物排放总量控制规划要求，按照区域与流域统筹衔接的原则提出控制单元“十二五”主要污染物总量控制目标（可以直接将区域总量削减要求分解落实到一般控制单元），可以不进行新增量测算、削减任务和措施分析、输入响应分析模拟等优先控制单元更进一步的深入分析工作。

对于优先控制单元，应充分衔接各省“十二五”主要污染物排放总量控制规划要求，分项目测算污染物削减量，根据治理项目分布情况、污染物排放情况等，充分考虑新增量和风险预留，测算各项工程措施的污染物削减量总和扣除污染物新增量后的净削减量，测

算 2015 年本控制单元污染物排放总量控制目标。对于流域规划基于水质要求测算的总量控制要求严于区域总量控制规划要求的，执行较严格的控制要求。

（3）控制单元初步方案与骨干工程清单编制

应分析水质改善对策与总量控制要求吻合性。对于控制单元水质超标因子与“十二五”主要污染物控制因子不完全一致的，以及水质改善措施与区域总量控制要求不完全一致的，应统筹水质改善和总量控制要求两方面的对策措施，并作为控制单元方案编制的基础。

在“十二五”规划编制过程中已储备了一批项目，控制单元水污染防治方案编制过程中应系统收集与单元主要环境问题关联的过程、措施，并与上述有针对性的超标断面水质改善措施、总量控制任务要求相结合，形成解决控制单元水环境问题的初步方案，按照工业、生活、农业源等进行归集分析，形成骨干工程项目清单。

5. 输入响应分析

（1）初步提出水质目标

按照流域大纲的总体要求，从控制单元的发展阶段出发，参考水（环境）功能区划确定的主要水体使用功能和水质类别要求，结合现状水质以及当地政府“十二五”水环境质量改善的宏观需求，初步确定水质目标。对于存在多个断面的，分断面也要有改善目标，尤其需要明确水质关键控制节点的断面改善目标。

（2）输入响应关系建立

应充分利用水环境容量测算、纳污能力测算等前期工作形成的成果，充分发挥本次流域规划多部门合作的优势，建立污染源输入与断面水质输出之间的数量关系。

有条件的地方，可以利用前期工作成果，根据水文特征，选择适宜的模型（具体模型选择可以参考《全国水环境容量核定技术指南》，2003 年，中国环境规划院编），确定模型所需的边界条件，根据相关研究成果确定关键参数，构建主要污染源（入河排污口）与断面间的水质模型。在未发生显著变化的情况下，原定的降解系数和模型关键系数均可以借用，但应注意输入响应分析不同于环境容量或者纳污量测算，测算的水质目标、水量等边界条件有所变化。主要控制河流径流量可以直接采用 2009 年、2010 年数据或者“十一五”期间径流量（即视作“十一五”与“十二五”期间河流径流量不发生明显变化），而不一定采用 10 年最枯月等容量测算水量数据，以阶段性的五年水质目标改善程度数据而不是中长期的水质目标作为模型水质边界条件。

若无详细模型构建基础条件，可以进行单元之内两个（或多个）典型断面污染物输入输出分析，测算本单元内部衰减变化情况，分析单元的污染物排污量（入河）量和出境断面的水质数据的逻辑关系。并假定单元内污染物衰减量保持不变，测算在“十二五”新的输入条件、输出要求下，需要进一步削减的污染物入河量。

没有条件的，也可以采用简易的比例关系等方法测算水质改善效果，将面源排放视作本底，不进行测算也不考虑其削减，即在径流量等水文条件保持不变的，在面源保持不变的情况下，仅考虑工业、生活、规模化畜禽养殖等污染物入河量（排放量）变化导致的断面水质变化。

（3）输入响应分析过程和方法

首先，基于水质现状与水质目标的指标浓度值差异，初步估算单元污染物削减量总体要求。原则上，水深较小、河流纵横之比较大，污染物在断面横向和垂向浓度变化可以忽略的河流，可以仅考虑沿河纵向浓度变化，采用一维反向模型整体测算污染物削减量（$\Delta W = W_1 - W_2 = 31.536 \cdot Q \cdot (C_1 - C_2) \cdot e^{Kx/(86.4u)} = 31.536 \cdot Q \cdot \Delta C \cdot e^{Kx/(86.4u)}$）。基于水质改善总量削减需求初步测算结果可以与控制单元水环境问题解决的初步方案净削减量进行比较分析。若初步方案净削减量显著小于削减需求量的，还需要进一步挖潜采用更进一步的综合措施，如增流措施、控制新增量，或者调整初步设定的水质目标。

其次，若整体测算总量削减需求与初步方案削减量基本大致平衡，有条件的可以进一步采用模型正向测算方法进行水质改善程度的输入响应分析。结合控制单元水环境问题解决的初步方案中各项措施，确定各项措施的布局和削减量，将其作为输入测算各项措施实施后各控制断面节点的水质改善程度，进行精细化的水质改善程度定量测算。测算时不应只满足控制单元最下游断面达标，城市取水口及其他的水质敏感点均应作为水质控制点并保证其水质都达到相应的功能区划水质要求。

6. 规划目标可达性分析

根据水质改善途径措施，在输入响应分析的基础上，结合初步水质目标，提出水质改善、总量削减、污染防治、环境管理等方面的规划目标指标，并分解落地，综合论证分析可达性，优化治污方案。

方案编制过程中，应侧重从工程、措施、对策的可实施性角度进行可达性分析：①技术可行性。根据治理项目的规模和预期治理效果，筛选出技术可行的治理工艺，根据治污效果、资金投入和运行成本进行优化；对技术不成熟、治理效果不稳定的项目，采用减排量相当的项目进行替换，同时考虑经济因素。②资金投入可行性。对治理方案中涉及的项目分别进行估算，充分考虑政府财政投入、企业投入、社会投入以及其他的资金筹措渠道，对投入/产出效果不明显的项目进行替换。③实施可行性。综合考虑土地、工期、社会接受程度等因素，从水质改善、总量削减实施可行性角度进行分析。在技术和经济层面形成治理方案，应征求相关地方人民政府意见。通过行政审查和决策，研究确定治理方案。

按照因地制宜、突出重点的原则，进行多方案的比选和优化决策，选择适合本控制单元的治理方案，列出控制单元治理推荐项目清单。根据建立的输入响应关系，分析优先控制单元项目方案的空间布局合理性、结构合理性（污染源削减的结构，工业、生活、面源削减比例与目标一致性）、有效性（总量控制指标和水环境质量指标可达性），进行优先控制单元项目方案综合优化。各项主要措施均可以进行水质目标的效应模拟，还可以进行适当组合分析，以进一步加强措施对策的针对性。已经实现水质改善目标的，可以综合分析措施对策清单的阶段性安排，提高治污方案的有效性。在水质目标改善程度和水质改善措施方案之间进行多次的反馈综合分析、综合决策，最终确定各断面（尤其是控制单元关键水质节点的浓度）、各指标的改善程度。

7. 投资估算和项目实施

对优先控制单元综合治理方案涉及的项目，分别进行投资估算。投资估算范围以国家相关规范为准。建设项目总投资估算主要包括建设项目的建筑工程费、设备及工器具费、安装工程费、工程建设其他费用、基本预备费和流动资金，项目投资不包含运行费。

按照最终确定的优先控制单元综合治理方案的分类要求，对所有方案涉及的项目进行汇总，根据优先控制单元治污特点、总量减排计划、分阶段水质改善目标、财政年度投资计划等，综合考虑所选项目的治污效益、项目的先进性、实施难易及实施周期等因素，分解落实到具体断面、入河排污口、污染源和单元内的行政区域，制定项目实施进度计划（分2013年前后两个时间段）。对于重点流域规划中期评估之前（2013年）实施的项目，应加大前期工作力度，以达到项目建议书审批的深度要求。

第四部分

重点区域大气污染防治规划技术指南

当前我国大气环境形势十分严峻，在传统煤烟型污染尚未得到控制的情况下，以臭氧、细颗粒和酸雨为特征的区域性复合型大气污染日益突出，区域内空气污染现象严重且范围大，同时出现的频次日益增多，严重制约社会经济的可持续发展，威胁人民群众身体健康。大气环境问题的区域性、复合性给现行环境管理模式带来了巨大的挑战，仅从行政区划的角度考虑单个城市大气污染防治的管理模式已经难以有效解决当前愈加严重的大气污染问题，亟待探索建立一套全新的区域大气污染防治管理体系。“十二五”时期，我国工业化和城市化仍将快速发展，资源能源消耗持续增长，大气环境将面临前所未有的压力。为实现 2020 年全面建设小康社会对大气环境质量的要求，应紧紧抓住“十二五”这一经济社会发展的转型期和解决重大环境问题的战略机遇期，在重点区域率先推进大气污染联防联控工作。

京津冀、长三角、珠三角地区，辽宁中部、山东半岛、武汉及其周边、长株潭、成渝、海峡西岸、陕西关中、山西中北部、新疆乌鲁木齐城市群（以下简称“重点区域”）是我国经济发展迅速、人口密集、区域大气复合污染最为突出的地区。根据《国务院办公厅转发环境保护部等部门关于推进大气污染联防联控工作改善区域空气质量指导意见的通知》(国办发[2010]33 号) 要求，依据《中华人民共和国大气污染防治法》《中华人民共和国国民经济和社会发展第十二个五年规划纲要》与《“十二五”节能减排综合性工作方案》，制定《重点区域大气污染防治“十二五”规划》。

为了科学制订《重点区域大气污染防治“十二五”规划》和实施方案，在环境保护部污染防治司赵华林司长、汪健副司长、逯世泽处长等领导的直接指导下，环境规划院王金南副院长、杨金田副总工、严刚副主任、宁淼博士以及大气环境规划部的研究人员研究提出了《重点区域大气污染防治规划技术指南》（以下简称《指南》）。同时，在《指南》研究形成过程中，得到了中国环境科学研究院、清华大学、北京大学、中国环境监测总站等单位的大力支持。具体编写分工为：王金南和杨金田负责总体框架设计和统稿，严刚、宁淼负责第 1 章，孙亚梅、陈罕立负责第 2 章，燕丽负责第 3 章，薛文博、陈潇君负责第 4 章，宁淼负责项目清单。

《指南》主要在《重点区域大气污染防治“十二五”规划》编制以及重点区域的省（区、市）和城市实施方案编制时使用和参考。

第 1 章　总则

1.1　目的与意义

目前，我国大气污染的区域性特征日益明显，灰霾、臭氧和酸雨等区域性大气污染问题日益突出，对人民群众身体健康和生态安全构成威胁，成为当前迫切需要解决的环境问题。近年来，长三角、珠三角、京津冀等区域每年出现灰霾污染的天数达到 100 天以上，空气中细颗粒（$PM_{2.5}$）年均浓度超过世界卫生组织推荐的空气质量标准指导值 2～4 倍。光化学烟雾污染频繁发生，覆盖区域可达几十甚至数百平方公里。区域经济的一体化、环境问题的整体性以及大气环流造成区域内城市间污染传输影响给现行的环境管理模式带来了巨大挑战，区域大气污染联防联控机制亟待建立。通过采取联防联控措施，加大防治力度，统筹环境资源，严格落实责任，形成治污合力，推动区域空气质量不断改善，提升区域可持续发展能力。

“十二五”期间，我国仍然处于工业化中后期，工业化和城市化仍将处于加快发展阶段，资源能源与环境矛盾将更加集中。为实现 2020 年全面建成小康社会、生态环境质量明显改善的战略目标，应抓住“十二五”这一经济社会发展的转型期和解决重大环境问题的战略机遇期，推进区域大气污染联防联控工作。从系统整体角度出发，制定并实施区域大气污染防治对策，采取区域性煤炭消费总量控制措施，形成并强化对经济发展的“倒逼传导机制”，加大落后产能淘汰力度，促进经济发展方式转变、能源消费结构优化和能源消费的合理布局，为区域经济发展腾出环境空间，推动经济与环境协调发展。

科学编制“十二五”区域大气污染联防联控规划是落实国务院“关于推进大气污染联防联控工作改善区域空气质量的指导意见”（以下简称“指导意见”）、落实“十二五”国家环保目标、强化政府宏观调控措施的一项重要工作，是“十二五”环境保护规划的重要组成部分，同时也是指导区域经济发展、产业布局、能源消费和大气污染物排放控制的重要文件。长三角、珠三角、京津冀等 13 个区域内各地政府要根据《指导意见》要求和当地实际情况，配合环境保护部等有关部门共同编制重点区域 “十二五”大气污染联防联控规划，报国务院审批。

为加强区域大气污染联防联控规划编制的科学性和规范性，提高规划的指导性和可操作性，特制订《“十二五”区域大气污染联防联控规划编制技术指南》，指导各地区域大气污染联防联控规划编制和实施工作。

1.2 规划指导思想

以科学发展观为指导，围绕全面建设小康社会的环境要求，以改善大气环境质量为目标，以统筹区域环境资源为主线，以多污染物综合平衡控制为手段，充分利用区域大气环境质量模型模拟的减排-响应关系，科学编制重点区域“十二五”大气污染联防联控规划，明确“十二五”期间重点区域大气污染防治目标、重点任务和保障措施，实现区域大气污染防治的定量化、精细化管理，促进经济发展方式转变，提升区域可持续发展能力。

规划要体现以保护人民群众身体健康为根本出发点的原则，着力促进经济发展方式的转变，提高生态文明的水平，增强区域大气污染防治能力，统筹区域环境资源，实施多污染物协同减排，努力解决 $PM_{2.5}$、臭氧、酸雨等突出大气环境问题，切实改善区域大气环境质量，提高公众对大气环境质量的满意率。

1.3 规划基本原则

（1）统筹协调、上下联动

“十二五”重点区域大气污染联防联控规划编制要与国家宏观经济政策、节能减排重大战略、能源发展规划和产业发展规划等有机衔接。统筹区域内产业发展、产业布局、城市间污染防治要求，协调经济发展与环境保护关系。通过自上而下与自下而上相结合，采取“二上二下”的方法协调与衔接不同区域的规划目标、规划任务和技术要求；区域内省市根据国家制定的《指南》的要求，编制提交污染控制方案，国家统筹协调各方案，形成区域规划文本。

（2）统一管理、整体推进

打破行政区划，从系统角度，将区域作为整体，进行统一规划，提出共同的区域大气环境管理目标和任务要求。统筹协调多方主体利益，加强区域交流合作，采取综合控制措施，推进多污染物协同减排，全面改善区域大气环境质量。

（3）分区要求、分类指导

根据各区域大气环境问题特征，提出不同区域的环境目标和管理要求；对区域内不同城市，根据其对区域大气环境影响的贡献，考虑经济发展水平和污染治理能力，制定差异性减排任务与环境政策要求。结合各行业的生产工艺、排放特点，分析污染减排技术潜力，分行业提出控制要求。

（4）任务细化、项目落地

围绕区域环境质量目标，采取多污染物综合控制的途径，明确细化各地不同污染物的防控要求和工作任务。基于污染减排技术要求，根据大气污染排放现状，编制详细的污染减排项目清单，落实减排工程到源，并将工程项目作为下一步规划实施考核的重要内容。

1.4 规划范围

环境保护部协调有关部委、组织地方政府分别编制长江三角洲、珠江三角洲、京津冀三大区域大气污染联防联控规划。在此基础上编制重点区域大气污染联防联控总体规划，报国务院审批。辽宁中部城市群、山东半岛城市群、武汉城市群、长株潭城市群、成渝城市群、海峡西岸城市群等 10 个区域，在环境保护部的指导下由省级环境保护厅（局）分别组织编制区域大气污染联防联控规划，报省级人民政府审批。

长江三角洲包括上海市、江苏省、浙江省两省一市。

珠江三角洲包括广州市、深圳市、珠海市、佛山市、江门市、肇庆市、惠州市、东莞市、中山市 9 个城市。

京津冀包括北京市、天津市、河北省两市一省。

规划最终报批方式根据国务院和环境保护部决定，综合成为一个包括 13 个重点区域的《国家重点区域大气污染防治“十二五”规划》。

1.5　规划时限

规划的基准年为 2010 年，规划目标年为 2015 年，远景目标年为 2020 年。

当前，各地在开展规划编制工作时应以 2009 年环境空气质量现状和污染源普查动态更新后的 2009 年污染物排放量数据为基础，结合 2010 年污染控制计划及“十一五”污染减排实际进展情况，推算 2010 年排放量，作为规划“一上”、“一下”的排放量基数。待 2010 年环境空气质量和污染物排放量数据确定后，规划基数统一调整为 2010 年数据。

1.6　基本思路

（1）以改善区域大气环境质量为核心，综合考虑区域经济发展、减排潜力及环境状况，确定区域总体环境目标

基于区域环境问题特征、污染超标情况，充分考虑全面建设小康社会、率先实现社会主义现代化的环境要求，协调磋商确定区域大气环境质量目标，包括区域性环境质量目标和城市达标率目标；根据区域大气环境质量目标要求，利用区域大气环境质量模型、减排-响应关系，确定不同污染物具体控制要求，包括区域二氧化硫总量控制指标、区域氮氧化物总量控制指标、区域烟粉尘总量控制指标、区域挥发性有机物减量指标等。

（2）统筹区域环境资源，建立公平合理的分配机制，实现区域经济与环境的协调发展

统筹考虑区域内各城市社会、经济、环境发展状况，兼顾长期和短期利益，建立起有利于实现区域公共利益最大化的大气污染物总量指标分配机制。根据地区产业结构的特点和排污总量的特征，分期、分批制定总量控制指标；环境污染严重及对区域大气环境质量影响较大的地区，严格控制排污总量；创新环境经济政策，建立发展补偿等利益均衡机制，推动区域整体发展。

（3）强化对经济发展与能源消费的导向性作用，实现环境保护优化经济发展

严格控制新增污染源，重点区域新建项目必须按照先进的生产技术和最严格的环保要求进行控制；划定重点管理控制区域，加大对控制区内现有大气污染源整治力度，密切关注这些地区的新建项目，从区域统筹的角度考虑，严格实施环境准入制度；重点推进区域环评和重点产业发展规划环评，引导区域重大产业合理布局；发展清洁能源，改善能源消

费结构，加强高污染燃料禁燃区划定工作，控制煤炭消费总量，促进区域经济发展的绿色转型。

（4）加大区域污染控制力度，分地区、分行业编制减排项目清单，落实控制任务

针对影响区域大气环境质量的重点污染物（包括二氧化硫、氮氧化物、颗粒物及挥发性有机物），按照排放-质量响应关系，加大重点区域污染控制力度，形成以区域大气环境质量全面改善为核心的多污染物综合防治体系。根据区域各控制单元基准年污染源排放状况及减排技术要求，分析其减排潜力，筛选重点污染源，制订减排方案。分地区、分行业，按照工程、结构、监管三类措施制定区域减排项目清单，实现减排方案全覆盖。

1.7 工作要求

重点区域内各地应按照《指南》中提出的工作任务和技术方法，从本地角度出发，科学开展大气环境现状评估（不含区域大气环境质量影响评估），提出规划目标与控制指标，划分控制管理区，制定污染防治重点任务，编制详细的减排项目清单，并提出能力建设需求，于 2010 年 9 月底前上报本省（市）规划编制的技术报告（一上稿）。

规划编制总技术组（以下简称总规组），根据各地上报的技术材料，从区域角度出发，系统开展三大区域大气污染联防联控规划编制工作，深入分析各个区域的大气环境质量现状、大气污染排放现状；开展区域大气环境质量影响评估；提出区域环境目标、控制指标和指标分配方案；划分区域的管理控制区，针对不同管理分区提出明确的环境管理及经济发展限制要求；对重点行业和重点污染物，制定区域大气污染控制任务，编制大气污染减排项目清单；提出区域大气污染联防联控管理能力建设和实施保障措施。于 2010 年 1 月底前完成三大区域大气污染联防联控规划（一下稿），下发征求地方意见。

各地根据 2010 年环境空气质量和污染物排放量数据，将规划基数统一调整为 2010 年实际数据；并根据《国民经济和社会发展第十二个五年规划纲要》，调整经济发展等预测数据和减排任务；于 2011 年 4 月底前，针对区域大气污染联防联控规划一下稿，提出修改意见，提交二上稿。规划编制总技术组根据各地反馈意见修改完善规划文本，组织征求有关部委意见，召开专家评审会，修改完善后上报国务院，批复后正式下达各地（二下稿）。

第 2 章　规划任务

2.1　大气环境现状评估与问题分析

评估区域和城市的大气环境现状，建立大气污染排放与环境影响之间的响应关系，识别区域关键性大气环境问题、区域主要污染因子和污染特征。

（1）大气环境质量现状评价

开展基于常规污染因子 SO_2、NO_2、PM_{10} 为主的环境质量评价，在以区域内城市为基本单元评价后进行区域综合评价；基于已有的监测点位和研究成果，开展以区域特征污染因子 $PM_{2.5}$、O_3 和 VOCs 为主的环境质量评价；评价区域酸雨污染现状；有条件的地区对有毒有害废气监测结果进行评价。通过分析，得出区域和区域内各城市大气环境质量状况、酸雨污染状况、区域复合污染特征、各种污染因子高值区等的现状评估分析报告。

评价方法以单因子方法为主，评价时限为 2005 年以来的变化情况，常规污染物以国标年平均二级标准进行评价，O_3 以国标小时二级标准进行评价，$PM_{2.5}$ 参考 WHO 第一阶段值进行评价。

（2）大气污染排放现状评价

基于污染普查更新数据，结合已有研究成果，分行业、分城市，开展二氧化硫、氮氧化物、烟尘、粉尘、挥发性有机物等的排放评估，包括排放总量、火电排放量、工业排放量、交通排放量、生活排放量；分析火电、钢铁、有色、石化、水泥、化工等重点行业主要污染因子排放量及所占比重，评价单位产品/单位产值的排放绩效；分析单位面积、单位人口主要污染因子排放强度。评价时段为 2007 年之后。

（3）区域大气环境质量影响评估

利用 CMAQ 模型等，基于 2009 年二氧化硫、氮氧化物、烟粉尘污染源普查更新数据，结合 VOCs 等其他污染物已有的调查或研究成果，分析重点区域 $PM_{2.5}$ 和 O_3 浓度的空间分布特征，评价城市间主要污染因子相互传输关系（给出传递矩阵），分析重点行业对地面环境质量造成的影响，识别重点控制单元和重点控制行业，为重点控制区划分、分区管理以及制订高效的污染减排方案提供依据。

2.2　主要大气污染物新增排放量预测与压力分析

科学合理预测污染物新增量是确定区域总量控制目标和制订减排计划的基础。各省（市）应依据“十二五”国民经济发展规划、能源发展规划、产业发展规划、交通发展规划等，按照严格控制增量的原则，根据污染物排放标准、产业环保技术政策与污染治理技术要求等合理预测主要大气污染物新增排放量，分析经济社会发展、能源消费、重点项目建设等对区域大气环境保护的压力。

（1）经济社会发展主要参数

根据各地“十二五”国民经济发展规划、能源发展规划、产业发展规划、交通发展规划等，预测 2015 年国内生产总值、工业增加值、能源消费量、煤炭消费量、电力煤炭消费量、不同类型机动车保有量等主要社会经济发展参数，为大气污染物新增排放量预测提供活动水平。

（2）二氧化硫新增排放量预测

二氧化硫新增排放量预测原则上与《“十二五”主要污染物总量控制规划》中二氧化硫新增量预测保持一致，可直接应用其测算方法和测算结果。预测内容包括电力行业、冶金行业、建材行业、有色冶炼、石油化工和其他行业二氧化硫新增排放量。

（3）氮氧化物新增排放量预测

氮氧化物新增排放量预测同样可直接采用《“十二五”主要污染物总量控制规划》中氮氧化物新增量的预测结果，预测内容需包括电力行业氮氧化物新增排放量、交通行业氮氧化物新增排放量、水泥行业氮氧化物新增排放量及其他行业氮氧化物新增排放量。

（4）颗粒物新增排放量预测

预测内容包括电力行业烟尘新增排放量、非电行业烟尘新增排放量、工业粉尘新增排放量、机动车颗粒物新增排放量四部分。

电力行业烟尘新增排放量采用排放系数法进行预测，即根据电力行业煤炭消费增量、单位煤炭消费量烟尘排放系数进行测算。烟尘排放浓度按照 30 mg/m^3 进行计算。

非电行业烟尘新增排放量根据非电行业煤炭消费量和非电行业单位煤炭消费量的烟尘排放强度进行测算。2015 年单位煤炭消费量的烟尘排放强度则根据 2010 年排放强度和“十一五”排放强度下降的比例进行测算。

工业粉尘新增排放量主要包括建材行业工业粉尘新增排放量和冶金行业工业粉尘新增排放量。建材行业的工业粉尘新增量，根据水泥、砖瓦及建筑砌块、平板玻璃、建筑陶瓷四个子行业的新增产品产量和单位产品排污系数测算。冶金行业工业粉尘新增排放量预测采用单位产品产量排污系数法测算。

机动车颗粒物新增量预测采用分车型测算加和的方法。具体根据不同类型机动车保有量的净增长量和不同类型机动车颗粒物排放系数来进行测算。

（5）挥发性有机物新增排放量预测

预测内容包括工业挥发性有机物新增排放量和机动车碳氢化合物新增排放量。

工业挥发性有机物新增排放量采用排放强度法进行预测。充分利用已有研究或调查成果，根据“十二五”工业增加值增长量和单位工业增长值工业挥发性有机物排放强度进行测算。工业增加值增长量采用国民经济“十二五”规划预测值。2015 年单位工业增加值工业挥发性有机物排放强度可根据已有成果进行估算。

机动车碳氢化合物新增排放量预测采用分车型测算加和的方法。根据不同类型机动车保有量的净增长量和不同类型机动车碳氢化合物排放系数来进行测算。具体方法与机动车氮氧化物新增排放量预测一致。

2.3 规划目标指标体系及总量指标分配

采取上下结合的方式，确定重点区域大气环境质量目标、主要污染物排放总量控制目标、分配区域内各城市主要污染物排放总量控制指标。

（1）大气环境质量目标确定

首先由各地政府根据本辖区内大气环境现状、污染治理基础、未来发展计划等，提出本地“十二五”空气质量达标目标值；然后，采取自上而下的方式，根据对重点区域大气环境变化形势的判断、经济社会发展预期目标及全面建设小康社会的大气环境质量宏观要求等，提出区域总体目标；将上下目标相衔接，经反复磋商，确定各区域最终“十二五”空气质量发展目标，包括区域性大气环境质量目标、区域内城市环境空气质量达标率目标。

（2）主要污染物排放总量控制目标确定

有效衔接质量目标与总量目标之间的关系。根据区域大气环境质量目标、城市大气环境质量达标率的总体要求，基于区域大气环境质量模型模拟的减排-响应关系，确定主要大气污染物排放总量控制目标，包括区域二氧化硫排放总量控制目标、氮氧化物排放总量控制目标、烟粉尘排放总量控制目标、挥发性有机污染物减排目标。

区域二氧化硫、氮氧化物排放总量控制目标应与总量控制计划相衔接，原则上保持一致。对于二者存在差异的，选两者中严格的一种，作为最终控制要求。

（3）主要污染物排放总量控制指标分配

建立指标分配方法，按照“整体控制、总量削减、突出重点、分区要求”的原则，基于污染物迁移转化规律，综合考虑城市环境承载力、城市间污染传输相互影响、污染排放基数、排放强度、工程削减能力以及重点项目建设发展等因素，确定各市主要污染因子排放总量指标，包括城市二氧化硫排放总量控制指标、氮氧化物排放总量控制指标、烟粉尘控制指标以及挥发性有机物减量指标等。同时核定出火电行业的排放指标。

2.4 控制区划分与管理要求

依据大气环境的服务功能及环境管理需求，结合环境污染现状，从环境功能、环境目标及环境管理三个层面进行大气污染控制区划分；以此提出产业发展、产业布局等分区管理要求。

（1）环境功能区划

以区域整体为划分对象，打破行政界限，从环境的本质特征及基本功能出发，依据被保护对象对大气环境质量的要求，将区域划分为不同的环境功能区。具体可参考《环境空气质量标准》（GB 3095—1996）进行划分。环境功能分区应反映被保护对象对大气环境质量的要求，体现大气环境的服务职能。

（2）环境目标分区

环境目标分区是以环境保护目标为导向进行大气环境区域的划分，是环境功能区划和环境管理分区要求达到的不同等级目标的区域。以区域为划分对象，依据大气环境污染程度、污染物排放强度、环境敏感性、区域污染输送、人口密度及自然条件等因素，将区域划分为不同的环境目标区。环境质量指标可采用环境监测、模型模拟及卫星遥感等数据，污染物排放指标可采用环境统计、污染源普查及其他研究数据，其余指标可采用相应统计数据。

（3）环境管理分区及分区管理要求

环境管理分区是以环境管理和大气环境问题的解决为导向进行环境区域的划分。在区域环境现状评价、环境功能区划、环境目标区划的基础上，结合社会经济可持续发展的需要，划分区域分级管理区，实施分级管理。针对不同管理分区提出明确的环境管理政策及经济发展要求，包括高耗能高污染产业禁止发展、限制发展、优化发展行业的要求和产业准入环境门槛，煤炭等能源消费布局、消费总量的限定要求，禁燃区的划定方案等，从保护大气环境角度指导区域产业经济发展和产业布局优化。

2.5 污染控制任务与减排项目清单编制

提出落后产能淘汰与布局调整的要求，明确主要大气污染物排放控制对策，编制详细的减排项目清单。

（1）落后产能淘汰与布局调整任务

根据国家产业政策和“指导意见”中关于优化区域产业结构和布局的要求，结合区域产业发展规划，针对电力、钢铁、有色、建材、石油化、化工等行业提出进一步淘汰落后产能的政策要求和淘汰方案；结合区域大气环境排放与影响现状评价，提出区域重点项目搬迁改造工程。

（2）主要污染物排放控制对策

结合区域大气环境现状评估，根据环境目标要求，分别针对二氧化硫、氮氧化物、颗粒物、挥发性有机物，提出具体的排放控制对策，明确各自减排技术路线和分区减排要求；针对重点行业提出特别排放限值和具体管理要求。

（3）编制大气污染减排项目清单

各地根据《指南》中“减排技术要求”，上报详细的减排项目清单，计算污染物减排量。规划编制技术组在此基础上，经过分析与筛选，根据增量测算、质量目标和减排-响应的关系等，确定最终工程项目，并落实到年度计划中。

2.6 区域联防联控管理能力建设

从大气环境质量监测、企业在线监控、区域联合执法检查、污染应急及科学研究等角度，提出区域大气污染联防联控能力建设任务。

（1）区域空气质量监测网络建设

各地立足本省或本市，围绕区域空气质量和当地空气质量管理目标要求，提出“十二五”期间监测点位优化，制订酸雨、细颗粒物、臭氧和城市道路两侧空气质量监测的能力建设方案。总规组根据各地提出的空气质量监测能力初步建设方案，进一步凝练，形成“十二五”区域空气质量监测网络体系建设方案，并明确监测点位和监测因子。

（2）企业污染排放在线监控能力建设

各地筛选重点监控企业名单，提出“十二五”自动监控中心和重点防控企业在线自动监测装置建设计划，设计油气回收站油气回收自动监控方案。总规组根据各地在线监控能力建设需求，提出区域污染源在线监控能力建设方案。

（3）区域大气环境联合执法检查

总规组提出区域大气环境联合执法检查的任务要求，明确联合执法队伍组成、运作方式、执法程序等。

（4）区域大气污染应急能力建设

各地负责提出本地“十二五”大气污染防治应急能力建设方案。总规组根据各地应急能力建设需求，结合区域大气污染防治特征，设计区域大气污染应急能力建设方案，包括组织机构，对区域大气污染事故预报、预警和应急响应等任务要求。

（5）机动车污染防治能力建设

各地从加强机动车环境管理角度着手，围绕机动车氮氧化物污染防治、碳氢化合物的污染防治工作要求，提出“十二五”机动车管理机构、机动车环保检验能力的建设方案。

2.7 区域联防联控管理机制与保障措施

设计区域大气污染联防联控的协调机制、责任机制、考核机制，提出政策措施、科技支撑、资金投入等保障措施。

（1）组织机构建设

结合已有的区域环保协调机制，设计区域大气污染联防联控协调组织机构，明确机构构成、功能定位、运作方式、工作程序和机构职能等。

（2）评估考核体系

提出区域空气质量评价指标体系；确定区域大气污染联防联控工作评估方法，明确评估主体、评估对象，制定评估程序；制定考核机制及奖惩措施。

（3）区域政策机制

提出有利于推动区域大气环境质量改善的经济政策和管理机制，重点针对补偿机制、共同治理资金、建设项目区域联合审批、排放特别限值、排污权有偿使用与排污交易等，设计政策的实施机制。

（4）环保资金投入

在现有治污投入的基础上，设计区域大气环境保护资金形式，明确环保资金的投入渠道、使用管理。

第3章　减排技术要求与项目清单编制

主要污染物减排方案应根据减排技术要求，结合本地区环境质量状况和减排潜力分析进行制定。以 2010 年全部污染源的排放量总和作为排放基数，根据污染物排放量筛选重点污染源，根据国家和地方排放标准、产业环保技术政策与污染控制技术要求分析减排潜力，确定重点减排项目与控制措施，分工程减排、结构减排、监管减排计算减排量。减排方案应与减排基数、规划减排目标相对应。

3.1　减排技术要求

根据国家产业政策和污染减排总体要求，加大各行业落后产能淘汰力度，在电厂、冶金、炼油、工业炉窑等重点污染源安装污染治理设施，排放超标设施必须采取措施实现达标排放。各类污染源的减排技术要求主要包括如下方面。

3.1.1　电力行业

（1）结构减排

按照国家产业政策，淘汰运行满 20 年、单机容量 10 万 kW 级以下的常规火电机组，服役期满的单机容量 20 万 kW 以下的各类机组，以及供电标准煤耗高出 2010 年本省（区、市）平均水平 10%或全国平均水平 15%的各类燃煤机组。

（2）工程减排

二氧化硫治理工程：除淘汰落后机组外，未安装脱硫设施的燃煤机组必须安装脱硫设施，综合脱硫效率达到 85%以上；已投运脱硫设施不能稳定达标排放的或实际燃煤硫分超过设计硫分的（小马拉大车），实施脱硫设施更新改造。

氮氧化物治理工程：现役机组未采用低氮燃烧技术或氮燃烧效率差的机组全部实施低氮燃烧改造；20 万 kW 及以上现役燃煤机组实行脱硝改造，综合脱硝效率为 60%～70%。

颗粒物治理工程：除列入淘汰范围的火电机组外，根据新修订并将于 2010 年颁布执行的《火电厂大气污染物排放标准》，烟尘排放浓度不能稳定达到 30 mg/m^3 以下的火电厂，必须根据自身特点进行除尘器改造。

（3）监管减排

“十一五”末已安装脱硫设施但脱硫效率达不到设计要求的（如循环流化床），或已安装脱硝设施但运行不正常的燃煤机组，通过加强管理等措施，提高减排能力。

3.1.2 冶金行业

（1）结构减排

按照国家产业政策，淘汰土烧结、50 m^2 及以下烧结机、8 m^2 以下球团竖炉、化铁炼钢、400 m^3 及以下炼铁高炉（铸铁高炉除外）、公称容量 30 t 及以下炼钢转炉和电炉（机械铸造和生产高合金钢电炉除外）等落后工艺技术装备。

（2）工程减排

二氧化硫治理工程：单台烧结面积 90 m^2 以上的烧结机及有条件的球团生产设备实施烟气脱硫，综合脱硫效率应达到 70%以上；已安装脱硫设施但不能稳定达标排放的、实际使用原料硫分超过设计硫分的、部分烟气脱硫的，应进行脱硫设施改造。

氮氧化物治理工程：单台烧结面积 180 m^2 以上的烧结机建设烟气脱硝示范工程。

颗粒物治理工程：除淘汰的烧结机外，未采用静电除尘器的现役烧结（球团）设备应全部改造为袋式或静电等高效除尘器；焦化工序原则上都要采用干熄焦技术；炼钢工序原则上都采用转炉干法除尘技术；加强工艺过程除尘设施配置。

（3）监管减排

“十一五”末已安装烧结烟气脱硫设施但脱硫效率达不到设计要求的，通过加强管理等措施，提高减排能力。加强除尘设施稳定运行管理，确保颗粒物排放稳定达标排放；加强工艺过程如装焦、推焦、出铁、转炉二次烟气等环节无组织排放管理。

3.1.3 建材行业

（1）结构减排

按照国家产业政策，淘汰窑径 3.0 m 以下水泥机械化立窑生产线、窑径 2.5 m 以下水泥干法中空窑（生产高铝水泥的除外）、水泥湿法窑生产线（主要用于处理污泥、电石渣等的除外）、直径 3.0 m 以下的水泥磨机（生产特种水泥的除外）以及水泥土（蛋）窑、普通立窑等落后水泥产能；年产 1 000 万块以下的砖瓦生产企业，18 门以下砖瓦轮窑以及立窑、无顶轮窑、马蹄窑等土窑等；70 万 m^2/a 以下的中低档建筑陶瓷砖、20 万件/a 以下低档卫生陶瓷生产线；所有平拉工艺平板玻璃生产线（含格法）。

（2）工程减排

二氧化硫治理工程：所有煤矸石砖瓦窑、规模大于 70 万 m^2/a 且燃料含硫率大于 0.5%的建筑陶瓷窑炉、所有浮法玻璃生产线脱硫，脱硫设施综合脱硫效率均须达到 60%。

氮氧化物治理工程：水泥行业新型干法窑推进低氮燃烧技术改造和烟气脱硝示范工程建设，并逐步推广，规模大于 2 000 t 熟料/d 的新型干法水泥窑为“十二五”改造重点，综合脱硝效率须达到 70%。

颗粒物治理工程：符合产业政策的水泥企业，未采用布袋除尘设备的全部改造为布袋除尘器。

3.1.4 有色金属行业

（1）结构减排

按照国家产业政策，淘汰铝自焙电解槽、100 kA 及以下电解铝预焙槽；密闭鼓风炉、电炉、反射炉炼铜工艺及设备；采用烧结锅、烧结盘、简易高炉等落后炼铅工艺及设备，未配套建设制酸及尾气吸收系统的烧结机炼铅工艺；采用马弗炉、马槽炉、横罐、小竖罐（单日单罐产量 8 t 以下）等进行焙烧，采用简易冷凝设施进行收尘等落后方式炼锌或生产氧化锌制品的生产工艺及设备；以及其他资源利用水平、冶炼能耗、环保和劳动安全达不到国家要求的落后工艺设备。

（2）工程减排

二氧化硫治理工程：加快生产工艺设备更新改造；加大冶炼烟气制酸利用率，SO_2 含量大于 3.5%的烟气应采取烟气制酸或其他方式回收烟气中的硫，采用一转一吸制酸工艺的，制酸尾气应脱硫；低浓度烟气实施烟气脱硫。

3.1.5 石化行业

（1）结构减排

按照国家产业政策，淘汰 100 万 t/a 及以下低效低质的生产汽、煤、柴油的小炼油生产装置，土法炼油以及其他不符合国家安全、环保、质量、能耗等标准的成品油生产装置。

（2）工程减排

二氧化硫治理工程：石油炼制行业催化裂化装置催化剂再生烟气治理工程，加热炉和锅炉烟气脱硫（综合脱硫效率达到 70%以上）工程。

挥发性有机物治理工程：重点加强生产过程 VOCs 的排放、燃料油和有机溶剂输配及储存过程的油气回收和挥发控制；建设一批末端治理工程，对工艺单元排放的有机废气进行治理。

（3）监管减排

改进尾气硫回收工艺、提高硫黄回收率（达到 99%以上）；加强石化生产、输送和储存过程挥发性有机物泄漏的监测和监管，实现泄漏率达到规定的标准。

3.1.6 焦炭行业

（1）结构减排

淘汰土法炼焦（含改良焦炉）、兰炭（干馏煤、半焦）、炭化室高度 4.3 m 以下焦炉（3.2 m 及以上捣固焦炉除外）。

（2）工程减排

二氧化硫治理工程：炼焦炉荒煤气脱硫，H_2S 脱除效率须达到 95%以上。

3.1.7 燃煤锅炉

（1）结构减排

根据热电联产和集中供热规划，淘汰小型燃煤锅炉。京津冀区域内所有城市全面实行集中供热。

（2）工程减排

二氧化硫治理工程：规模在 35 t 以上、SO_2 排放超标的燃煤锅炉实施烟气脱硫，综合脱硫效率达到 70%；对 20 t 以下中小型燃煤工业锅炉，推行含硫量小于 0.5%的低硫优质煤，并综合考虑实施多种清洁能源替代措施。

氮氧化硫治理工程：规模在 35 t 以上的燃煤锅炉建设低氮燃烧示范工程，NO_x 去除率达到 30%。

颗粒物治理工程：规模在 20 t 以上的燃煤锅炉必须安装静电除尘器或布袋除尘器；对 20 t 以下中小型燃煤工业锅炉，推行使用含灰量小于 15%的低灰优质煤，并综合考虑实施多种清洁能源替代措施。

3.1.8　交通运输业

（1）结构减排

严格执行老旧机动车淘汰制度，除正常淘汰达到使用年限的机动车外，加速淘汰黄标车等高排放车辆（主要是排放标准为国〇的汽油车和污染物排放达不到国三标准的柴油车）。

（2）工程减排

实施满足国家第四阶段汽车排放控制要求的车用汽油和柴油标准，落实市场汽油、柴油的配套供应，车用汽油中应添加在环保部备案的清净剂，降低机动车排气污染。

对于飞机、船舶、铁路机车、农用机械、工程机械等非道路移动源，可以通过采用低硫柴油，采用 LPG、CNG 替代燃料，加装氧化催化器、PM 过滤器，采用选择性催化氧化法（SRC）等方法减少污染排放。

（3）监管减排

完成区域内所有城市排气工况法检测线的建设，加强机动车排气污染道路抽检和停放地抽检，有条件的城市可开展遥测法抽检，加大黄标车排放检查的频率和覆盖面积，强化在用车管理。

3.1.9　城市扬尘

（1）道路尘控制

市区街道裸露地面应采取硬化措施，街道两侧采取硬化、绿化措施。改造完善主干道的树坑，增加覆盖塑胶网或碎石子。对较大的城市空间，地面必须有植被覆盖。在市区内运输渣土、沙石等易产生粉尘污染物的车辆须实行密闭或加篷遮盖措施；对市区道路上的积土，要及时清运或采取覆盖措施，防止道路积土扬尘。

（2）建筑尘控制

建设工程施工现场必须设置围挡墙完全封闭，严禁敞开式作业。施工现场道路、作业区、生活区必须进行地面硬化。对因堆放、装卸、运输、搅拌等易产生扬尘的污染源，应采取遮盖、洒水、封闭等控制措施，最大限度减少扬尘污染。施工现场的垃圾、渣土、沙石等要及时清运，建筑施工场地出口应设置车辆清洗平台，保持出场车辆清洁，防止车辆运输扬尘污染。

3.1.10　溶剂和涂料使用类行业

溶剂和涂料使用类行业主要包括木材加工、胶合板制造、塑料零件制造、包装装潢及印刷、木质家具制造、汽车制造和修理、船舶制造、陶瓷制造、集装箱制造、皮鞋制造、棉/化纤印染精加工、皮革鞣制加工、服装干洗等行业。

（1）结构减排

对于溶剂和涂料使用类行业，淘汰违规操作的小型生产企业；淘汰落后喷漆工艺，推行使用先进的喷漆工艺，或者使用覆膜技术代替涂装工艺，可以简化喷漆工艺，减少油漆使用量；逐步减少高 VOCs 含量的溶剂型涂料的使用，增加低 VOCs 含量涂料的使用比例。

（2）工程减排

实施溶剂替代，鼓励企业在生产过程中使用水性、低毒或低挥发性有机化合物排放的有机溶剂，提高环保水性涂料的使用比例；未安装 VOCs 处理设施的工厂必须安装后处理设施，将喷漆车间的废气集中，进行污染处理；已投运处理设施不能稳定达标排放的，实施处理设施更新改造；实施清洁生产工艺，减少挥发性有机物溶剂的使用，控制有机气体散逸；建设一批有机废气回收利用与末端治理项目；在印刷企业较为集中的地区，建立统一的混合溶剂集中处理中心，改进溶剂回收的经济性，提高企业治理污染的积极性。

3.1.11　精细化工行业

精细化工行业主要包括医药化工、日用化工、染料、化学试剂生产等行业。

（1）结构减排

按照国家产业政策，减少挥发性大、毒性大 VOCs 物质的生产，淘汰小规模生产装置以及二次加工装置以及其他不符合国家安全、环保、质量、能耗等标准的化学原料药生产装置。

（2）工程减排

提升企业装备水平，防止泄漏，减少有机废气产生点位；完善有机废气收集系统，保证废气收集效率，提高废气回收率；根据企业自身的废气排放特点，选择合适的治理措施，必要时应采用两种或多种工艺联合、多级处理，对企业所有无组织排放和有组织排放的有机废气进行彻底的治理，着重推广氧化法处理有机废气，尝试膜处理、等离子催化等国内外先进的 VOCs 废气处理技术。

（3）监管减排

精细化工企业应安装恶臭污染物排放自动监测系统，对恶臭指数、挥发性有机物进行监测，将企业废气排放口的监测数据与环境保护主管部门的监控设备联网，并保证监测设备正常运行；同时，编制精细化工行业的突发环境事故应急预案和特殊气象条件下应急限排停排废气污染物控制措施，严格控制有毒污染物排放。

3.1.12　油品运输与储存

（1）结构减排

加快淘汰年销售汽油量小于 5 000 t 的小型加油站。到期未达到油气污染治理改造要求的固定式储存罐、储油库要实现关停；加油站未进行油气污染治理的地下油罐、加油机也应停用或封存；无油气回收功能或经检测未达标准要求的油罐车应停止进行汽油成品油的运输。

（2）工程减排

储油库挥发性有机物治理工程：到 2012 年 1 月 1 日，重点区域所有城市储油库都要完成油气污染治理任务，所有储油库都要采取浮顶罐，发油方式要采用下装发油或顶部浸没方式。新建油库必须安装油气回收系统后才能投入使用。

加油站挥发性有机物治理工程：到 2012 年 1 月 1 日，重点区域所有城市都要完成加油站卸油油气排放的控制工作，采用加装油气回收接头、下装卸油（浸没式卸油）和先进的具有侧漏功能的电子式液位计等技术手段，完成地下汽油储罐的油气回收工作。到 2015 年 1 月 1 日，重点区域所有城市要完成储油、加油油气排放控制工作，规定范围的加油站要完成油气回收管线铺设、采用油气回收性的加油枪、加装后处理装置等油气回收设施。新建加油站必须安装油气回收系统后才能投入使用。

油罐车挥发性有机物治理工程：到 2012 年 1 月 1 日，重点区域所有城市承担汽油运送的油罐汽车都要采用或改装成具有密闭的油气回收功能、采用底部装卸油方式的油罐车。新登记油罐车必须安装油气回收系统后才能投入使用。

推动车用油品标准的升级，对影响挥发性有机物排放的油品特殊指标，包括蒸气压、烯烃含量，制定区域特别限值；升级普通柴油（非道路、内河航运用油）标准，使之达到国四标准要求。

（3）监管减排

对于已完成油气污染治理工作的省、市，要加强辖区内油气污染治理的监管管理工作，建立相应的油气污染监管的人员队伍，配备相关的监测设备。各地可根据环境空气质量管理的需求，要求储油库、加油站等加装油气在线监测系统等设备。

3.2　减排项目清单编制

为了将减排方案落到实处，区域内各城市要编制详细的减排项目清单。减排项目清单应包括各个项目的 2010 年实际排放量、原料或燃料消费量、产污设备名称、规模、污染治理设施类型、污染物减排量等。减排项目实施计划需要落实到年度，说明项目开工和投运时间。

3.2.1　电力行业

（1）结构减排项目

确定淘汰落后产能项目，编制项目清单，如附表 1 所示。按照淘汰设备 2010 年的污染物排放基数计算削减量。未纳入排放基数统计数据库的污染源，根据污染源普查系数计算削减量，关停部分生产线，淘汰部分生产设备的污染物削减量，如果没有单个设备的排放基数，按照物料衡算法、排污系数法或监测数据法计算污染物削减量，但不能超过2010年该企业的污染物排放基数总和。

（2）工程减排项目

燃煤机组新建脱硫设施工程

除计划淘汰机组外，其他未脱硫燃煤发电机组须全部脱硫，综合脱硫效率对于石灰石-石膏湿法脱硫和海水脱硫按85%取值，取消烟气旁路并稳定运行的按90%取值，干法、半干法脱硫按75%取值。燃煤机组脱硫工程项目清单如附表2所示。

已投运脱硫设施改造工程

系统梳理区域内各电厂综合脱硫效率、设计煤种与实际煤种差异，结合达标情况提出技改名单，按照2010年污染源排放基数与提高治理效率后的排放量差值计算SO_2削减量。综合脱硫效率，石灰石-石膏湿法脱硫和海水脱硫按 85%取值，取消烟气旁路并稳定运行的按90%取值，干法、半干法脱硫按75%取值。已投运脱硫设施改造工程项目清单如附表2所示。

低氮燃烧改造及烟气脱硝工程

电力行业实施低氮燃烧技术改造、安装烟气脱硝设施，以2010年分机组NO_x排放量作为排放基数，根据减排工程的污染物去除效率计算 NO_x 削减量。采用低氮燃烧技术的NO_x去除率按照35%计算，烟气脱硝工程综合脱硝效率按照60%～70%计算。电力行业低氮燃烧改造及脱硝工程项目清单如附表3所示。

烟尘治理工程

电力行业实施烟尘污染深度治理的，以 2010 年烟尘排放量为基数，根据减排工程的污染物去除效率计算减排量。计算公式为：减排量 ＝ 2010年烟尘排放量×[（改造前平均排放浓度－达标排放浓度）/改造前平均排放浓度]，烟尘达标排放浓度按30 mg/m^3计算。减排清单如附表4所示。

（3）监管减排项目

“十一五”末已安装脱硫设施但效率低下的燃煤机组，通过加强管理、提高投运率、完善在线监测等措施增加污染物削减量，根据 2010 年排放基数与提高污染物去除率后的排放量计算新增削减量。具体测算方法参见《“十二五”主要污染物总量控制规划编制技术指南》。循环流化床监管减排项目清单如附表5所示。

3.2.2 冶金行业

（1）结构减排项目

确定淘汰落后产能项目，编制项目清单如附表1所示。

（2）工程减排项目

新建烧结烟气脱硫工程

90 m^2以上烧结机和年产量100万t以上的球团生产设备中，未脱硫的要全部安装脱硫设施，SO_2削减量按照该烧结机（或球团生产设备）2010年的SO_2排放基数与70%的综合脱硫效率计算。新建烧结烟气脱硫工程项目清单如附表6所示。

已投运烧结烟气脱硫设施改造工程

全面分析区域内所有钢铁烧结烟气脱硫设施的脱硫效率、投运时间、处理烟气量，结合达标情况提出技术改造名单，按照改造后脱硫烟气量的增加量，或提高的脱硫效率计算 SO_2 削减量。已投运烧结烟气脱硫设施改造工程项目清单如附表 6 所示。

钢铁烧结烟气脱硝工程

钢铁烧结烟气脱硝示范工程，NO_x 削减量按照 2010 年该烧结机的 NO_x 排放基数与减排工程的污染物去除效率计算。烧结烟气脱硝工程项目清单如附表 7 所示。

钢铁烟粉尘治理工程

烧结（球团）烟粉尘治理工程减排量按照下式计算，减排量＝改造前烟尘排放量×[（改造前平均排放浓度－达标排放浓度）/改造前平均排放浓度]，其中，烧结设备达标排放浓度按 70 mg/m^3 计算，球团设备达标排放浓度按 50 mg/m^3 计算，工程项目清单见附表 8。炼铁炉烟粉尘治理工程减排量按照改造前后的浓度变化进行测算，项目清单如附表 9 所示；炼钢炉烟粉尘治理工程项目清单如附表 10 所示。

（3）监管减排项目

钢铁烧结机烟气脱硫设施监管减排项目清单如附表 11 所示。

3.2.3　建材行业

（1）结构减排项目

确定淘汰落后产能项目，编制项目清单如附表 1 所示。

（2）工程减排项目

建材窑炉烟气脱硫工程

所有未脱硫的煤矸石砖瓦窑、规模大于 70 万 m^2/a 且燃料含硫率大于 0.5%的建筑陶瓷窑炉、浮法玻璃生产线安装烟气脱硫设施，按照 2010 年该窑炉的 SO_2 排放基数与 60%的综合脱硫效率计算削减量。建材窑炉烟气脱硫工程项目清单如附表 12 所示。

水泥行业低氮燃烧改造及烟气脱硝工程

水泥行业低氮燃烧改造及烟气脱硝示范工程，按照 2010 年水泥窑炉的 NO_x 排放基数和 70%的 NO_x 去除效率计算削减量。水泥行业低氮燃烧改造及脱硝工程项目清单如附表 13 所示。

水泥行业烟粉尘治理工程

水泥行业粉尘治理工程减排量＝2010 年粉尘排放量×[（改造前平均排放浓度－达标排放浓度）/改造前平均排放浓度]，水泥行业粉尘治理工程项目清单如附表 14 所示。

3.2.4　有色金属行业

（1）结构减排项目

确定淘汰落后产能项目，编制项目清单如附表 1 所示。

（2）工程减排项目

有色金属冶炼行业制酸尾气治理工程

按照 2010 年该设备的 SO_2 排放基数与 70%的综合脱硫效率计算 SO_2 削减量。有色金属冶炼行业制酸尾气治理工程项目清单如附表 15 所示。

制酸设施工艺改造工程

通过制酸设施工艺改造提高 SO_2 吸收率，增加的 SO_2 削减量按照硫酸产量的增长量计算。

3.2.5　石化行业

（1）结构减排项目

确定淘汰落后产能项目，编制项目清单如附表 1 所示。

（2）工程减排项目

催化裂化装置催化剂再生烟气脱硫工程

催化剂再生工艺安装烟气脱硫设施，SO_2 削减量按照该工艺 2010 年的 SO_2 排放基数与 70%的综合脱硫效率计算。催化裂化装置催化剂再生烟气脱硫工程项目清单如附表 16 所示。

加热炉或焚烧炉烟气治理工程

对各种加热炉、焚烧炉实施烟气脱硫，SO_2 削减量根据 2010 年该设备的 SO_2 排放基数与 70%的综合脱硫效率计算。加热炉或焚烧炉烟气治理工程项目清单如附表 16 所示。

石化行业挥发性有机物治理工程

包括有机物挥发逃逸控制工程、回收工程以及有机废气的末端治理工程，编制项目减排清单如附表 24 所示。

（3）监管减排项目

改进尾气硫回收工艺、提高硫黄回收率，按照改造后处理烟气量的增加量或提高污染物去除效率计算 SO_2 削减量。

3.2.6　焦炭行业

（1）结构减排项目

确定淘汰落后产能项目，编制项目清单如附表 1 所示。

（2）工程减排项目

炼焦炉荒煤气脱硫，按照 2010 年该焦炉的 SO_2 排放基数与 95%的 H_2S 脱除效率计算 SO_2 削减量。项目清单如附表 17 所示。

3.2.7　燃煤锅炉

（1）结构减排项目

确定淘汰落后产能项目，编制项目清单如附表 1 所示。

（2）工程减排项目

燃煤锅炉烟气脱硫工程

规模在 35 t 以上、SO_2 排放超标的燃煤锅炉实施烟气脱硫，按照 2010 年该锅炉的 SO_2 排放基数与 70%的综合脱硫效率计算削减量。减排项目清单如附表 18 所示。

燃料低硫化工程

实施煤气预脱硫工程降低燃料含硫率的，按照 2010 年的 SO_2 排放基数与 90%的综合脱硫效率计算削减量。通过燃料混配降低燃料含硫率的，暂不纳入减排项目。减排项目清单如附表 19 所示。

燃气替代工程

为有效改善城市空气质量，对小型燃煤锅炉进行改造，以天然气、炼厂干气等替代燃煤，SO_2减排效果主要体现为燃煤量的减少，在增量计算中已经考虑的不单独核算 SO_2削减量。

燃煤锅炉低氮燃烧示范工程

燃煤锅炉低氮燃烧示范工程，NO_x削减量按照 2010 年该锅炉的 NO_x排放基数与 30% 的 NO_x去除效率计算削减量。减排项目清单如附表 20 所示。

燃煤锅炉烟尘治理工程

燃煤工业锅炉烟尘减排量＝改造前烟尘排放量×[（改造前平均排放浓度－达标排放浓度）/改造前平均排放浓度]，达标浓度按 50 mg/m^3 计算，燃煤锅炉烟粉尘治理工程项目清单如附表 21 所示。

3.2.8　交通行业

（1）机动车淘汰工程

机动车淘汰工程的 NO_x、PM、VOCs 削减量按照“十一五”各类车型的年平均淘汰率、加速淘汰黄标车数量和 2010 年排放基数进行计算。减排项目清单如附表 22 所示。

（2）机动车油品替代工程

机动车油品质量由国三标准提高到国四标准，可实现的 NO_x削减量采用排放强度法进行测算，根据供应国四油品的机动车数量和国三、国四标准的单车排放强度的差值进行计算。减排项目清单如附表 23 所示。

3.2.9　城市扬尘

分别从道路尘和建筑尘污染控制计划角度出发，列出两大类综合减排项目工程。减排量根据估算值进行测算。

3.2.10　溶剂和涂料使用类行业

（1）结构减排项目

确定落后产能淘汰项目，编制项目清单如附表 1 所示。

（2）工程减排项目

包括生产工艺改造工程（减少溶剂使用）、有机物挥发逃逸控制工程、溶剂回收工程、有机废气治理工程，编制项目减排清单如附表 24 所示。

3.2.11　精细化工行业

（1）结构减排项目

确定落后产能淘汰项目，编制项目减排清单如附表 1 所示。

（2）工程减排项目

包括有机物挥发逃逸控制工程与收集回收工程、有机废气末端治理工程，编制项目减排清单如附表 24 所示。

3.2.12 油品运输与储存

（1）结构减排项目

包括淘汰小型加油站，关闭限期治理仍不达标的储油库、加油站、油罐车。编制项目清单如附表 1 所示。

（2）工程减排项目

包括加油站、油库和油罐车的油气回收综合治理改造工程。编制减排项目清单如附表 24 所示。

（3）监管减排项目

主要为储油库、加油站油气在线监测系统建设。

3.3 减排投资估算

重点区域需对减排方案中制订的各项减排措施所需投资进行估算，针对与主要污染物削减有关的工程措施进行投资估算，对控制技术尚未市场化、淘汰落后产能等难以测算的可不进行估算。

各项减排措施所需成本主要包括治理设施建设投资、运行维护费用及其他费用。根据工程规模对建设投资和运行费用进行估算，主要行业计算参数取值见附表 25、附表 26。其中，建设投资按照“十二五”期间新建污染治理设施规模进行计算（包括新增生产设备配套建设污染治理设施），运行费用按照“十二五”末全部污染治理设施规模计算，“十一五”末已有治理设施的改造费用根据各区域减排项目的实际情况取值。

第 4 章　保障措施要求

4.1　加强组织领导

地方人民政府是重点区域大气污染防治规划实施的责任主体，要切实加强组织领导，按照规划要求，制订本地区大气污染防治实施方案，并将规划目标和各项任务分解落实到城市和企业，制订年度工作计划，明确年度工作任务和部门职责分工，确保任务到位、项目到位、资金到位、责任到位。各有关部门应加强协调配合，按照职责分工开展相应工作，制定相关配套措施，保证规划任务的落实。

4.2　严格考核评估

环境保护部会同国务院有关部门制定考核办法，每年对重点区域大气污染防治规划实施情况进行评估考核；在规划期末，组织开展规划终期评估。规划年度考核与终期评估结果向国务院报告，作为地方各级人民政府领导班子和领导干部综合考核评价的重要依据，实行问责制，并向社会公开。对规划完成情况好、大气环境质量改善明显的省（区、市），环境保护部会同财政、发展改革等部门加大对该地区污染治理和环保能力建设的支持力度，并予以表彰；对考核结果未通过的省（区、市）进行通报；对项目进展缓慢、大气环境污染严重的城市，实施阶段性建设项目环评限批，取消国家授予该地区的环境保护方面的荣誉称号。

4.3　加大资金投入

建立政府、企业、社会多元化投资机制，拓宽融资渠道。污染治理资金以企业自筹为主，政府投入资金优先支持列入规划的污染治理项目。中央财政加大大气污染防治资金投入，资金重点用于工业污染治理、交通污染治理、面源污染治理以及区域大气污染防治能力建设，采取“以奖代补”、“以奖促防”、“以奖促治”等方式，加快地方各级政府与企业大气污染防治的进程。地方人民政府根据规划确定的大气污染控制任务，将治污经费列入财政预算，加大资金投入力度。

4.4　完善法规标准

加快环境保护法、大气污染防治法等法律法规的修订工作，研究制定机动车污染防治条例。加快制（修）订石油炼制与石油化工、化学原料及化学品制造、装备制造涂装、电子工业、包装印刷以及钢铁、水泥、燃煤工业锅炉等重点行业大气污染物排放标准。加快重点行业污染防治技术政策与挥发性有机物、有毒废气、餐饮业油烟净化工程技术规范的制定。环境空气质量超标的地区，应实施污染物特别排放限值或制定严于国家标准的地方大气污染物排放标准。

4.5 强化科技支撑

在国家、地方相关科技计划（专项）中，加大对区域大气污染防治科技研发的支持力度。加快推进大气污染综合防治重大科技专项，开展光化学烟雾、灰霾的污染机理与控制对策研究，开展区域大气复合污染控制对策体系研究。加大工业挥发性有机物污染防治技术、燃煤工业锅炉高效脱硫脱硝除尘技术、水泥行业脱硝技术、燃煤电厂除汞技术等的研发与示范。开展重点行业多污染物协同控制技术研究。

4.6 加强宣传教育

开展广泛的环境宣传教育活动，充分利用世界环境日、地球日等重大环境纪念日等宣传平台，普及大气环境保护知识，全面提升公民环境意识，不断增强公众参与环境保护的能力；加强人员培训，提高各级领导干部对大气污染联防联控工作重要性的认识，提升环保人员业务能力水平；充分发挥新闻媒体在大气环境保护中的作用，积极宣传区域大气污染联防联控的重要性、紧迫性及采取的政策措施和取得的成效，宣传先进典型，加强舆论监督，为改善大气环境质量营造良好的氛围。

附表

减排项目清单

附表 1　淘汰落后产能项目清单

序号	城市	行业代码	法人代码	企业名称	关停设备				主要产品			2010 年 SO_2 排放量/t	2010 年 NO_x 排放量/t	2010 年 PM 排放量/t	2010 年 VOCs 排放量/t	关停时间
					名称	编号	规模	规模单位	名称	产量	产量单位					

附表 2　电力行业脱硫工程项目清单

序号	城市	法人代码	企业名称	发电机组			燃料煤		项目类型	SO_2 减排措施	2010 年 SO_2 去除率/%	2010 年 SO_2 排放量/t	2015 年 SO_2 去除率/%	“十二五” SO_2 削减量/t	开工时间	投运时间
				编号	装机容量/万 kW	投运时间	用量/（t/a）	含硫量/%								

说明：1. 项目类型填写“新安装脱硫设施”或“已投运脱硫设施改造”；

2．SO_2 减排措施，新安装的脱硫设施填写脱硫技术类型，已投运脱硫设施改造项目填写具体改造内容。

附表 3　电力行业低氮燃烧改造及脱硝工程项目清单

序号	城市	法人代码	企业名称	发电机组			燃料		项目类型	燃烧治理技术	低氮燃烧 NO_x 去除率/%	烟气脱硝技术类型	脱硝效率/%	2010 年 NO_x 排放量/t	“十二五” NO_x 削减量/t	开工时间	投运时间
				编号	装机容量/万 kW	投运时间	类型	用量/（t/a）									

说明：

1. 项目类型填写“低氮燃烧改造”、“新建脱硝设施”或“已投运脱硝设施改造”，“低氮燃烧改造”可与后两类组合填写；

2. 若该机组 2010 年已经使用低氮燃烧技术，且“十二五”期间不对燃烧方式进行调整，则“燃烧治理技术”和“低氮燃烧 NO_x 去除率”两项为空白；

3. 若该机组既进行低氮燃烧改造，又安装烟气脱硝设施，则表格中所有指标都应填写。

附表 4 电力行业烟尘治理项目清单

序号	城市	法人代码	企业名称	发电机组			燃煤		除尘器型式	2010年烟尘除尘效率/%	2010年烟尘排放量/t	2015年烟尘除尘效率/%	2015年烟尘排放量/t	“十二五”烟尘削减量/t	开工时间	投运时间
				编号	装机容量/万kW	投运时间	用量/t	灰分/%								

附表 5 循环流化床 SO_2 监管减排项目清单

序号	城市	法人代码	企业名称	发电机组			燃料煤		SO_2减排措施	2010年SO_2去除率/%	2010年SO_2排放量/t	2015年SO_2去除率/%	“十二五”SO_2削减量/t	完成时间
				编号	装机容量/万kW	投运时间	用量/（t/a）	含硫量/%						

说明：减排措施指“十二五”提高 SO_2 去除率所采取的具体措施，包括提高投运率、完善在线监测等。

附表 6 钢铁烧结烟气脱硫工程项目清单

序号	城市	法人代码	企业名称	烧结机或球团设备				铁矿石含硫量/%	项目类型	SO_2减排措施	2010年SO_2排放量/t	改造前				改造后				“十二五”SO_2削减量/t	开工时间	投运时间
				名称	编号	规模/m^2	投运时间					脱硫设施入口SO_2浓度/（mg/m^3）	脱硫设施入口烟气流量/（m^3/h）	脱硫设施年运行小时数/h	脱硫效率/%	脱硫设施入口SO_2浓度/（mg/m^3）	脱硫设施入口烟气流量/（m^3/h）	脱硫设施年运行小时数/h	脱硫效率/%			

说明：

1．烧结机或球团设备名称填写烧结机、竖炉、链篦机—回转窑、带式焙烧机等；

2．项目类型填写“新安装脱硫设施”或“已投运脱硫设施改造”；

3．SO_2 减排措施，新安装的脱硫设施填写脱硫技术类型，已投运脱硫设施改造项目填写具体改造内容。

附表 7　钢铁烧结烟气脱硝工程项目清单

序号	城市	法人代码	企业名称	烧结机			烧结矿产量/（万 t/a）	NO_x治理技术	NO_x去除率/%	2010 年NO_x排放量/t	“十二五”NO_x削减量/t	开工时间	投运时间
				编号	规模/m^2	投运时间							

附表 8　烧结（球团）烟粉尘治理工程项目清单

序号	城市	法人代码	企业名称	烧结（球团）				烧结矿产量	除尘器型式	2010 年烟尘除尘效率/%	2010 年烟尘排放量/t	2015 年烟尘除尘效率/%	2015 年烟尘排放量/t	“十二五”烟尘削减量/t	开工时间	投运时间
				名称	编号	规模/m^2	投运时间									

附表 9　炼铁炉烟粉尘治理工程项目清单

序号	城市	法人代码	企业名称	高炉			生铁产量/t	除尘技术	2010 年烟尘除尘效率/%	2010 年烟尘排放量/t	2015 年烟尘除尘效率/%	2015 年烟尘排放量/t	“十二五”烟尘削减量/t	开工时间	投运时间
				编号	规模/m^3	投运时间									

附表 10　炼钢炉烟粉尘治理工程项目清单

序号	城市	法人代码	企业名称	转（平、电）炉				钢产量/t	除尘技术	2010 年烟尘除尘效率/%	2010 年烟尘排放量/t	2015 年烟尘除尘效率/%	2015 年烟尘排放量/t	“十二五”烟尘削减量/t	开工时间	投运时间
				名称	编号	规模/t	投运时间									

附表 11 钢铁烧结机 SO_2 监管减排项目清单

序号	城市	法人代码	企业名称	烧结机或球团设备				铁矿石含硫量/%	SO_2减排措施	2010年SO_2排放量/t	加强管理前				加强管理后				“十二五”SO_2削减量/t	完成时间
				名称	编号	规模/m^2	投运时间				脱硫设施入口SO_2浓度/[mg/m^3（标态）]	脱硫设施入口烟气流量/[m^3（标态）/h]	脱硫设施年运行小时数/h	脱硫效率/%	脱硫设施入口SO_2浓度/[mg/m^3（标态）]	脱硫设施入口烟气流量/[m^3（标态）/h]	脱硫设施年运行小时数/h	脱硫效率/%		

附表 12 建材窑炉烟气脱硫工程项目清单

序号	城市	行业代码	法人代码	企业名称	建材窑炉				燃料		主要产品			脱硫工艺	SO_2去除率/%	2010年SO_2排放量/t	“十二五”SO_2削减量/t	开工时间	投运时间
					类型	编号	窑炉规模	规模单位	类型	含硫量/%	名称	产量	产量单位						

附表 13 水泥行业低氮燃烧改造及脱硝工程项目清单

序号	城市	法人代码	企业名称	水泥窑			项目类型	燃烧治理技术	低氮燃烧NO_x去除率/%	烟气脱硝技术类型	脱硝效率/%	2010年NO_x排放量/t	“十二五”NO_x削减量/t	开工时间	投运时间
				类型	编号	规模/（t熟料/d）									

附表 14 水泥行业烟粉尘治理工程项目清单

序号	城市	法人代码	企业名称	水泥窑			除尘器型式	2010年除尘效率/%	2010年烟粉尘排放量/t	2015年除尘效率/%	2015年烟粉尘排放量/t	“十二五”烟粉尘削减量/t	开工时间	投运时间
				类型	编号	规模/（t熟料/d）								

附表 15 硫酸尾气治理工程项目清单

序号	城市	法人代码	企业名称	设备名称	项目类型	SO_2减排措施	SO_2去除率/%	2010年SO_2排放量/t	硫酸生产情况		“十二五”SO_2削减量/t	开工时间	投运时间
									硫酸产量增长量/(t/a)	硫酸产品浓度/%			

说明：1. 设备名称填写有色金属冶炼炉或制酸设备名称；

2. 项目类型填写“新安装脱硫设施”或“已建制酸设备改造”。

附表 16 石油炼制行业 SO_2 治理工程项目清单

序号	城市	法人代码	企业名称	生产工艺				污染物种类	污染减排措施	2010年SO_2排放量/t	改造前				改造后				“十二五”SO_2削减量/t	开工时间	投运时间
				类型	编号	设备规模	规模单位				治理设施入口污染物浓度/[mg/m^3（标态）]	治理设施入口烟气流量/[m^3（标态）/h]	治理设施年运行小时数/h	污染物去除效率/%	治理设施入口污染物浓度/[mg/m^3（标态）]	治理设施入口烟气流量/[m^3（标态）/h]	治理设施年运行小时数/h	污染物去除效率/%			

说明：1. 污染物种类填写 SO_2 或 H_2S；

2. 治理设施入口污染物浓度，根据污染物种类填写 SO_2 或 H_2S 浓度。

附表 17 焦炉煤气脱硫工程项目清单

序号	城市	法人代码	企业名称	炼焦炉		SO_2减排措施	H_2S去除率/%	2010年SO_2排放量/t	“十二五”SO_2削减量/t	开工时间	投运时间
				编号	规模/m						

附表 18 燃煤锅炉烟气脱硫工程项目清单

序号	城市	法人代码	企业名称	燃煤锅炉			燃料煤		项目类型	SO_2减排措施	2010年SO_2去除率/%	2010年SO_2排放量/t	2015年SO_2去除率/%	“十二五”SO_2削减量/t	开工时间	投运时间
				编号	规模/蒸吨	投运时间	用量/（t/a）	含硫量/%								

说明：项目类型填写“新安装脱硫设施”或“已投运脱硫设施改造”。

附表 19 燃料低硫化工程项目清单

序号	城市	法人代码	企业名称	脱硫前煤气		治理工艺技术	H_2S去除率/%	2010年SO_2排放量/t	“十二五”SO_2削减量/t	开工时间	投运时间
				用量/（m^3/a）	H_2S浓度/[mg/m^3（标态）]						

附表 20 燃煤锅炉低氮燃烧工程项目清单

序号	城市	法人代码	企业名称	燃煤锅炉			燃料煤		NO_x治理技术	NO_x去除率/%	2010年NO_x排放量/t	“十二五”SO_2削减量/t	开工时间	投运时间
				编号	规模/蒸吨	投运时间	类型	用量/（t/a）						

附表 21 燃煤锅炉烟粉尘治理工程项目清单

序号	城市	法人代码	企业名称	燃煤锅炉			燃料煤		除尘器型式	2010年烟粉尘去除率/%	2010年烟粉尘排放量/t	2015年烟粉尘去除率/%	2015年烟粉尘排放量/t	“十二五”烟粉尘削减量/t	开工时间	投运时间
				编号	规模/蒸吨	投运时间	用量/（t/a）	灰分/%								

附表 22 机动车淘汰 NO_x、PM、VOCs 减排清单

类型				"十二五"期间机动车淘汰量/辆				被淘汰车辆2010年NO_x排放量/t	被淘汰车辆2010年PM排放量/t	被淘汰车辆2010年VOCs排放量/t
				国〇	国一	国二	国三			
载客汽车	载客	出租车	汽油							
		其他	汽油							
	轻型	出租车	汽油							
			柴油							
		其他	汽油							
			柴油							
	中型	公交车	汽油							
			柴油							
		其他	汽油							
			柴油							
	大型	公交车	汽油							
			柴油							
		其他	汽油							
			柴油							
载货汽车	微型		汽油							
			柴油							
	轻型		汽油							
			柴油							
	中型		汽油							
			柴油							
	重型		汽油							
			柴油							
低速载货汽车	三轮汽车									
	低速货车									
摩托车	普通									
	轻便									

附表 23 机动车油品供应 NO_x 减排清单

类型				“十二五”期间供应国四标准油品的机动车数量/辆	NO_x 削减量/t
载客汽车	载客	出租车	汽油		
			其他		
		其他	汽油		
			其他		
	轻型	出租车	汽油		
			柴油		
		其他	汽油		
			柴油		
	中型	公交车	汽油		
			柴油		
		其他	汽油		
			柴油		
	大型	公交车	汽油		
			柴油		
		其他	汽油		
			柴油		
载货汽车	微型		汽油		
			柴油		
	轻型		汽油		
			柴油		
	中型		汽油		
			柴油		
	重型		汽油		
			柴油		
低速载货汽车	三轮汽车				
	低速货车				
摩托车	普通				
	轻便				

附表 24　油品储运及典型工业行业 VOCs 治理工程项目清单

序号	城市	法人代码	企业名称	项目名称	VOCs 减排措施简要说明	2010 年 VOCs 排放量/t	2015 年 VOCs 排放量/t	“十二五” VOCs 削减量/t	开工时间	投运时间

附表 25　电力行业 NO_x 减排投资费用计算取值

减排技术	建设投资/（元/kW）	运行费用/（元/kW）
LNB*	30	—
SCR*	150	30
SCR	100	30
SNCR	50～60	12
SNCR*	50～60	12

注：*代表老机组改造。

附表 26　SO_2 减排成本计算参数取值

减排工程类型	建设投资	运行费用
电厂燃煤锅炉脱硫	200 元/kW	30 元/kW
其他燃煤锅炉脱硫	7 万元/蒸吨	1 万元/蒸吨
烧结烟气脱硫	30 万元/m^2	10 万元/m^2

第五部分

青藏高原环境保护综合规划技术大纲

青藏高原生态环境极其特殊和敏感，是“世界屋脊”和“地球第三极”，是“中华水塔”和亚洲主要大江大河的源头。青藏高原社会经济发展相对滞后，全区面积占全国 1/4，人口占全国 1%，GDP 占全国的 0.65%，国家贫困县占全国的 1/4。2007 年 4 月 17 日，温家宝总理在国务院办公厅报送的《互联网信息择要（特刊第 164 期）——网称青藏高原需要区域性综合环保规划》上批示：“制定青藏高原区域性环保规划，无论从政治上还是从生态环境保护上看，都是必要的、有深远意义和广泛影响的。”为了维护青藏高原生态屏障的生态环境安全，促进青藏高原地区的可持续发展，环境保护部于 2008 年 1 月联合相关部门及青藏高原地区有关政府，启动《青藏高原环境保护综合规划》（以下简称《规划》）编制，指导和统筹青藏高原地区的环境保护。为此，在环境保护部的组织下，环境保护部环境规划院联合中国环境科学研究院等 10 余家科研单位，组成规划编制技术组。《规划》设置了 6 个研究专题和 3 个研究专项，经过现场调研、资料收集分析以及专题研究，完成了《青藏高原环境保护综合规划技术大纲》（以下简称《大纲》）。

《大纲》指出，受到全球气候变化影响和资源开发压力，青藏高原生态环境呈整体退化趋势。未来随着全球气候变化影响的进一步加剧，青藏高原冰川、雪山、冻土融化将日益加速，区域生态系统更加不稳定，对青藏高原地区乃至全国生态环境造成重大影响。青藏高原环境保护目标就是维护国家生态屏障安全，促进区域可持续发展。要处理好生态环境保护和当地社会经济发展的关系，处理好青藏高原不同地区之间的关系，处理好青藏高原和全国其他地区之间的关系，促进青藏高原地区可持续发展。明确青藏高原环境保护要构建协调发展的空间格局、保育重要而敏感的生态环境、保护清洁稳定的河流水系、维护和谐良好的人居环境、建立系统长效的保障机制。在未来 20 年中，青藏高原环境保护主要有构建协调发展空间格局、编制实施环境功能区划、系统保护生物多样性、统筹维护区域重要生态调节功能、加强农村与农牧业环境保护、强化流域水环境保护、保护重点区域大气环境、强化环境保护能力和管理机制等 8 项任务。

本《大纲》是在环境保护部规划财务司的直接指导下，主要由环境规划院王金南副院长、张惠远主任、饶胜高级工程师以及水环境规划部、大气环境规划部的研究人员，共同研究提出的。具体编写分工为：许开鹏负责第 1 章，张惠远负责第 2 章，万军负责第 3 章，王夏晖负责第 4 章，饶胜负责第 5 章，刘桂环负责第 6 章，金陶陶负责附图制作。同时，在本《大纲》形成过程中，得到了中国环境科学研究院、中国科学院资源与地理所、北京师范大学、北京大学等单位和专家的大力支持。本《大纲》主要指导《青藏高原环境保护综合规划》编制以及重点区域的省（区）市编制实施方案时使用和参考。

第 1 章　规划背景

1.1　区域背景

1.1.1　自然环境特征

青藏高原素有“地球第三极”和“世界屋脊”之称，它是世界上海拔最高、面积最大、形成最晚的高原，是地球表面上很少受人类活动干扰的地区之一。青藏高原既是世界上最大的“水塔”、高原生物多样性维持基地、世界山地生物物种一个重要起源和分化中心，也是世界级旅游观光的目的地、世界文化整体性的一个重要组成部分。但青藏高原同时又是一个具有全球重要性的脆弱生态系统，其 37.5%的面积为冰川雪被、沙漠戈壁和荒漠，植被覆盖率极低，初级生产力低下，生态环境脆弱，自然灾害频繁；地带性植被因其宽度较窄而对全球气候变化的反应极其敏感，温度和湿度等条件的微小变化都可能导致植被地带性与生态系统的结构和功能的巨大变化。青藏高原还是东亚和南亚诸多河流的源头，有“江河源”、“生态源”之称，是东半球气候的启动区，是全球气候变化的“启动器”和“放大器”，因此青藏高原在全球气候变化研究中常被作为先兆区和预警区，具有重要的指示意义。

（1）地质历史年轻，地势高亢，幅员辽阔

3 000 万年前，由于印度板块与亚欧板块碰撞连接后，青藏高原在地质作用的抬升下，由一片汪洋隆升为世界屋脊。目前，青藏高原仍以每年几毫米左右的速度在抬升，根据国家测绘局的测定，除青藏高原东北部为不规则的升降外，青藏高原的平均上升速率为 5.8 mm/a。

“年轻”是形容青藏高原地壳活动十分活跃，也使其成为我国的地震高发区。在我国每年发生的中强地震中，西藏自治区的地震次数排名第二，而青海省则位居第四位。20 世纪 50 年代后，我国发生的 4 次 8 级以上地震都发生在青藏高原，包括：1950 年 8 月西藏察隅—墨脱间 8.6 级地震，1951 年 11 月西藏当雄的 8.0 级地震，2001 年 11 月昆仑山口西 8.1 级地震，以及 2008 年 5 月四川汶川 8.0 级地震。汶川地震是我国建国以来破坏最严重、波及范围最广的一次地震。

青藏高原北起昆仑，南至喜马拉雅，西至喀喇昆仑，东抵横断山脉，幅员辽阔，地势高亢，平均海拔在 4 000 m 以上，比毗邻的平原、盆地高出 3 000～3 500 m。地势格局西北部高，东南方向依次递降，形成了从西而东或从北而南水平自然地理分带和由高海拔到低海拔的垂直地理分带。在高原面上，展布着高大的山系，深邃的峡谷，纵横交错的水系，数量众多的盆地和湖泊。主要山脉多呈近似平行的东西走向，自北向南分别为昆仑—唐古拉山脉（平均海拔 5 500～6 000 m）、冈底斯—念青唐古拉山脉（5 500～6 000 m）和喜马拉雅山脉（6 000 m 以上）。

（2）太阳辐射强，气候寒冷，区域内水热条件分异大

青藏高原是我国太阳辐射最高的地区，年平均辐射量达到 58.61 万～79.54 万 J/cm^2，较我国东部平原地区多 1 倍左右。太阳辐射呈现从西北向东南逐步递减的规律。在西南季风和西风环流南支交替控制和青藏高原复杂的地形和地貌相互影响的综合作用下，青藏高原形成由西北向东南水热条件递增的分布规律。同时，巨大的山体气候的垂直分异十分明显。由于海拔较高，青藏高原也是我国温度最低的地区之一。青藏高原大部分地区气候寒冷、干燥，约有一半地区年均温在 0℃以下，藏北高原是低温中心，年均温在 0℃以下，东南横断山区的年均温在 18℃左右。青藏高原降水季节分配不均，雨季和旱季明显，雨热同季，降水由西北向东南逐渐增加，藏东南降水量 4 000 mm 以上，但藏北地区降水不到 100 mm。青藏高原的多年冻土是全球中纬度地区分布范围最广、面积最大、温度最低的多年冻土区，面积达 158.8 万 km^2，约占高原总面积的 66%。

（3）水资源丰富，是亚洲主要大河源头

青藏高原是我国最庞大的分水岭。是长江、黄河、澜沧江-湄公河、怒江-萨尔温江、雅鲁藏布江-布拉马普特拉河、印度河、恒河、伊洛瓦底江、阿萨姆河和塔里木河 10 条世界上著名大河的发源地，同时也是我国黑河的发源地。流域面积大于 1 万 km^2 的河流有 20 多条。

青藏高原是我国湖泊最密集的地区，也是世界上最大的高原湖泊分布区。面积大于 0.1 km^2 的湖泊有 1 700 个。其中 1 000 km^2 以上湖泊有 3 个，分别是青海湖（4 200 km^2）、纳木措（1 920 km^2）、色林措（1 865 km^2）。青藏高原是我国现代内陆盐湖分布最多的地区，也是世界上范围最大、海拔最高的盐湖分布区。

青藏高原是我国冰川面积最大的地区。分布有现代冰川 32 785 条，总面积 44 857.82 km^2，冰川储量 4 100 km^2，分别占全国冰川总数的 77.85%，冰川总面积的 82.5% 和冰川冰储量的 79.96%。冰川折合水量为 39 227.92×10^8 m^3，冰川融水是青藏高原河流主要的补给来源，每年可提供冰川融水 504×10^8 m^3 来补给河流径流。高原冰川主要分布在海拔 5 500～6 000 m。青藏高原现代冰川主要分布在昆仑山、念青唐古拉山、喜马拉雅山、喀喇昆仑山、帕米尔、唐古拉山、羌塘高原、横断山、祁连山、冈底斯山及阿尔金山等各大山脉。

（4）植被土壤类型丰富，地带性完整，生物多样性丰富

青藏高原拥有我国最丰富的植被和土壤类型。与青藏高原的地形地貌及其影响的大气环流所产生的区域生物气候和山地垂直带谱的水热分异相适应，青藏高原不仅具有北半球从热带直至寒带的各种地带性植被类型，而且还具有独自的群系。青藏高原几乎包括了我国所有的陆地植被类型，由东南向西北依次分布着森林、灌丛、草原、草甸和荒漠等生态系统。森林以寒温性的针叶林为主，在东南部低山和峡谷地区分布有少量的热带雨林、季雨林及亚热带常绿阔叶林。同时，青藏高原拥有我国境内发生类型最多、面积最广的高山土壤和冻土，并具有较为规律的地带性分布特点。森林土壤主要分布在高原东南部横断山

区及高原南缘喜马拉雅山南坡，呈现明显的垂直地带分布规律。从东南部山地经高原腹地到高原西北部，土壤更替为草地土壤、荒漠土壤。

青藏高原也是世界上特有生物种类最多的地区之一。已知的高等植物有 13 000 余种，陆栖脊椎动物近 1 100 种，均占全国物种总数的 45%左右；特有的陆栖脊椎动物有 281 种，特有的植物仅西藏就有 955 种；国家重点保护的珍稀濒危物种包括 170 多种高等植物和 95 种陆栖脊椎动物。西藏野驴、野牦牛、藏羚羊等物种为我国特有的珍稀保护动物。另外，青藏高原野生药用植物资源极其丰富，共有中药资源 2 000 种以上。

（5）矿产资源丰富

青藏高原拥有十分丰富的矿产资源，已发现的矿种超过 100 种，探明储量的有 60 多种，其中具有大规模开采价值的优势矿产资源有铬、铁、石油、盐类、铜、铅、锌、金、石棉等十余种；具有潜在优势的矿产资源为有色、稀有及分散元素等。从矿产资源的分布看，柴达木盆地的金属和非金属矿产比较丰富，其中以钾盐、铅锌、石油及天然气等最有价值，集中有我国 99%以上的镁盐，96%以上的钾盐，80%以上的锂矿和湖盐矿，66%以上的芒硝，近 50%的锶矿和石棉矿，石油资源量为 21.5 亿 t，天然气资源量 2.5 万亿 m^3。西藏以铬、铜、硼、锂等为优势矿产；横断山区以金、稀有金属、云母等为主。我国已探明的铬铁矿储量有 45%以上分布在西藏。青藏高原拥有地热资源也十分丰富，水热活动区 1 000 处左右，约占全国总数的 40%。

1.1.2　社会环境特征

（1）人口密度低

2007 年，青藏高原地区总人口约 1 281 万人，人口密度为 5.2 人/km^2，相当于全国平均水平的 1/25（全国 137 人/km^2）。地广人稀，部分地区人口密度不到 1 人/km^2。人口密度东南高、西北低，人口主要集中分布在河谷地带和城镇区域（图 5-1-1）。

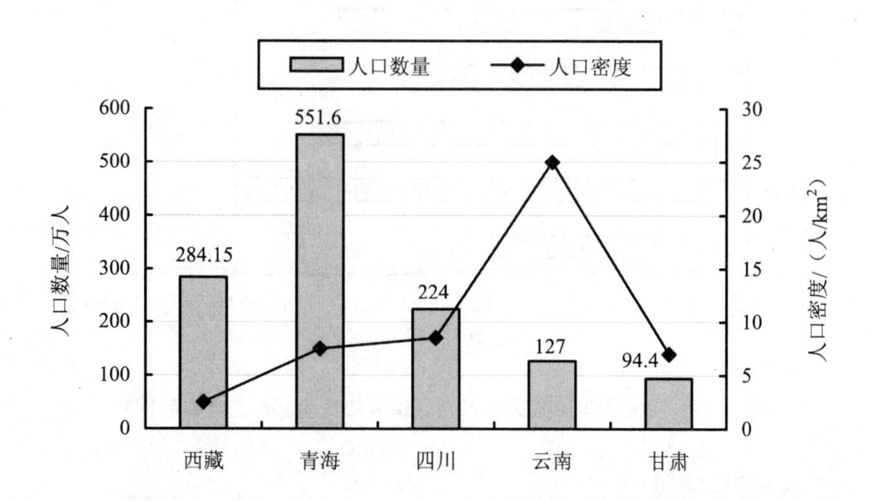

图 5-1-1　青藏高原人口数量及人口密度

（川、滇、甘限于青藏高原区范围内数据）

（2）少数民族人口比例高

青藏高原的民族以藏族、汉族为主，其他少数民族主要有土族、蒙古族、回族、撒拉族、门巴族等。西藏自治区以藏族人口为主，2006 年，西藏少数民族人口比例为 96.1%，其中藏族人口 255 万人，约占总人口的 95.3%。青海省少数民族人口占 46.32%，其中藏族占 21.96%（图 5-1-2）。

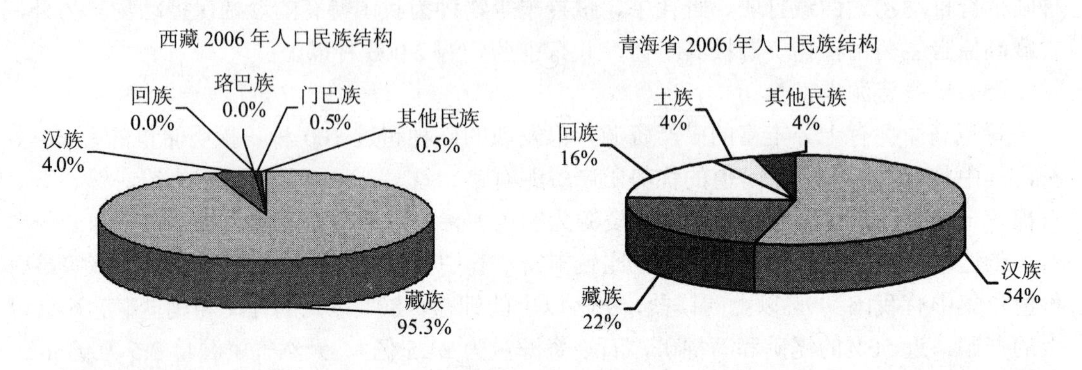

图 5-1-2 青海、西藏各民族人口比例

（3）城镇化水平比较低

青藏高原区域城市化水平较低，5 省区城镇化水平都在国家平均水平之下。以城市人口比例计算，青海、西藏城市化水平只有 25.3%，比全国平均水平低近 20 个百分点。而四川西部、云南北部和甘肃西南部社会发展水平相比各省相对落后，城镇化水平也更加偏低。

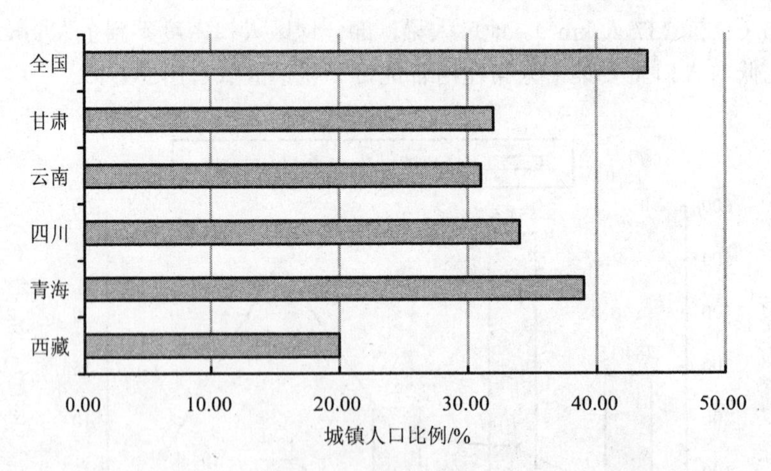

图 5-1-3 2006 年青藏高原各省城镇人口比例（5 省全省数据）

（4）教育水平相对落后

青藏高原地区交通闭塞，人口稀少，文化教育水平落后。根据 2006 年全国各地区人口抽样调查数据，全国 15 岁以上人口文盲率为 9.1%，而青藏高原所在地区省份人口文盲率都在全国平均水平之上，其中西藏、青海、甘肃是我国 15 岁以上人口文盲率最高的省份（图 5-1-4）。

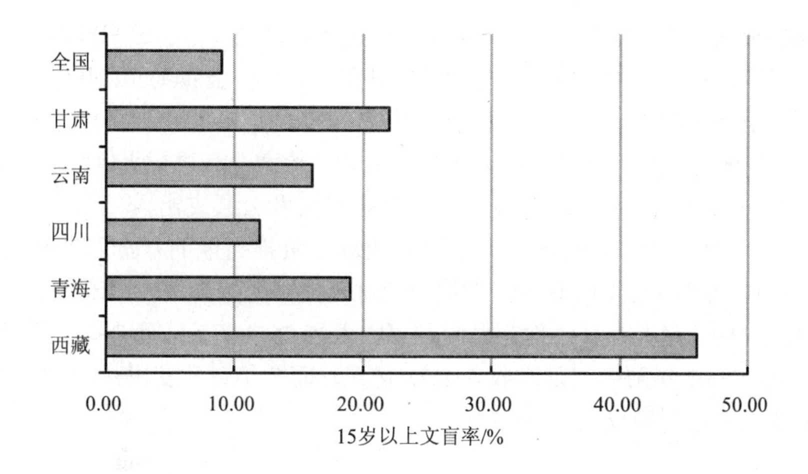

图 5-1-4 青藏高原地区 5 省 15 岁以上人口文盲率比例

1.1.3 经济发展特征

（1）经济总量小，产业结构简单，资源依存度高

青藏高原经济总量较低，2007 年，青藏高原地区涉及的 5 省区 25 个地市 GDP 总量约为 1 380 亿元，占全国总量的 0.65%。人均 GDP 约 1.08 万元，占全国平均水平的 67.1%。GDP 总量方面，西藏和青海居于全国倒数第 1 位和第 2 位，青藏高原 5 省区人均 GDP 均排在全国倒数前 10 位（图 5-1-5）。

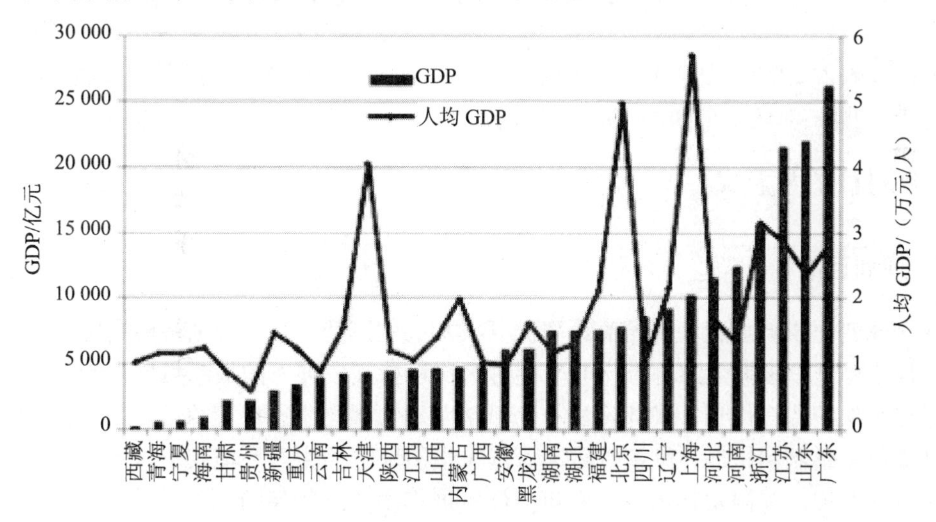

图 5-1-5 2006 年我国各省区 GDP 与人均 GDP 排序

从产业结构看，青海、西藏两省区总的三产比例结构为 12.8∶44.8∶42.4。其中西藏自治区的三产结构为 16.1∶28.8∶55.6，青海省的三产结构为 11.3∶52.1∶36.6。青藏高原各地区产业发展主要依靠当地资源开发，停留在比较初级的资源开发和简单加工阶段。其中西藏主要依靠独特优质的旅游资源，发展第三产业，旅游业构成了西藏国民经济的支柱产业，2006

年，西藏共接待旅游人次251.2万。青海主要依靠柴达木盆地丰富的矿产资源，发展矿产资源开发与加工业，工业行业主要是原油与天然气开采业、有色金属工业、盐化工业、黑色金属、有色金属以及非金属矿产开采和采选业。川西、滇北、甘南也主要依靠当地丰富的草地资源、森林资源、旅游资源、水能资源，发展农牧业、旅游业和进行水电开发。

（2）地方财政收入水平低，难以支持地方社会发展和公共支出

青藏高原地区财政能力相对落后，地方财政难以负担当地的社会发展和公共支出。2007年西藏地方财政收入23.14亿元，当年一般财政预算支持为275.37亿元；青海省一般财政预算收入为110.5亿元，其中地方财政预算收入为56.7亿元，而全年一般财政预算支出为282.3亿元。2007年阿坝州财政收入8.78亿元，而全年财政支出44.77亿元；甘孜州财政收入10.84亿元，财政支出为51.3亿元。

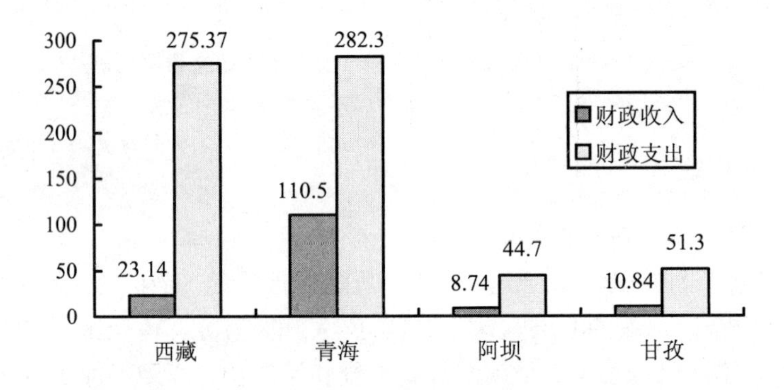

图5-1-6 青藏高原部分地区财政收支情况

财政收入占GDP的比例低，西藏财政收入占GDP比重6.8%，青海的财政收入占GDP比重为14.52%，都低于全国18.29%的平均水平。

1.2 规划目的与意义

1.2.1 规划目的

在全球变化影响加剧和青藏高原资源开发加强的形势下，本规划将根据生态优先的原则，立足于“维护国家生态屏障安全，促进区域可持续发展”的战略目标，制定科学合理的区域环境保护综合规划，优化区域社会经济发展，强化生态环境保护，改善人居环境，完善环境监管体制和机制，维护青藏高原国家生态屏障的生态环境安全，促进青藏高原地区的可持续发展，为国家环境安全和可持续发展提供长远的保障。

1.2.2 规划意义

青藏高原国家生态屏障，事关国家生态安全，事关青藏高原的长治久安和可持续发展，事关我国的边疆国土安全和国际关系，事关中华民族团结与共同发展。因此“制定青藏高原区域性环保规划，无论从政治上还是从生态环境保护上看，都是必要的，有深远意义和广泛影响的”。制定青藏高原环境保护综合规划的重要意义体现在如下方面。

（1）是维护青藏高原国家生态屏障，保障国家生态环境安全的需要

青藏高原是我国最重要的生态屏障，是“中华水塔”，是我国目前原生生态保存最完好的区域，生物物种和生态系统多样，在我国乃至全世界生物多样性保护中具有重要地位。随着全球气候变化影响加剧和资源开发强度增加，青藏高原环境存在退化趋势。因此编制青藏高原环境保护综合规划，是维护青藏高原生态屏障，保障国家生态安全的需要。

（2）是建立环境协调管理机制、引导区域城镇与产业合理布局的需要

青藏高原是我国战略资源储备库，随着我国乃至世界资源紧缺形势加剧，青藏高原的资源开发对支撑我国社会经济持续发展将发挥巨大的作用，而青藏高原生态环境脆弱，生态系统恢复能力差，生态系统对人类扰动敏感，因此需要通过青藏高原环境保护综合规划，建立区域环境协调管理机制，引导区域资源开发和城镇、产业合理布局，建立区域经济与环境协调发展格局。

（3）是统筹区域生态环境保护，提高区域人居环境质量的需要

青藏高原地形地貌总体上呈高山—河谷交错分布格局，人口和城镇主要集中在河谷地区，局部地区人口密集，资源开发强度大，环境污染问题相对突出。通过编制青藏高原环境保护综合规划，系统辨识区域环境状况和未来发展趋势，科学制订环境保护治理方案，改善人口密集区的人居环境，提高区域可持续发展水平。

（4）是促进民族团结，维护社会稳定与边疆安全的需要

青藏高原是少数民族聚集区域，藏族、蒙古族、彝族等少数民族广泛分布在雪域高原上，长期以来由于历史原因和观念的差异，广大民族地区社会经济发展水平相对较低，生产生活方式相对落后，对环境造成很大压力，也是造成生态环境退化的主要原因。通过编制区域环境综合规划，统筹考虑广大农牧区及农牧民的定居点的环境问题，改进生产生活方式，调整能源结构，不仅可以改善区域生态环境，也是促进民族团结，维护社会稳定和边疆安全的重要措施。

（5）是积极承担环境保护责任，树立我国负责任的国际形象的需要

青藏高原生物多样性丰富，是亚洲主要大江大河的源头，生态环境状况受到国际社会的广泛关注。我国政府从承担环境保护责任的角度，未雨绸缪，系统制定青藏高原地区的环境保护规划，统筹安排雪域高原的环境保护，不仅维护了我国生态屏障的安全，也有效地维护了东亚、南亚乃至世界的环境稳定与安全，反映了中国积极承担环境责任的精神和态度，有助于我国树立负责任的国际形象。

第 2 章　规划总则

2.1　规划范围和依据

2.1.1　规划区范围

青藏高原是一个地理区域单元，指我国大地貌格局的第一阶梯。多年来各方面对青藏高原范围的看法总体一致，认为青藏高原北起昆仑，南抵喜马拉雅，东自横断山脉，西至喀喇昆仑，但具体范围界定一直存在多种看法，面积多被认定在 220 万～250 万 km^2。

在本规划中，规划区范围界定要考虑青藏高原地域单元的完整性，同时要考虑民族社会以及规划的可操作性，因此按照以下步骤进行界定：①基于地形地貌因素，高原面按照 4 000 m 的基准，东部山地按照 3 500 m 的基准，划出青藏高原的大致范围，涉及西藏、青海、甘肃、四川、云南和新疆等省区。②考虑行政边界因素，将涉及区域用县级行政边界进行修正。新疆维吾尔自治区内涉及的地区主要为冰川和高山，直接的人类活动很少，纳入本规划的范围，但不作为规划重点。③考虑民族社会的因素，将邻近地区藏族自治州、县纳入规划区范围。

考虑以上因素，规划区包括西藏全区，青海全省，四川的阿坝、甘孜两地州和凉山的木里、冕宁等县，云南的怒江、迪庆两地州和丽江的玉龙、宁蒗两县，甘肃的甘南地区和肃北、天祝、阿克赛等县（图 5-2-1），共涉及 6 省（区）27 个地区（市、州），179 个县区，总面积约 248 万 km^2（表 5-2-1）。2007 年末总人口约 1 281 万人，GDP 约 1 380 亿元，占全国陆域国土面积的 1/4，人口的 0.97%，经济总量的 0.56%，由于规划时间和数据问题，部分规划区域未包括在规划范围图中。

表 5-2-1　规划区范围

省份	包括范围	面积/万 km^2
西藏	全自治区 1 个地级市、6 个地区	122.8[1]
青海	全省 1 个地级市，1 个地区，6 个自治州	71.5
四川	阿坝、甘孜 2 个自治州和凉山部分县	25.5
云南	怒江、迪庆 2 个自治州和丽江部分县	5.1
甘肃	甘南藏族自治州和武威、张掖、酒泉部分县	15.4
新疆部分	巴音郭楞州、和田地区部分县	8
合计		248.3

注[1]：西藏按照 7 个地市面积合计为 130.5 万 km^2。

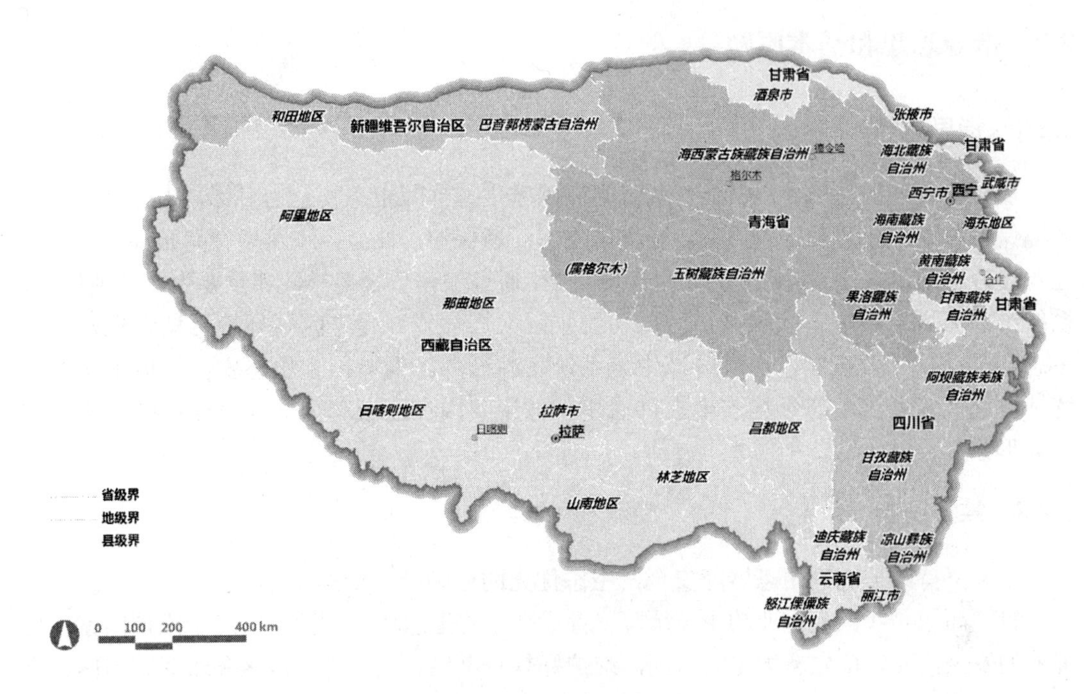

图 5-2-1　规划区范围图

2.1.2　规划时限

考虑基础数据的可得性和代表性，规划基准年初定为 2007 年。

规划定位为中长期规划，规划时限为 2011—2030 年。有关预测表明，2030 年是我国人口数量高峰的拐点，也是全国生态环境保护纲要确定的中期阶段。

规划阶段与国家五年规划保持衔接，分为近期 2011—2015 年、中期 2016—2020 年、远期 2021—2030 年三个阶段。

2.1.3　主要依据

（1）《中华人民共和国国民经济和社会发展第十一个五年规划纲要》（国发[2006]29 号）

（2）《关于落实科学发展观加强环境保护的决定》（国发[2005]39 号）

（3）《关于印发〈全国生态环境保护纲要〉的通知》（国发[2000]38 号）

（4）《国务院关于印发〈全国生态环境建设规划〉的通知》（国发[1998]36 号）

（5）《国务院关于印发〈国家环境保护“十一五”规划〉的通知》（国发[2007]37 号）

（6）《关于印发〈全国生态保护“十一五”规划〉的通知》（环发[2006]158 号）

（7）《关于印发〈国家重点生态功能保护区规划纲要〉的通知》（环发[2007]165 号）

（8）《西部大开发“十一五”规划》（国函[2007]6 号）

2.2 指导思想和基本原则

2.2.1 指导思想

以科学发展观为指导，以维护青藏高原国家生态屏障生态安全为目标，正确处理生态环境保护与经济社会发展的关系，以优化生态环境保护、社会经济发展空间布局和产业合理发展为基础，建立环境分区引导和管理机制，通过加强生物多样性和重要生态功能保护、系统维护流域水环境、改善城镇区域和农牧区人居环境、建立区域环境协调管理机制和生态环境保护长效机制，实现区域生态系统良性循环，保障国家生态安全，促进区域可持续发展，为我国生态环境安全提供保障，体现我国在区域和全球环境保护中负责任的国际形象。

2.2.2 基本原则

（1）坚持维护国家生态屏障安全，生态优先的原则

青藏高原是我国最重要的生态屏障，青藏高原的生态环境保护要立足于维护国家生态屏障的安全，要坚持生态优先的原则，维护好具有世界意义的生态源区和气候调节区，维护好“中华水塔”。

（2）坚持社会经济发展与环境相协调，着眼于可持续发展的原则

青藏高原是我国战略资源储备区，水资源、草地资源、森林资源、矿产资源、能源资源、旅游资源的储备量都具有战略意义，青藏高原资源合理开发不仅提高当地的社会经济发展水平，也是我国可持续发展的需要，但资源开发和社会经济发展必须与环境相协调，不能危害区域重要生态功能，要走可持续发展的道路。

（3）坚持以保护和预防为主，建设与治理为辅的原则

青藏高原范围大，生态环境脆弱，目前人类干扰程度还比较低，总体上环境污染问题限于局部地区，因此生态环境保护总体上需要坚持保护为主、预防为主的原则，在局部环境破坏和部分生态退化比较严重的地区，开展环境治理与生态建设对其进行恢复。

（4）坚持尊重自然规律，生态环境自然恢复为主的原则

青藏高原大部分地区生态环境脆弱，生态系统生产力低，物种资源独特，生态环境保护需要尊重自然规律，不适宜大规模开展生态建设活动，以免造成更大的人类扰动。

（5）坚持统筹规划、合理布局、分步实施的原则

青藏高原环境保护是一项长期的、复杂的、系统的工程，需要统筹规划、分步实施，长期坚持，精心维护，才能逐步遏制区域生态退化趋势，改善生态服务功能。

（6）坚持发挥各方面力量，持久长效保护的原则

要从国家生态安全的角度，统筹安排青藏高原的生态环境保护，也要从青藏高原生态服务功能提高和环境效益扩散的角度，充分利用国家、区域、社会、国际多方面力量，建立青藏高原环境保护的长效机制，促进青藏高原生态环境的长治久安，建设和谐、优美、安全的雪域高原。

2.3　目标与指标

2.3.1　规划目标

（1）总体目标

规划总体目标是维护青藏高原国家生态屏障的生态安全，促进区域可持续发展。主要内容包括形成区域社会经济与环境协调发展的总体格局，生物多样性得到充分有效的保护，区域重要生态功能得到系统维护和稳步提升，流域水环境清洁稳定，城乡人居环境干净安全，环境监管体制、机制完备，形成适应于青藏高原环境综合监管的环境保护能力和环境保护长效机制。

（2）阶段目标

近期（2011—2015 年）定位为布局与治理期。目标为：区域环境与经济协调发展格局初步建立，区域生物多样性得到初步保护、重要生态功能区和生态敏感区纳入保护范围，生态退化趋势得到减缓，流域水质环境保持良好，水生态系统得到维护，重点区域环境基础设施得到加强，建立区域环境协调管理机制，环境管理能力得到大幅度提高，全部地（市、州）和 60%以上县（市、区）建立独立的环境管理机构，初步建立生态补偿机制。

中期（2016—2020 年）定位为稳固与恢复期。目标为：环境与经济协调发展的格局基本形成，区域生物多样性得到全面保护，重要生态功能区和生态敏感区得到系统保护，区域生态环境退化趋势得到遏制，流域水质环境维持良好，水生态系统得到系统保护，重点区域环境基础设施趋于完备，环境监管体制、机制与政策进一步完善，环境监管机构覆盖所有县（市、区）。

远期（2020—2030 年）定位为完善与提高期。目标为：社会经济与环境协调发展，区域生物多样性和重要生态功能得到全面保护，区域生态环境恢复良好，城乡人居环境清洁优美，流域生态环境清洁稳定，环境协调管理体制、机制完备，生态环境保护长效机制得以建立，区域实现生态安全、生产发展、人与自然和谐的良性循环。

2.3.2　指标体系

指标体系包括生态环境质量状况、总量控制与节能减排、生态保护与建设、环境污染控制与治理、环境监管能力建设五个方面，选取典型指标，设置目标值。指标设计分为两类：预期性指标和约束性指标。

生态环境质量状况包括区域森林覆盖率、草地覆盖率、饮用水水质达标率、江河干流和出境断面水质、城镇空气质量等方面的指标。

总量控制与节能减排主要考虑重点区域主要水、大气污染物排放总量，单位 GDP 能耗情况，区域生态保护用地总量等方面的指标。

生态保护与建设主要包括自然保护区面积与规范化建设水平、重要生态功能区建设情况、生态退化治理与生态修复情况、矿山治理恢复情况等。

环境污染控制与治理主要包括城镇污水、垃圾收集处理设施完备程度和处理水平，工业固体废弃物资源化利用水平，城乡清洁能源利用比例，工业污染物达标排放水平，核与辐射环境有效管理程度等。

环境监管能力建设主要考虑环保机构覆盖范围，监测、监管、信息、宣教等能力建设完备程度，环境协调保护管理体制、机制、政策的完善情况等。

2.4 规划技术路线

2.4.1 规划编制思路

规划总体上分为四大部分（图 5-2-2）：

（1）环境质量现状评价与发展趋势预测

综合利用统计资料、RS 资料、监测资料、现场调查、文献资料和座谈等多种信息源，开展区域生态环境现状评价、全球变化趋势分析、社会经济现状评价、社会经济发展情景分析，把握区域生态环境现状和未来发展趋势。

（2）区域生态环境保护目标定位与战略设计

结合国家生态安全屏障维护的战略需求，根据青藏地区社会经济和生态环境协调发展的需要，确立青藏高原地区生态环境保护的战略定位、保护目标和指标体系。通过青藏高原环境保护优势、劣势条件和机遇、挑战分析，明确区域生态环境保护的战略任务。

（3）生态环境保护规划方案

从构建区域经济与生态环境保护协调发展的宏观格局，建立综合环境功能区划，系统保护区域生物多样性，维护区域生态服务功能，改善重点城市、资源开发区、农牧民定居点环境质量，开展重点流域环境保护，强化环境保护能力等方面提出相应的规划方案。明确重点工程与投资估算，建立区域环境协调管理机制与长效保护机制。

（4）规划保障体系

从法规、政策、资金、技术和社会等方面，提出规划实施的保障体系，确保规划能按期落实，稳步实施。

规划编制将充分利用环境保护规划领域内的最新技术，包括基于 RS 和 GIS 的空间分析和动态监测技术、情景分析法、SWOT 分析法等，充分吸纳青藏高原地区的最新研究成果，提高规划的科学性。

2.4.2　规划技术路线图

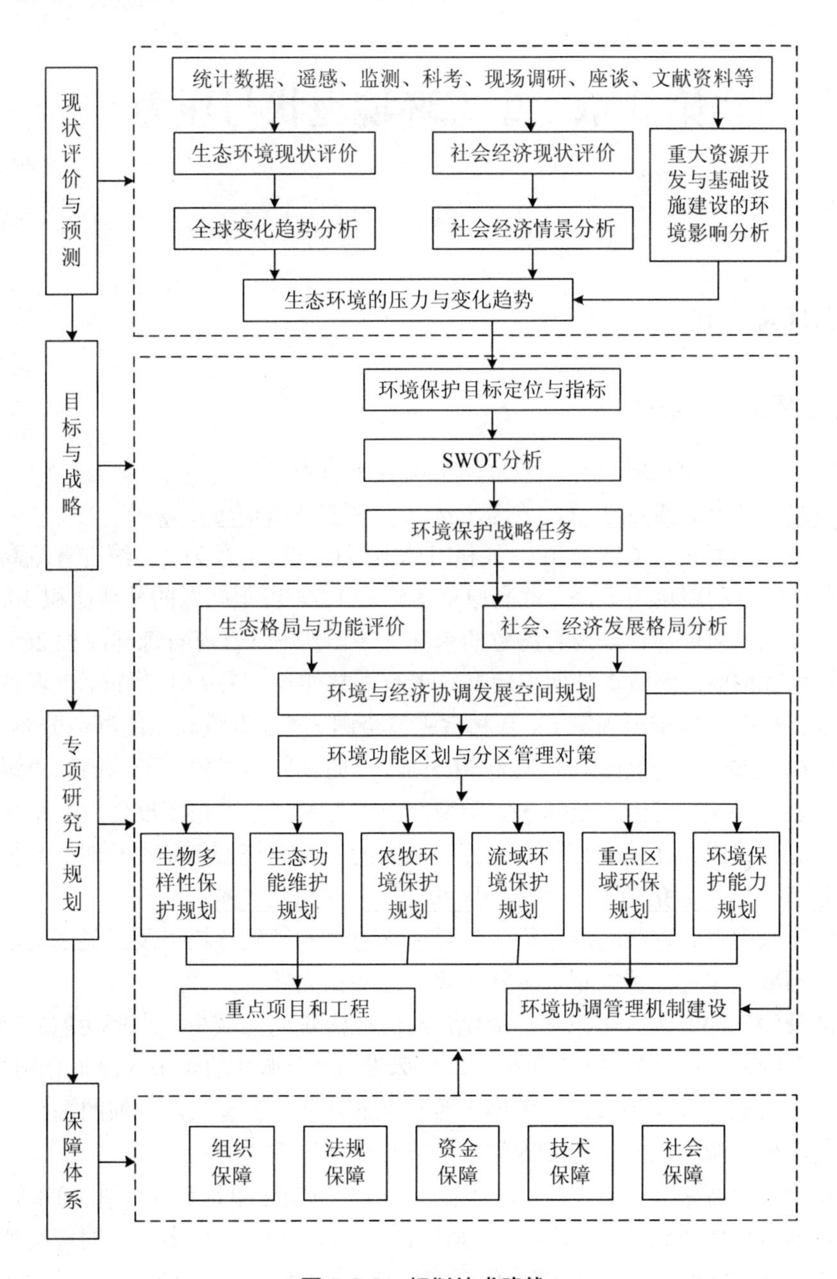

图 5-2-2　规划技术路线

第3章　生态环境现状与压力

3.1　生态环境现状

3.1.1　生态环境质量现状

（1）区域生态状况相对良好，但总体呈现退化趋势

区域草地、森林、湿地丰富，人为干扰低，生态环境相对良好

青藏高原草地面积占64%，其中可利用草地面积122.5万km^2，约占青藏高原总面积的一半，在全国可利用草地中，青藏高原草地约占1/3。青藏高原的林地面积30.6万km^2，主要分布于高原的东南缘，以及青海省的东部地区。其中，青海省森林面积265.1万hm^2，森林覆盖率为3.67%，西藏森林面积较高，现有森林面积1 389.61万hm^2，森林覆盖率达到11.31%，森林面积位于全国第五，森林蓄积量全国第一。青藏高原的湿地分布十分广泛，总面积2 076万hm^2，占全国总面积的31.5%，且拥有世界上独一无二的高原湿地，主要的湿地类型包括河流、湖泊、沼泽3大类型。由于青藏高原人口密度低，城市化和工业化程度低，因此与全国其他地区相比，大部分地区的生态系统都保持在相对自然的状态。

生态环境总体呈退化趋势，部分地区和生态系统退化严重

随着近年来中亚、青藏高原经历的以暖干化为主的气候时期以及人类活动的影响，生态环境压力不减，生态保护的形势依然严峻，任务仍显繁重。

一是部分河流的源头区生态环境退化，河流径流量明显减少，水塔功能开始衰退。青藏高原幅员辽阔，与20世纪80年代相比，黄河、长江、澜沧江的年平均流量分别减少27%、24%和13%。青藏高原作为长江、黄河、雅鲁藏布江等10条大江大河的源头，由于植被破坏和水土流失，源头区的水源涵养和水源补给功能遭到损害。

二是草地退化范围大（图5-3-1）。目前，青藏高原地区草地退化率在40%左右。其中，甘肃境内草地退化率达到90%；西藏草地约12亿亩，其中6亿多亩不同程度地退化，退化率达到51%，较20世纪80年代的退化面积增加了2.5倍左右；青海草地退化面积占33%。局部关键地区草地退化十分严重。青海湖流域草地不断退化，相对优良的高寒草甸草地、高寒干草原、山地干草原、平原草甸、山地草甸面积均有不同程度的缩小；相对较差的荒漠草原面积则不断扩大，1987年与2000年相比，荒漠类草地增加了7.11万hm^2，年均扩展5 469 hm^2；草地鼠害面积总计131.64万hm^2，其中达到危害程度的面积105.07万hm^2。草地的严重退化使得草场的生产力下降，降低了青藏高原草地的载畜能力，加重了草蓄失衡，严重制约了青藏高原的可持续发展。

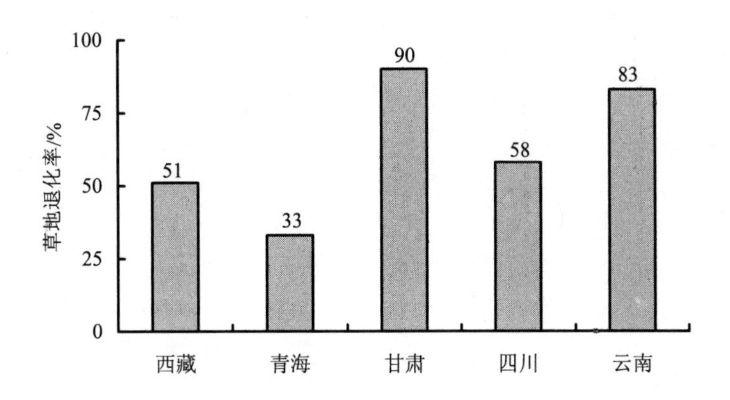

图 5-3-1　青藏高原地区各省区草地退化率[1]

三是土地沙化趋于严重。根据 2004 年第三次荒漠化和沙化土地监测资料，青藏高原现有沙漠化土地面积为 30.85 km^2，约占区域面积的 12.7%，土地沙漠化呈现出加剧的趋势。西藏自治区沙化土地面积为 2 167.99 万 hm^2，约占全区国土总面积的 18.1%，与第二次监测结果相比（1999 年），沙化土地增加了 19.8 万 hm^2，年均增长 3.96 万 hm^2，年增长率 0.18%，占国土面积的比例上升 1 个百分点。与 1995 年相比（2 047 万 hm^2），全区沙化土地面积增长了 121 万 hm^2，年均增长 12.1 万 hm^2。

青海湖流域的土地沙化趋势十分明显。据历次调查资料，1956 年、1972 年、1986 年、2000 年、2004 年湖区沙丘及沙化土地面积分别为 4.52 万 hm^2、4.98 万 hm^2、7.57 万 hm^2、12.48 万 hm^2 和 13.43 万 hm^2，逐年增长，风沙区范围也由原来主要集中于青海湖盆地东北部而向整个湖区扩展（图 5-3-2）。

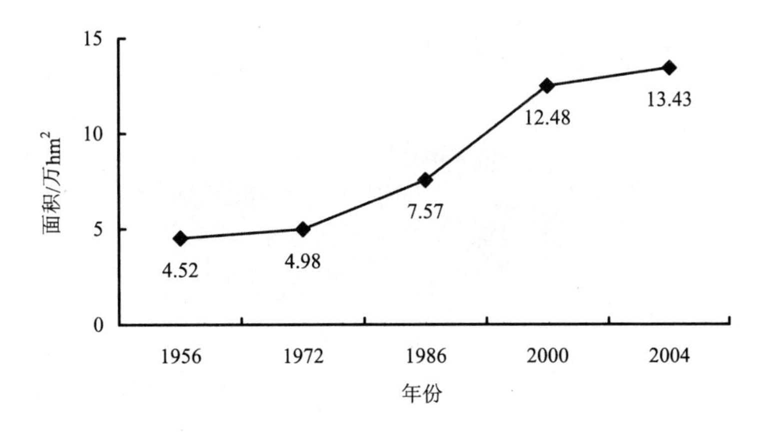

图 5-3-2　青海湖流域沙化土地面积

四是水土流失加剧。由于东南部森林过伐、毁林开荒等人为破坏严重，引发大面积岩崩、泥石流、土壤侵蚀、河谷干旱等灾害。根据对雅鲁藏布江中游、藏东南和藏东“三江”

1 甘肃、四川、云南省只包含规划区范围。

流域水土流失的动态监测，雅鲁藏布江中游地区，土壤水力侵蚀面积达 506.71 万 hm^2，占该区域面积的 52.9%，中度以上侵蚀面积达 305.44 万 hm^2，占该区域面积的 31.9%。在昌都地区，轻度以上侵蚀面积占昌都地区总面积 44.44%，中度以上占 21.29%，并呈现增加的趋势。三江源地区是最严重的土壤风蚀、水蚀、冻融地区之一，中度以上水土流失面积为 9.62 万 km^2，占该区总面积的 26.5%。极强度、强度侵蚀面积达 3.45 万 km^2，其中黄河源区 1.55 万 km^2，年均输沙量 8 814 万 t；长江源区 1.02 万 km^2，年均输沙量 1 613 万 t；澜沧江源区 0.88 万 km^2，年均输沙量 1 392 万 t。

五是生物多样性丧失的趋势明显。由于受到森林、草场的减少与退化的影响，以及过度采挖和捕猎，麝香、虫草、贝母、鹿茸及藏羚羊、旱獭、豹、藏野驴、野牦牛等高原野生动植物资源遭到了严重破坏，分布范围缩小、数量剧减、种类濒危。自 20 世纪 60 年代后，尤其是近 30 多年来，青藏高原已经成为珍稀野生动植物受损最严重的地区之一。目前青藏高原受到威胁的生物物种占总种数的 15%～20%，高于世界 10%～15%的平均水平。青海湖流域的生物多样性丧失明显，伴随着植被的退化，青海湖周边地区曾经有的北山羊、藏野驴、豹猫、野牦牛已经在此消失。2004 年，青海湖中唯一生存的大型鱼种青海湖裸鲤数量为 5 018 t，仅为建国初期 19.9 万 t 的 2.55%。另外，随着高寒生物物种资源的灭绝与濒危，高原生物所具有强大的抗逆基因和适应高寒生境的遗传基因也受到了威胁。

（2）区域环境质量总体优良，但局部人口密集区和资源开发区环境质量较差

大江大河、主要湖库、地下水环境质量总体良好，湟水河等部分流域环境质量不容乐观，污染治理设施严重不足

2006 年，青藏高原 9 个国控水质断面和 4 个参考考核断面中，Ⅰ类水质断面 3 个，占 17.6%；Ⅱ类水质断面 6 个，占 41.2%；Ⅲ类水质断面 2 个，占 23.5%；无Ⅳ、Ⅴ类水质断面；劣Ⅴ类水质断面共 2 个，占 11.8%（图 5-3-3）。

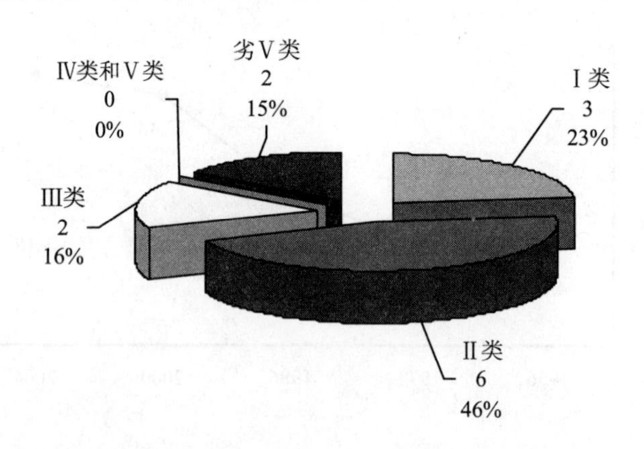

图 5-3-3 青藏高原主要河流监测断面水质状况

结合省控的水质断面综合分析，青海省长江、黄河、澜沧江干流出境断面、青海湖流域及格尔木内流河地表水环境仍保持优良水质；雅鲁藏布江、金沙江、怒江、澜沧江等主要江河干流水质达到《地表水环境质量标准》的Ⅱ类标准，拉萨河、年楚河、尼洋河等流经主要城镇的河流水质达到Ⅲ级标准，三江源区的水质保持稳定，总体良好。青海省的湟

水河流域污染严重，特别是湟水河西宁下游段，2 个劣Ⅴ类国控断面都位于该地区，主要污染指标为高锰酸盐指数、氨氮和五日生化需氧量。

监测的湖泊水质良好。羊卓雍措、纳木措水质达到地表水Ⅰ类水域标准。

地下水水质保持总体稳定。地下水仍然是西藏主要市镇的集中供水水源，各市镇中、深层地下水水源丰富，水质良好，总体上达到《地下水质量标准》Ⅱ类水质标准。青海省格尔木市地下水水质均达到Ⅲ类标准，西宁市 5 个地下水监测点中 3 个测点水质超过Ⅲ类标准，主要超标因子为总硬度和硫酸盐指标。同时，西宁 6 个集中式饮用水水源地水质达标率为 99.39%。

青藏高原污染治理设施滞后，是导致部分地区环境质量下降的因素之一。企业污染治理设施投入不足，2006 年青藏高原工业废水排放量 17.42 万 t，排放达标量为 14.48 万 t，达标率为 83.1%，远低于全国废水达标率；食品酿造、石油加工、炼焦、造纸等主导产业污染比较严重，企业多数设备陈旧，工艺落后，原材料及水资源利用效率低。另外，城镇污水处理厂和配套管网设施的建设严重不足。青藏高原仅有一座城市污水处理厂，城镇污水集中处理率不足 1%。而且青藏高原地区城市管网的覆盖率仅有 7%左右，仅有的一座污水处理厂由于管网不完善而长期闲置。大量未经处理的城市污水直接排入河流，成为城市河段水污染的重要来源。

区域大气环境总体良好，部分地区和城市轻度污染，颗粒物成为影响青藏高原城镇环境质量的主要因素

2007 年，青藏高原的大气环境质量总体良好。西藏的主要市镇及青海的大部分城镇的大气环境符合国家二级标准，珠穆朗玛峰地区的环境空气质量继续保持在良好状态，达到《环境空气质量标准》的一级标准，三江源区的环境空气质量为优良。只有少部分城市空气质量较差，青海的西宁市、格尔木市为中度污染，大通县为严重污染，大通县的 SO_2 的污染负荷加重。总悬浮颗粒物仍是影响青藏高原城市环境空气质量的首要污染物，TSP 日均值浓度介于 0.012～0.232 mg/m^3，年均值浓度为 0.057 mg/m^3，超标率为 2.25%。

2007 年，青藏高原区域未出现酸性降水。

固体废弃物排放总量不大，矿产资源开采和加工业是固废的主要来源，旅游等活动产生的生活垃圾对青藏高原环境影响加大

工业固体废弃物排放总量总体不高。2007 年，青海、西藏 2 省区共产生工业固体废物 890 万 t，其中青海产生 885 万 t，西藏工业固废 5.49 万 t，产生工业固体废物的主要行业为化工、有色金属采选业、非金属矿采选业、火力发电和黑色金属冶炼，其产生量占重点调查单位总量的 90%。西藏工业固体废物主要为采矿弃渣。青海省工业固体废物增长较快，比上年增加了 35.9%。

旅游及生活垃圾对西藏环境影响大。西藏生活垃圾产生量为 150 万 t，万人生活垃圾清运量为 533.8 kg，处在全国最高水平（图 5-3-4）。生活垃圾和建筑垃圾是西藏主要的城市垃圾。2007 年，拉萨市、日喀则市共清运城市垃圾 21.57 万 t。旅游的发展也使部分地区的垃圾增加。

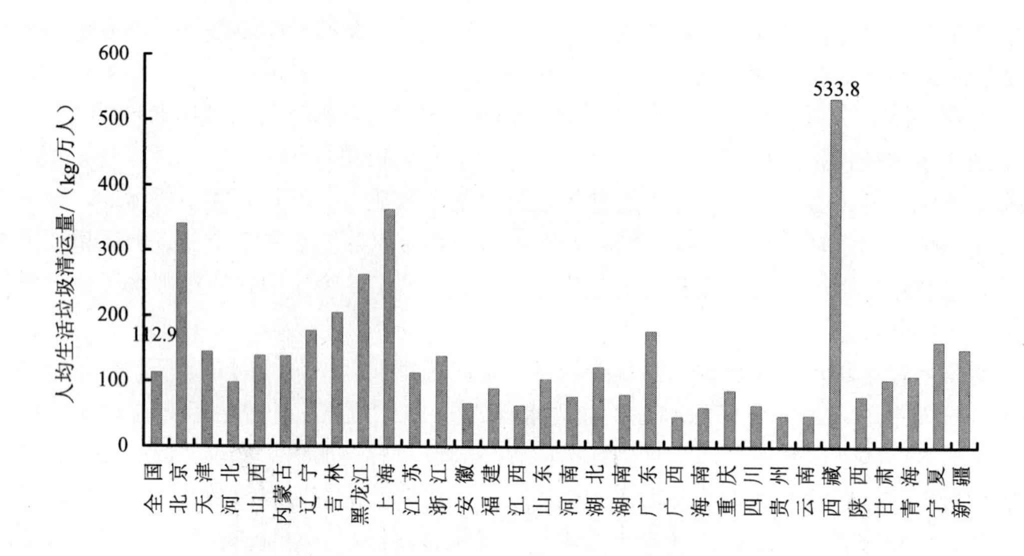

图 5-3-4 我国各省（区、直辖市）人均生活垃圾清运量

固体废弃物处置率低。青海省工业固体废物贮存率为 70.63%，工业固体废物综合利用率为 29.4%；西藏生活垃圾无害化处理率只有 9.7%。

3.1.2 生态环境保护现状基础

（1）自然保护区和生态功能区建设取得很大进展

自然保护区覆盖面积大，建设级别高

自然保护区建设得到加强。2006 年底，青海、西藏 2 省区共有 51 个自然保护区，总面积 62.74 万 km^2，其中，青海省目前自然保护区 11 个，面积 21.76 万 km^2，占青海省国土面积的 30.1%，西藏各级自然保护区共有 40 个，总面积 40.98 万 km^2，占西藏自治区国土总面积的 33.5%。尽管青藏高原自然保护区的数量不多，但是面积却较大，青海、西藏的自然保护区面积占 2 省区总面积的 31.1%。青藏高原国家级自然保护区的面积较大，青海、西藏共有国家级自然保护区只有 14 个，但是其总面积高达 57.40 万 km^2，占 2 省区自然保护区总面积的 91.4%（图 5-3-5）。同时，从面积上看，青藏高原的自然保护区是我国自然保护区的主体部分，占我国自然保护区总面积的 41.9%，国家级自然保护区总面积就达到我国国家级自然保护区的 61.3%。2005 年，国务院批准了《青海三江源自然保护区生态保护和建设总体规划》，投资 75 亿元用于三江源自然保护区的生态保护和建设。

重要生态功能区建设开始得到重视

根据全国主体功能区划，在青藏高原需要建设 7 个重要生态功能区（限制开发区域）（表 5-3-1），包括青海三江源草原草甸湿地生态功能区（363 838 km^2）、四川若尔盖高原湿地生态功能区（29 270 km^2）、甘南黄河重要水源补给生态功能区（31 683.1 km^2）、藏东南高原边缘森林生态功能区（100 638 km^2）、藏西北羌塘高原荒漠生态功能区（526 174 km^2）、川滇森林生态及生物多样性功能区的一部分（158 645 km^2）、雅鲁藏布江源头生态功能区（26 000 km^2）。重要生态功能区的总面积超过 110 万 km^2，接近青藏高原总面积的 42.3%。

相关部门和政府也陆续开展了重要生态功能区的保护和建设规划，如甘南水源补给区、滇西北生态功能区、若尔盖湿地生态功能区等区域的保护和建设规划。同时西藏、四川省各地区也相应建立了一批地方级生态功能区，截至 2007 年底，西藏已建立各类生态功能保护区 20 个。

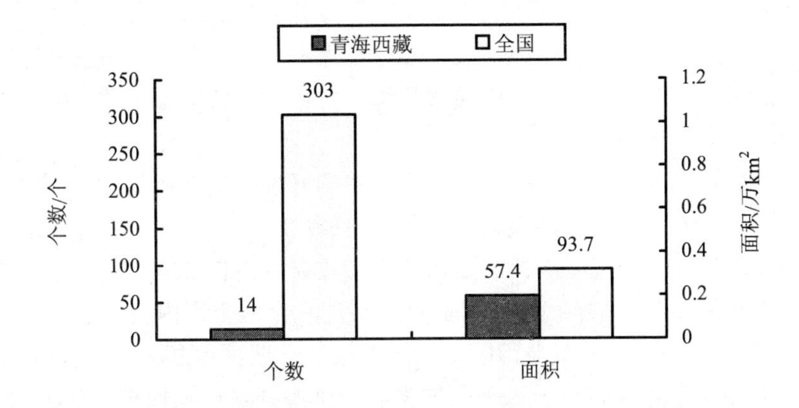

图 5-3-5　青藏高原地区国家级自然保护区建设情况

表 5-3-1　青藏高原地区重要生态功能区建设情况

名称	面积/万 km^2	建设进展
青海三江源草原草甸湿地生态功能区	36	投入 75 亿元，正在建设国家级自然保护区
四川若尔盖高原湿地生态功能	3	国家级生态功能保护区试点
甘南黄河重要水源补给生态功能区	3	列入“十一五”规划纲要，发改委正在审批
藏东南高原边缘森林生态功能区	10	列入“十一五”规划纲要
藏西北羌塘高原荒漠生态功能区	53	列入“十一五”规划纲要
川滇森林生态及生物多样性功能区	16	列入“十一五”规划纲要
雅鲁藏布江源头生态功能区	2.6	国家级生态功能保护区试点

（2）各级政府实施了一批生态建设工程，取得较好的成效

青藏高原 5 省区政府为保护青藏高原的生态环境，陆续实施了草地建设、退耕还林（草）、退牧还草、天然林保护、生态公益林建设、防沙治沙、水土保持等一系列的生态建设工程，并取得了一定的成效。西藏自治区实施了长江上游 3 县天然林保护工程和退耕还林工程，开展了沙漠化防治和水土流失治理。加强了人畜饮水工程建设。累计到 2005 年，西藏自治区共完成工程造林 177 万亩，封山育林 886.3 万亩，退耕还林 25 万亩。同时，部分区域的生态保护工作也取得进展。甘南黄河源水源补给区的生态保护和建设项目已经获得国家的批准，青海湖流域、祁连山山地、若尔盖湿地等区域的保护和建设项目也正在立项之中。

（3）环境综合治理与环保设施建设取得初步进展

环境污染控制主要围绕 4 个方面的工作开展，一是积极推进工业污染源限期治理和达标排放工作。2007 年，青海省重点工业企业共有 144 套废水治理设施，去除 COD 等污染物 1 863 t，投入设施运行费用 5 041 万元。全省工业废水排放达标率为 48.65%，比 2006 年提高 4 个百分点；西藏全区共投入 8 000 多万元用于污染防治，实现了主要污染企业的达标排放。二是推动城镇环境基础设施建设。青藏高原大部分城镇缺少污水处理设施，在近年内处理设施才在主要城市逐步开始建设。2007 年，青海省城镇生活污水处理率达到 21.24%，比 2006 年提高 0.42 个百分点。三是大力推动污染减排和总量控制工作。各省（区）环保局受省（区）政府委托与各州地市政府签订了“十一五”水污染物总量控制目标责任书。四是切实加强饮用水水源保护，在国家的统一安排下，启动了各省（区）饮用水水源地环境保护规划的编制工作。

（4）部分环境污染和生态破坏严重的产业和资源开发活动开始得到控制

青藏高原相关政府加强生态环境监管，部分造成生态严重破坏，环境严重污染的行业或资源开发活动得到了一定程度的控制。西藏人民政府决定自 2006 年 1 月 1 日起在全区范围内全面禁止开采砂金矿，自 2008 年 1 月 1 日起在全区范围内全面禁止开采砂铁；并于 2006 年 2 月 8 日下发了《西藏自治区冬虫夏草采集管理暂行办法》，加强对冬虫夏草采挖行为的监督管理。青海省颁布了《关于加强矿产资源开发环境保护工作的通知》，对提高环评执行率、加强“三同时”监督以及生态恢复、环评质量、审批权限等方面提出具体要求。相关地方政府开展了重点工业污染源达标治理工作，不断淘汰落后生产工艺和设备，西藏自治区共关闭了水泥生产线 9 条、小钢铁厂 5 家、小造纸厂 4 家。通过多年的努力，西藏没有一家小造纸、小钢铁等高污染、高能耗、高排放企业。

3.1.3 生态环境保护体制、机制与政策现状

青藏高原地区的生态环境保护体制、机制与政策现状主要存在如下问题。

（1）环境与发展综合决策机制尚未全面形成

“十五”以来，青藏高原各省区进一步加强了对环境保护工作的领导，每年都要召开人口资源环境工作座谈会和环境保护工作会议，强调实施可持续发展战略，促进资源环境与经济社会协调发展。但是，从经济社会发展的实际过程来看，传统的发展观仍然占主导地位，重经济建设轻环境保护的现象时有发生，环境与发展综合决策机制尚未全面形成。

（2）环境监管能力与生态环保要求相距甚远

青藏高原各省区面临着环境管理体制不顺，缺乏强有力的环境保护统一监管机制，如生态环境保护与建设存在多头管理的问题，难以形成整体合力。环境保护综合协调能力不强，对环境违法行为处罚力度偏低，有法不依、执法不严的问题仍然存在。

（3）环保机构不健全，人员编制少且业务水平有待提高

“十五”期间，青藏高原各省区虽然组建了一些环境保护机构，新增了很多环保专（兼）职人员，但绝大多数机构是挂名的，大多数人员也是兼职的，特别是地市和县的环保机构很不健全，人员和配备不够充分，管理能力有限。青海省只有 3 个市州设立环保局，其他的环保机构都是与其他机构合署办公。西藏自治区环保局系统，本科以上学历的仅有 18 人，占人员总数的 22%；具有中级以上职称的 13 人，占人员总数的 17%。总体上还存在环保队伍人员业务水平有待进一步提高的问题。

（4）环境监督管理手段落后，不能适应新形势下环境保护的要求

西藏自治区至今还没有建成一个标准化的环境监测站，没有建成西藏自治区环境保护宣传教育中心和环境信息系统，环境监督执法装备和交通工具严重缺乏，很多地县环保部门甚至没有一辆执法车，环境统计落后。总之，青藏高原各省市在环境监测、调查取证、污染事故纠纷与应急处理等手段与依法行政的要求还有较大差距。

（5）破坏环境资源的违法犯罪严重，司法和行政执法措施不到位

基于青藏高原地区的经济发展现状，其经济基础和社会环境意识基础都较薄弱，环境违法现象也屡有发生；而整个地区环境管理制度还不够健全，与司法机构等配合还不够紧密；现有的各级环境部门，尤其是基层机构能力还相当不足，其环境管理和执法人员较少，相对于繁重的执法任务，显得力不从心；再加上青藏高原地区是个多民族地区，对于一些民族问题的处理，更加大了环境执法的难度。

（6）公众参与环境执法机制未建立

青藏高原地区目前还没有建立起相应的公众参与机制，尤其在环境执法方面。因为地区的少数民族特性，在青藏高原地区进行环境执法具有一定的难度。如果能在充分尊重少数民族传统的生态环境保护习惯的基础上，扩大当地民众参与环境保护与执法的热情，并制定有利于公众参与环境执法的机制，保障他们的权利。这样才能使青藏高原地区的环境执法工作“事半功倍”。

3.2　发展情景与全球变化趋势

3.2.1　青藏高原区域社会经济发展预测

2007 年青藏高原人口总数为 1 280 万。根据相关省区的《国民经济和社会发展“十一五”规划纲要》，到 2010 年，西藏自治区人口总数年均增长 11‰，青海省年均增长 9.8‰；青藏高原的东缘人口增长也保持在 10‰左右，如阿坝州保持在 7.8‰，甘南州在 10.1‰。因此，预测青藏高原地区的人口增长率 2010 年前保持在 10‰，2015 年为 9‰，2020 年为 8‰，2030 年前维持在 8‰。根据指数预测法，青藏高原的人口在 2015 年、2020 年、2030 年分别达到 1 380 万、1 450 万、1 570 万（图 5-3-6）。

2007 年，青藏高原的 GDP 总量为 1 380 亿元。根据相关省区的规划和预测，到 2010 年，西藏自治区 GDP 的增长速度为 12%，青海省保持在 10%以上，其他省份 GDP 增长速度也在 10%以上。据此预计，到 2010 年 GDP 增长速度为 12%，2015 年前 GDP 增长速度在 10%，2020 年以前为 8%，2030 年前为 7.5%。根据指数预测法，2010 年、2015 年、2020 年、2030 年，青藏高原地区的 GDP 总量分别为：1 900 亿元、3 100 亿元、4 600 亿元、10 000 亿元。

根据相关的规划和社会经济发展预测，青藏高原地区第二产业的比例将进一步增大，天然原油与天然气开采业、有色金属工业、盐化工业、黑色金属、有色金属以及非金属矿产开采和采选业将得到进一步的发展。第一产业在经济中的比重下降。以旅游业为龙头的第三产业也将得到充足的发展。

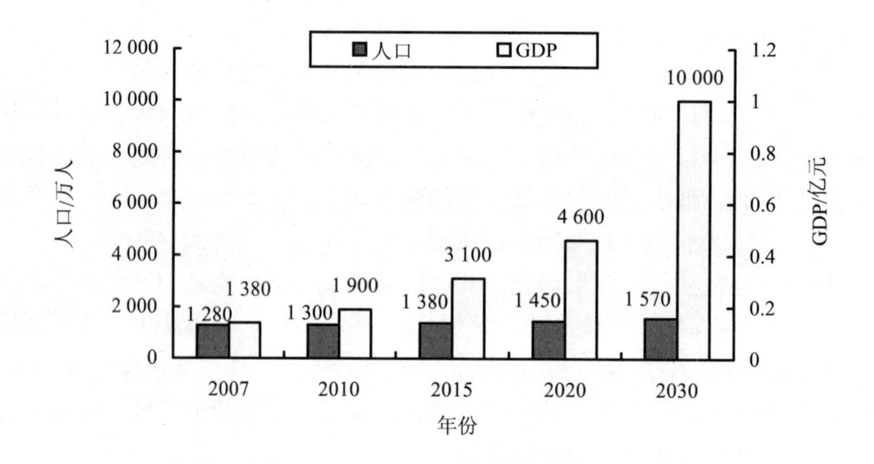

图 5-3-6 青藏高原未来人口与经济发展情景预测

随着人口和经济的发展，青藏高原的城市化水平将得到进一步的提高。根据相关省区的规划，2010 年，青海省的城市化率将由 36%提高到 44%，西藏自治区的城市化率将由 20%提高到 25%，可以预见，青藏高原的城市化正面临较快的发展。

3.2.2 重点区域社会经济发展预测

（1）青藏铁路沿线

青藏铁路沿线地区指从西宁经过格尔木到拉萨的狭长地带，是青藏高原城镇建设与产业发展的黄金地带。青藏铁路的开通运行将极大地促进沿线的城镇发展和人口聚集，促进沿线地区的矿产资源和旅游资源开发。

（2）河湟谷地

河湟谷地西起日月山与青海湖相接，北依祁连山和河西走廊为邻，南以拉脊山与黄土高原接壤，河湟谷地国土面积有 3.6 万 km^2，仅占青海省总面积的 6%，却集中了全省 53%的人口。省会西宁市位于湟水河中游，是河湟谷地的中心地带，这里不但是青海省的政治、经济和文化中心，而且全省的民俗宗教、大型厂矿等也集中于此地，有中国的“乌拉尔”之称。对青海而言，河湟谷地在全省经济社会发展中具有举足轻重的地位和作用。

未来河湟谷地将重点推动天然气化工与盐湖化工、煤化工与有色金属工业融合发展。壮大铝、铅、锌、铜等有色金属生产与加工基地，做精做强钢铁产业，发展硅系列新材料产品。

（3）青海湖流域

青海湖流域位于青藏高原东北部，地处青海省西部柴达木盆地、东部湟水谷地、南部江河源头与北部祁连山地的枢纽地带，总面积 2.96 万 km^2，是青藏高原东北部的特殊生态功能区，对区域气候有着重要的影响，主要包括刚察、海晏、天峻、共和 4 个县。未来发展将以特色旅游为引领，促进服务业快速发展。对高原自然生态、历史文化、民族风情等资源进行全方位转换，积极开发具有文化底蕴和民族特色的旅游资源、旅游产品，打造环青海湖风光和体育旅游圈。

（4）柴达木盆地

柴达木盆地在青海省西部，从自然地理和传统的经济地区角度划分，为柴旦、格尔木、乌兰、冷湖、花土沟、茫崖、尕斯等地区。全区面积约为 12 万 km^2，是我国四大内陆沉积盆地之一。柴达木地区矿产资源十分丰富，素有“盐的世界”和“聚宝盆”之称。根据青海省产业发展规划，未来将加快柴达木循环经济试验区建设，规划布局一批循环经济试点项目，引导企业循环式生产，推动电力、天然气化工、盐湖化工、煤焦化工、有色金属等产业循环式组合，促进矿产资源、能源资源的循环式利用。依托资源优势和现有企业基础，重点培育 10 户年销售收入 50 亿元以上的大企业大集团和 10 个国家级名优产品。

（5）“一江两河”

西藏“一江两河”地区主要指雅鲁藏布江、拉萨河、年楚河的中游地区。东起桑日，西至拉孜，南接喜马拉雅山脉北麓高原湖盆区，北至冈底斯山—念青唐古拉山脉，东西长约 500 km，南北宽约 220 km，土地面积 6.65 万 km^2，占西藏自治区国土面积的 5.41%，人口占全区总人口的 35.17%，行政区划涉及拉萨市的城关、达孜、林周、墨竹工卡、堆龙德庆、曲水、尼木，山南地区的贡嘎、扎囊、琼结、乃东、桑日，日喀则地区的日喀则、江孜、白朗、拉孜、南木林、谢通门 18 个县。

根据西藏自治区相关规划，未来“一江两河”地区将成为西藏自治区最重要的经济和人口承载区域，将建设成为全区特色农牧业产业带、特色精品旅游走廊、加工业核心区和对外开放的前沿，形成核心经济区。重点建设中心城市拉萨市，加快日喀则、泽当、那曲、八一、昌都和狮泉河 6 个重点城镇建设；以亚东、樟木、普兰 3 个口岸为重点，建设对外开放的窗口。

3.2.3　全球气候变化的趋势分析

青藏高原是全球气候变化的敏感区。1961—2007 年，青藏高原气候显著变化主要表现在两方面：一是气温升温速率显著高于中国和世界平均水平；二是降水量总体呈增加趋势，但在时间和空间分布上更加不均，20 世纪 90 年代以后，青藏高原降水量减少趋势更加明显。

（1）气温将波动上升

近 50 年来，青海省的年平均地表气温每 10 年上升 0.33℃，其中柴达木盆地更是以每 10 年 0.44℃的速率上升，而西藏地区年平均地表气温大约以每 10 年 0.3℃的速率上升。同期，中国年平均地表气温增加 1.1℃，平均每 10 年增加 0.22℃。青藏高原的增温速度明显高于我国的平均水平，也高于同期全球气温每 10 年 0.13℃的升温速率。

从空间分布看，增温中心在高原的南部，而高原东北部、东南部增温呈较小趋势。7 月月均温度的变化趋势高原南部小，北部增大。年平均温度增温最大值仍出现在北部（图 5-3-7）。

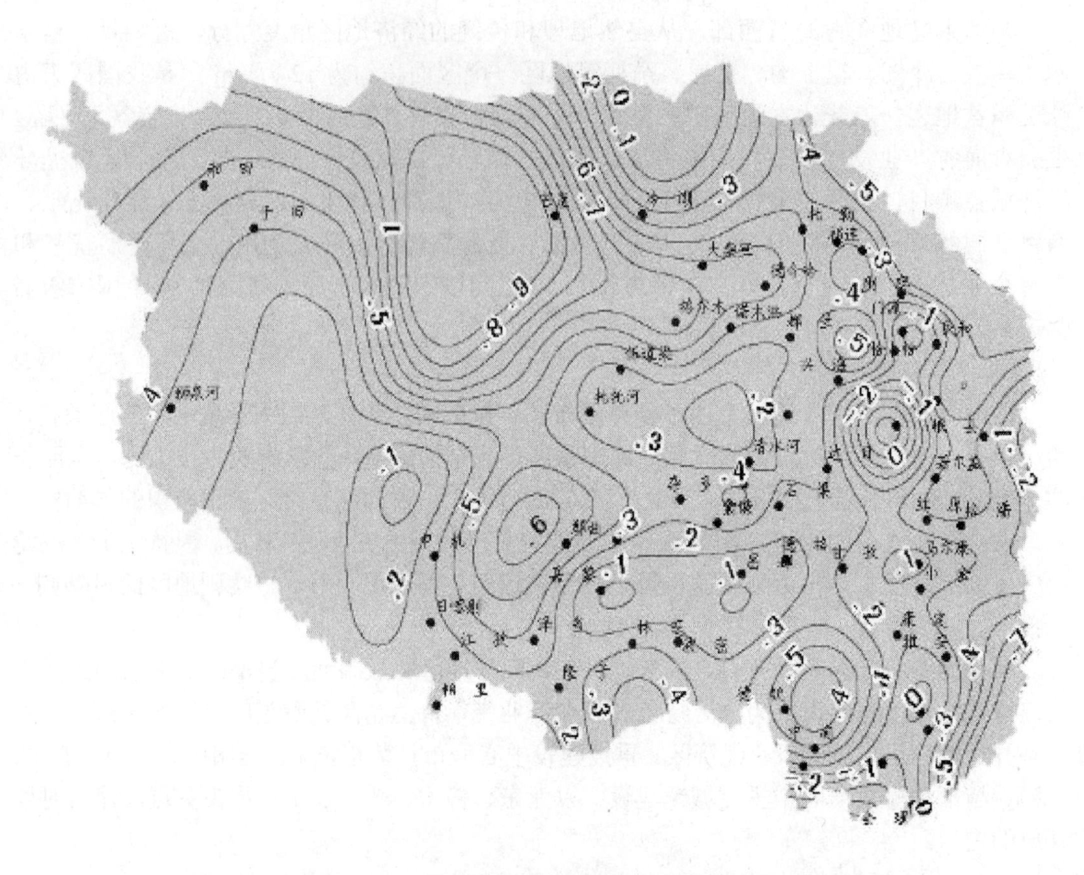

图 5-3-7 1961—2007 年青藏高原年均温度变化趋势分布（℃/10 a）

（2）降水量时空变化不均衡

1961—2007 年，青藏高原年降水量总体变化上有所增加（图 5-3-8）。资料显示，20 世纪 80 年代，青藏高原年降水量出现短暂增加，但在随后的 90 年代又大幅下降。

90 年代以前，冬季（1 月）降水量都具有增加趋势，高原东南部、南部和东北部较明显。夏季（7 月）降水在东部地区有减少的趋势，在青海的南部、高原的南部和东南部有微弱的增加趋势。年降水量的变化趋势仅东部边缘减少，其余地区皆为增加，藏东南年降水增加趋势最明显。年降水减少中心在高原东部的青海东南部和四川西部。

90 年代后，冬季（1 月）降水量变化趋势以减少为主。7 月高原东南部的降水有所增加，特别是云南、西藏南部，青海的东南部。青海、西藏、四川的交接区域则表现为降水量减少。年降水量的增加仍主要在高原东南部的云南及四川，降水的减少则以高原东部和西北最为明显。

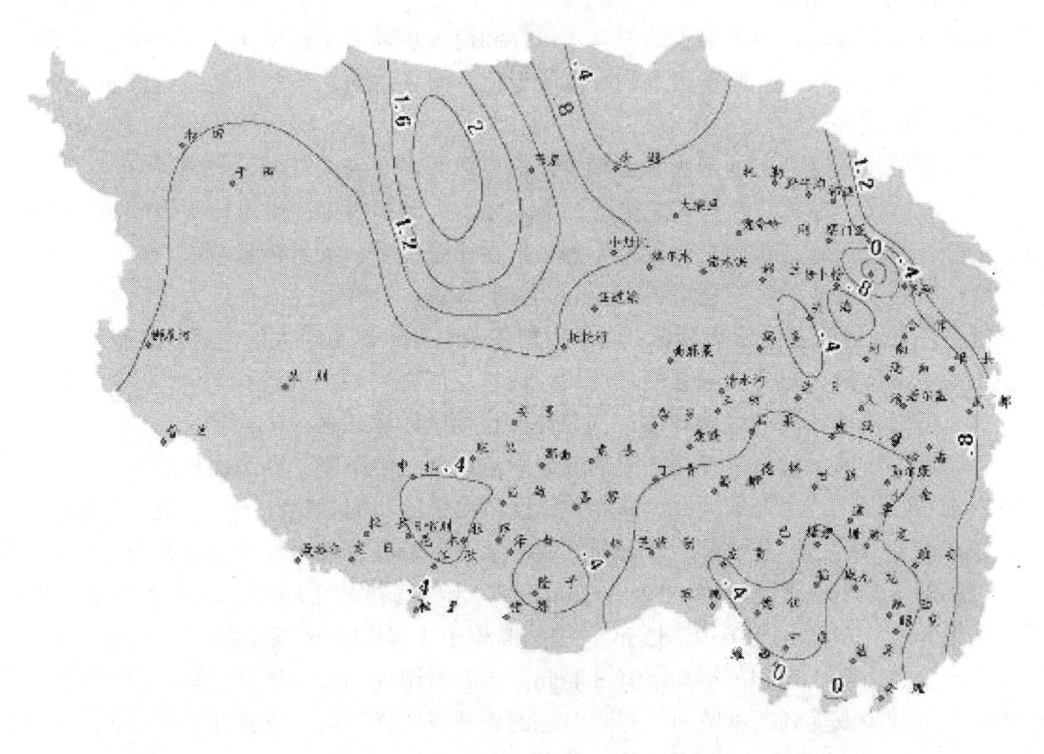

图 5-3-8　1961—2007 年青藏高原降水量变化趋势分布（mm/10 a）

3.3　生态环境压力分析

3.3.1　全球变化的影响

总体而言，青藏高原的气候变化呈现暖化、干旱化的趋势。由于青藏高原年平均气温升高加剧了高原地表蒸发量的不断增大，而降水量总体减少，因此，青藏高原水分供给支多入少，严重破坏了固有的水资源平衡。从而对青藏高原的生态环境产生巨大的影响，一定程度上加剧了青藏高原的生态恶化趋势。

（1）气温上升导致冰川萎缩

气温上升导致冰川融化，雪线上升。冰川末端的进退对气候波动的影响一般滞后 10～20 年。根据相关研究，中国西部的冰川面积在 40 年内缩减了 4.5%左右，青藏高原冰川缩减面积更加明显。

自 20 世纪 90 年代以来，高原边缘的藏东南山区、横断山脉、喜马拉雅山、喀喇昆仑山、祁连山东段等山区冰川退缩强烈。如，贡嘎山海螺沟冰川末端在 1990—1994 年，以平均每年 17 m 的速度后退。雅鲁藏布江流域 20 世纪 80 年代有冰川 10 560 条，面积 14 153 km^2，但是目前，该区域只有冰川 4 366 条，面积只有 6 579 km^2。而喜马拉雅山脉冰川已成为全球冰川退缩最快的地区之一，近年来正以年均 10～15 m 的速度退缩，如喜马拉雅山中段北侧的朋曲流域冰川面积减少了 8.9%，冰储量减少 8.4%。

（2）冻土融化加快

随着气候的波动，多年冻土的发育、保存和消失也随着交替变化。在全球气候变暖的背景下，青藏高原冻土普遍发生不同程度的退化，而且总的趋势是自高原边缘向腹部地区退化程度逐渐减弱。

（3）以降水补给为主的河流径流减少，而以冰川融化补给的河流径流增加

近 50 年来，青藏高原气候变化趋于干暖化，大面积多年冻土退化等造成河川径流呈减少趋势。径流年际与年内变化更为剧烈。但由于各流域所处地理位置、气候环境不同，气候变化对河川径流的影响程度各有差异。总的来说，以降雨径流补给为主的河流径流量显著减少，部分河流甚至出现断流；而冰川积雪融水补给比重较大的河流，由于气温升高，晴空机会多，冰川、积雪消融强烈，河川径流量反而有所增加或较稳定。

（4）低海拔地区湖泊湿地萎缩，部分高海拔地区因冰川融化湖面扩大

伴随着气候的干暖化，青藏高原的部分湖泊水位已经下降、湖泊面积萎缩、沼泽湿地已经有明显的退化。在青藏高原的高海拔地区，由于冰川的融化和冻土消融，也有部分湖泊面积在增加。近 50 多年来，青海湖流域气温上升，蒸发量增大，加上人为生产生活用水，使入湖水量出现下降趋势。1959—2004 年，水位海拔从 3 196.55 m 降至 3 192.77 m，蓄水量由 869.3 亿 m^3 降至 690.7 亿 m^3，湖面面积由 4 548.3 km^2 缩小到 4 186 km^2。45 年，青海湖水位共下降 3.78 m，年均下降 8.4 cm。伴随着湿地消亡，栖息于湿地的物种数、种群数量急剧减少或受到严重威胁，同时湿地消亡使得沼泽泥炭干燥裸露，增加了土壤有机碳排放。

（5）地带性植被分区范围北移

青藏高原的植被对全球气候变化的响应十分敏感。首先，植被会随着气温和降水的变化格局产生相应的变化。据研究，青藏高原已经存在森林、草甸植被北移的趋势。其次，由于因气候变暖引起土壤水分蒸发、蒸腾损失增加而导致土地退化。

（6）加剧了部分地区的草地退化

气候变暖导致永久冻土加速融化，严重影响公路路基，同时使沼泽草甸的地下水位不断下降，最终造成沼泽草甸干化，失去作为冬春草场的功能。近年来由于其上源念青唐古拉山的冰川加速融化，入湖水量逐年增加，导致湖水上升淹没了湖泊四周的草场和牧民居住地。据当地政府介绍牧民曾数次搬迁。目前湖周过去供冬春季放牧的沼泽草甸草场已尽入湖底，不复存在。湖泊四周只是沙砾滩地或稀疏草原。

3.3.2 资源开发压力

（1）水资源需求进一步增长

青藏高原水资源总量为 5 463.4 亿 m^3，其中太平洋水系 2 548 亿 m^3，印度洋水系 2 400.4 亿 m^3，内陆水系 515 亿 m^3。地下水资源约为 1 568 亿 m^3，大约有 1 301.3 亿 m^3 与地表水是重复的，水资源总量和地下水资源总量均占全国的 1/5 强。高原上单位面积的产水量为 $22.55\times10^4\ m^3/km^2$，接近全国均值。

根据相关预测，2010 年和 2020 年，西藏自治区总需水量分别为 31.32 亿 m^3 和 34.03 亿 m^3。因此，从水资源总量的角度看，青藏高原的水资源量能够满足经济社会发展的需要。

但是，考虑到青藏高原水资源的时空分配不均，以及水利设施的不完善，青藏高原未来仍有可能出现局部地区工程性缺水或季节性缺水的状况。如柴达木盆地随着矿产资源的开发，人口和城市化的发展，水资源供给压力将逐步加大。

（2）城镇建设用地需求将大幅度增加

青藏高原幅员辽阔，土地资源十分丰富。目前的土地资源以草地为主，青海、西藏是我国两大传统牧区。青藏高原区土地利用率为 79.42%，低于全国平均水平。在 4 743 万 hm^2 的未利用土地中，比例最高的为裸岩石砺地，占未利用地的 48.37%。比较容易开发的裸土地、盐碱地和沼泽地约占 13%。未利用地主要分布于青海北部柴达木盆地、唐古拉山等海拔较高的地区。

青藏高原耕地资源集中分布在人口集中的城镇周围以及部队驻扎的地方，大面积集中在青海的黄河、湟河两岸各地，西藏的“一江两河”、昌都地区“三江”干旱河谷，青海的柴达木、甘孜，阿坝的金沙江、大渡河两岸平坦地区，甘肃甘南地区洮河两岸以及四川阿坝境内岷江上游汶川地势平坦地区。城乡、工矿、居民用地为 15.64 万 hm^2，仅占青藏高原总面积的 0.07%，其中 60.34%为农村居民点，城镇用地仅为 2.73 万 hm^2，占城乡、工矿、居民用地的 17.46%。

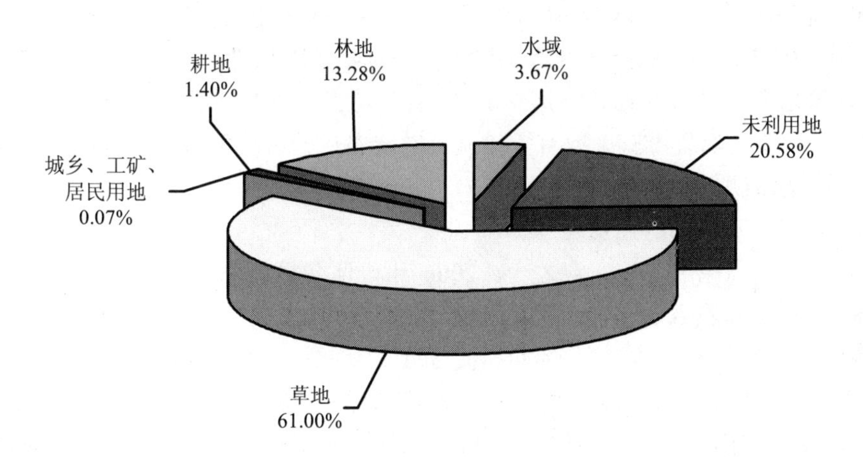

图 5-3-9 青藏高原土地利用结构

随着城镇化的发展和资源开发的需要，青藏高原城镇用地需求将大幅度增加。目前，青藏高原未利用土地比例较大，而城镇建设用地比例低（图 5-3-9），土地资源应不会成为制约青藏高原经济社会可持续发展的重大因素。

（3）矿产资源开发规模将迅速扩大

按照青海、西藏自治区矿产资源开发的相关规划，青藏高原将成为国家紧缺矿产资源的战略储备区和国家资源战略转移的接替区，矿业也将快速发展。预计“十一五”期间西藏的矿业将以 15%的速度递增。铜、铁、矿泉水等矿种的增长速度将会超过矿业的总体增长速度，而铬铁矿、锑等矿种的增长速度不大。柴达木盆地的资源开发力度将进一步加大，到 2010 年青海省将建成钾、钠、镁、锂、锶、硼 6 个系列产品生产基地，形成纯碱、电解铝等 8 个百万吨级生产能力和煤炭、油气、焦化等 4 个千万吨级生产能力，培育形成天然气化工初级产品和铬盐 2 个国家主要产品生产地。随着矿产资源的开发和采选的力度加大，区域生态环境保护的压力将加大。

（4）草地资源持续过度开发

青藏高原的草地资源目前已经普遍存在超载过牧的现象，青藏高原的草地资源需求存在较大缺口。根据相关研究，2000 年前的 20～30 年，西藏自治区的年均超载率达到 47%，青海省超载率达到 18%，甘肃省牧区达到 20%，四川省牧区达到 19%。其中，西藏地区在 1980 年以后的草地超载率始终保持在 50%以上。草地超载、过度放牧是导致青藏高原天然草地急剧退化的主要因素。

（5）森林资源面临非法采伐和薪柴采伐的威胁

青藏高原森林资源主要分布于东南部喜马拉雅山脉、横断山脉和念青唐古拉山脉的高山峡谷地带，以雅江大峡谷以南及其中下游最为集中；广大的西部或北部，则是少林或无林区。青海、西藏 2 省区森林面积总计 1 654.7 万 hm^2。森林资源在群众特别是林区群众生产、生活诸条件中居于基础地位。目前，森林地区的农村牧区及小城镇，能源消耗 99%以上来自生物性能源。雅江中游地区的 16.4 万农户中有 13 万户烧天然灌木薪材，年消耗 6.5 万 t，每户年均达 250～400 kg，相当于破坏森林植被 4～5 亩。在非林区农牧民薪柴消耗除少部分来自天然林区外，93.7%来自对具有较高生态价值的天然灌木林的樵采，使得每年有 0.40 万～0.67 万 hm^2 的灌木林遭到樵采甚至刨根等毁灭性破坏。据不完全统计，西藏的薪柴消耗量是商品材的 6 倍，自用材的 10 倍。因此，即使青藏高原政府规定了商品林的采伐限额，但是，如果没有采取有力措施，发展农村的替代能源，青藏高原的森林资源仍将面临巨大的威胁。

（6）旅游资源开发将迅猛发展

旅游业是青藏高原的支柱产业之一。2006 年，西藏接待海内外游客 251 万人次（图 5-3-10），实现旅游总收入 28 亿元，占 GDP 比例的 8.2%。接待旅游人数较 2004 年 122 万人相比，两年内翻了一番。旅游业带动和促进近 3 万农牧民参与旅游接待服务，新增总收入 6 000 多万元，人均增收 2 328 元。随着青藏铁路的开通，预计进藏人数在 2010 年达到 800 万人次，2020 年再翻一番，达到 1 600 万人次。旅游资源的开发将面临快速发展的过程，同时也可能对青藏高原的生态环境造成一定的影响。旅游活动产生的生活垃圾也对环境基础设施提出了新的要求。

（7）水能资源的开发需求加大

青藏高原有丰富的水能资源，主要集中在金沙江、澜沧江、怒江、雅鲁藏布江等流域。雅鲁藏布江流域理论蕴藏量为 113 891.9MW，技术可开发量为 67 849.6MW，占西藏自治区的 56.56%。目前，青藏高原的水电开发利用水平较低。截至 2004 年底，西藏地市以上常规水电的装机容量为 202MW，占电力总装机的 61.6%；抽水蓄能装机容量为 90MW，占总装机的 27.4%。西藏自治区已建水电站总装机容量和年发电量分别占技术可开发量的 0.28%和 0.13%，其开发利用率为全国最低水平。

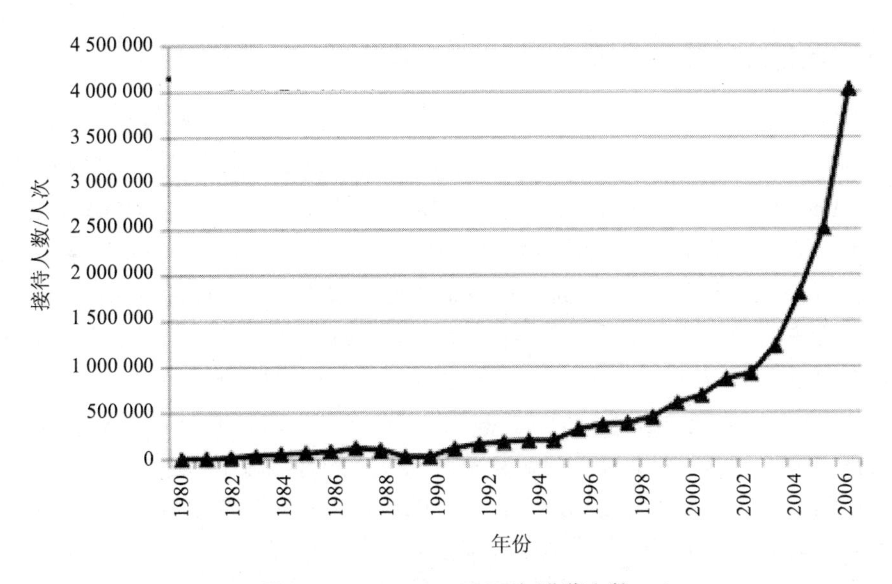

图 5-3-10　1980—2007 年进藏人数

但随着交通条件的改善和技术水平的提升，以及我国电力需求的不断增长，青藏高原的水电开发将面临快速的发展。根据相关规划，青藏高原是我国西部水电能源开发的重点流域，水电基地规划涉及 6 个河流，包括金沙江（69 720 MW）、雅砻江（28 560 MW）、大渡河（23 400 MW）、澜沧江（60 000 MW）、怒江（21 320 MW）、黄河上游（34 216 MW）等，总装机容量 23.7 万 MW（图 5-3-11）。如果再加上雅江的规划容量，青藏高原地区大约相当于 14 个三峡水库（26×700 MW）的总装机容量。青藏高原地区在 2020 年后将成为我国水电能源开发的重点区域，是我国规划的西电东输、藏电外送、云电外送的重要基础。同时，水电资源也将成为青藏高原本地区的主要能源供应方式。到 2010 年，西藏地区地市级水电装机容量达到 803.74 MW，占总装机容量的 97.08%；到 2015 年，全区水电装机容量将达到 1 329.74 MW，占总装机容量的 98.21%；到 2020 年，全区水电装机容量将达到 1 659.74 MW，占总装机容量的 98.56%。

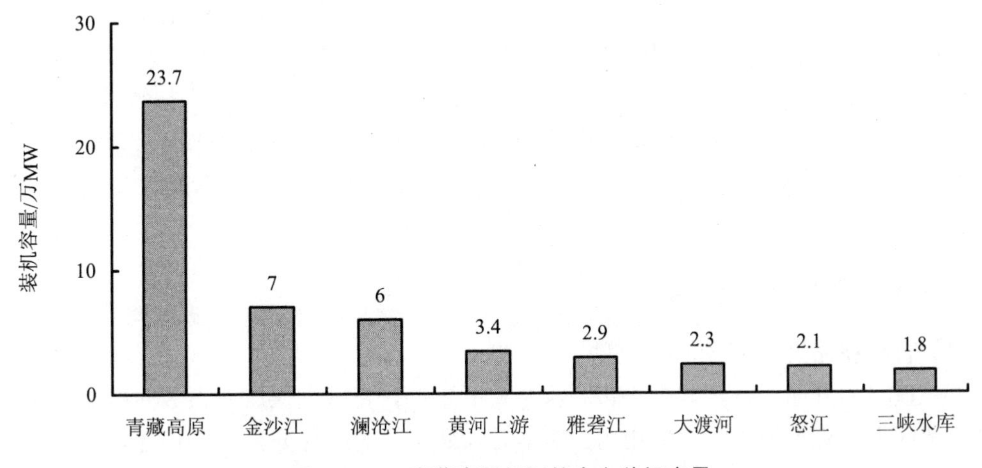

图 5-3-11　青藏高原规划的水电装机容量

3.3.3 污染物排放压力

2007 年，青藏高原的单位 GDP 污染物排放强度较高。青海、西藏 2 省区单位 GDP 的 COD 排放强度达到 9.5 kg/万元，SO_2 排放强度为 13.2 kg/万元，都高于全国的平均水平。全国单位 GDP 的 COD 排放为 6.7 kg/万元，SO_2 为 12.2 kg/万元。其中 COD 排放强度超过国家平均水平 41.7%。这反映出青藏地区产业发展的环境效率较低。

按照青海、西藏现有的单位 GDP 的排放强度，假设青藏高原的排污强度没有得到改善，则根据青藏高原的经济发展预测，在 2010 年、2015 年、2020 年、2030 年，COD 的排放总量将分别为 18 万 t、29 万 t、43 万 t、93 万 t；SO_2 的排放量在 2010 年、2015 年、2020 年、2030 年，将分别达到 25 万 t、40 万 t、60 万 t、130 万 t（图 5-3-12）。单位产值的污染物排放水平会随着产业结构的优化和产业技术的升级减小，预测结果假设了在未来情景下，污染物排放方式和强度都没有改善，因此，未来实际排放量肯定会低于预测数，但是这个结果能够反映出青藏高原地区未来发展过程中可能面临的最高环境污染压力，因此也可以作为借鉴。

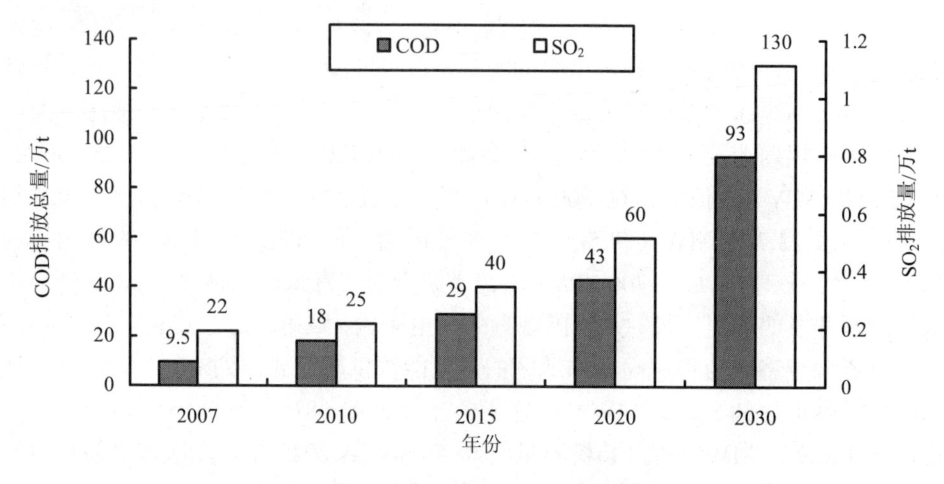

图 5-3-12 青藏高原未来污染物产生量预测

根据《国务院关于“十一五”期间全国主要污染物排放总量控制计划的批复》的计划，青海、西藏在 2010 年 COD 排放总量为 8.6 万 t，SO_2 的排放总量为 12.6 万 t。预测的 2010 年的排放强度远远超过总量控制的目标，若不尽快加强污染物的治理力度，青藏高原未来的污染物排放压力将远远超过国家确定的排污强度，青藏高原污染物控制压力很大。

3.3.4 重点区域环境压力分析

（1）青藏铁路沿线地区

青藏铁路的开通运营，首先将带动旅游业的发展，青藏高原旅游人数的增加，会给青藏高原地区带来更大的生态环境压力。根据对入藏人数的统计分析，2007 年，入藏人数达到 403 万人，比 2005 年的 180 万人高出 220 万余人。自青藏铁路 2006 年开通后，进藏旅游人数明显升高，平均一年增加 100 万进藏人次。

青藏铁路对沿线地区生态环境产生的负面影响有：第一，生态环境影响区较大。一般铁路工程建设中对周围生态环境的横向有限影响范围为 300～500 m，铁路的纵向影响范围与其长度相比较可以忽略。但是，因青藏铁路通过的地区生态环境脆弱，其影响范围较大，甚至可以影响到高原以外的生态环境。第二，涉及的生态环境敏感而脆弱。青藏铁路穿越高寒型草原、草甸与荒漠等特殊而脆弱的生态系统类型区以及野生动物的栖息和繁殖地，高原脆弱生态环境遭到破坏后很难恢复或重建，高原野生动物靠人工很难培育。第三，青藏铁路穿越的多年冻土对铁路工程建设的扰动具有很大的敏感性，主要表现为对沿线冻融侵蚀和可能引起上限变化等不良地质现象。

（2）河湟谷地

2006 年湟水干流总体为中度污染。出省断面和桥断面为劣Ⅴ类水质，主要污染因子为氨氮。一级支流北川河为轻度污染，沙塘川河为轻度污染，南川河为重度污染。17 个监测断面达标率比 2005 年提高 23.5 个百分点，主要污染因子为氨氮、高锰酸盐指数、五日生化需氧量和石油类，呈有机污染型。

湟水是水污染防治的重点流域，2006 年排入该流域污水总量约 14 110 万 t，占全省总量的 72.7%。其中工业废水量 4 906 万 t，占流域总量的 34.77%；生活污水量 9 204 万 t，占流域总量的 65.23%。COD 排放总量 52 314 t，占全省总量的 69.9%。其中工业 COD 排放量 24 971 t，占流域总量的 47.73%；生活 COD 排放量 27 343 t，占流域总量的 52.27%。氨氮排放量 5 152 t，占全省总量的 74.2%。其中工业氨氮排放量 1 049 t，占流域总量的 20.36%；生活氨氮排放量 4 103 t，占流域总量的 79.64%。排入该流域的工业废水达标率为 69%，比上年提高 8 个百分点。

（3）青海湖周边地区

青海湖流域主要生态环境问题有：湖水水面下降，水质恶化；草地退化日趋严重，"草原三害"面积不断增大；土地沙漠化面积不断扩大，水土流失严重；珍稀濒危野生动物濒临灭绝；渔业资源濒临枯竭。青海湖流域退化草地约有 3 242.73 万亩。其中，轻度退化草地 1 610.02 万亩，中度退化草地 1 038.67 万亩，重度退化草地 594.04 万亩。

从环境质量看，青海湖周边八条主要入湖河流，2006 年各项监测指标均达到Ⅱ类水域标准，水质状况优良。湖区除总氮、溶解氧外，其余指标均达到Ⅱ～Ⅲ类水域标准，水质状况良好。流域内年产生垃圾量为 3.77 万 t，垃圾无害化处理率仅 12%左右。年生活污水排放量达 213.5 万 m^3，年医疗污水排放量达 4 万 m^3，废水处理严重滞后。化肥施用量 308 万 kg 左右。

在全球变化和人为活动加剧的情景下，青海湖可能面临湖面继续萎缩、土地继续退化、污染压力增大的威胁。

（4）柴达木盆地地区

柴达木盆地是我国三大内陆盆地之一，地处青海省海西州境内，拥有极为丰富的盐湖、石油、天然气等矿产资源。因海拔高，气候干旱，盆地内植被稀疏，土地沙化严重。但水资源供求态势严峻，且青藏高原生态脆弱。40 年来，盆地曾累计开荒 130 万亩，破坏沙生植被 1 807 万亩。盆地内的沙化面积以每年 100 多万亩的规模迅速扩大，生态环境日益恶化，对人的生存产生严重威胁。

（5）"一江两河"地区

随着城镇化率的提高，城镇总人口将超过百万，城镇生活污水和生活垃圾的产生量、机动车尾气污染物排放量将大幅增加。城镇环境基础设施建设严重滞后的弊端将逐步显露出来，城镇生活污水将成为区域水体的主要污染源，城镇大气环境将面临着尘污染和机动车尾气污染的双重压力，城镇垃圾将成为困扰城市环境的另一个重要问题。由于发展愿望迫切，部分污染严重产业和落后工艺有可能向本区域转移。工业产品单产量能耗、物耗大，如水泥行业生产 1 t 水泥需消耗煤 240 kg 以上，高出全国平均水平 10%～15%。

在全球气候变化和人为活动加剧的背景下，"一江两河"地区的土地退化现象将进一步加剧。沙漠化是本区域土地退化的主要方式，本地区有 4 级 7 类沙漠化土地，面积达 1 020 928.39 hm^2，占土地总面积的 9.80%；有潜在沙漠化土地 32 539.66 hm^2，占土地总面积的 0.31%。从沙漠化土地的构成来看，轻度、中度与严重沙漠化土地的构成比例分别是 52.94%、41.23%和 5.83%。严重沙漠化土地面积为 59 538.63 hm^2，主要分布于河谷区，中度和轻度沙漠化土地面积分别为 420 909.41 hm^2 和 540 475.34 hm^2。

（6）青藏高原东部水电开发的环境压力

青藏高原东南部的三江流域（金沙江、澜沧江、怒江）大规模水电梯级开发的规划总装机容量为 15.1 万 MW，是青藏高原水电开发较为密集的地区。在水电开发的过程中，对干旱河谷的生态环境保护应引起足够的重视。要通过优化水库梯级开发规模，将对脆弱区域的生态环境的影响降到最低。协调水电开发与国家自然保护区的关系，需要研究其生态环境影响以及对局部气候的影响，并应进一步优化水电开发规模、开发方式。保证生态基流，环境影响控制在生态系统可接受的水平。流域梯级开发规划中各梯级需考虑下泄生态用水，按照对河流进行最初目标管理、战略性管理的要求，梯级电站在工程设计上必须采取相应工程措施泄放生态用水量。

（7）地震灾区的环境压力

青藏高原的汶川灾区主要包括四川、甘肃境内的部分县市。其生态环境压力主要表现在：①地震对环境系统和生态系统的影响还将继续。地震重灾区灾后恢复重建的建设强度会很大，企业恢复生产的发生环境事故的风险程度增高。随着认识、分析的不断深入，地震对生态环境系统的综合性、复杂性、长期性影响将逐步显现。②区域生态系统破坏严重，生态功能严重受损，恢复的时间跨度长。③环境监管和治污能力下降，环境质量改善难度加大。区域灾后环境监管能力受到严重破坏，环境监测、环境监察、自然保护区管理、辐射环境监管等基础能力受到严重破坏，环境监管基础条件、保障水平降低，对灾区环境监管存在失控的风险，加剧了环境质量控制的难度。④灾后重建过程中的产业和工业的恢复，可能一定程度加大了污染物排放的强度。

第 4 章　战略任务规划

青藏高原环境保护总体目标是维护青藏高原国家生态屏障的生态安全，促进区域可持续发展。基于上述总体目标，规划对青藏高原未来环境保护的各项因素进行 SWOT 分析，明确青藏高原未来环境保护的优势、劣势以及面临的机遇和挑战，以便准确把握青藏高原环境保护的战略定位与重点任务。青藏高原环境保护规划的战略任务分析框架如图 5-4-1 所示。

4.1　SWOT 分析

4.1.1　五大优势

总体上，青藏高原未来环境保护具备五大方面的优势条件。

（1）自然生态系统类型多样，大部分保存完好

青藏高原生态系统类型多样，结构完整，虽然部分地区存在退化的趋势，但大部分地区保存完好，是我国自然生态系统保存最完好的地区。在长期的自然演化过程中，区域生态系统、主要动植物物种都适应了严酷的、多样化的自然环境，在没有过度人类扰动的情况下，可以依靠生态系统的自然恢复能力维持生态系统稳定与平衡，为人类社会发展提供了丰富优质的生态系统服务功能。

（2）环境质量良好，是我国最清洁的地区之一

青藏高原总体上环境质量良好，是我国环境质量最好的地区。长江、黄河、怒江、雅鲁藏布江等大江大河水质能保持在Ⅱ～Ⅲ水质，江河源头区都能达到Ⅰ水质目标，局部地区支流环境污染较重，但对区域整体的环境质量和大江大河水源供给影响较小。区域大气污染扩散条件好，整体大气环境质量良好，主要的污染物为区域性沙漠化造成的颗粒物。如果未来城镇和产业能够得到合理调控，环境保护与治理的压力并不大，主要集中在人口和产业密集的城镇区域，而这些区域在青藏高原地区整体上将呈条带状、串珠状分布，区域性、复合型的污染问题不太可能出现。

（3）资源丰富，具备可持续发展的潜力

青藏高原是我国战略资源储备区，森林、草地、水、水能、矿产、旅游等资源都具备战略意义的储备量，目前开发程度都比较低。丰富的资源为青藏高原地区社会经济发展奠定了良好的基础，未来随着资源进一步紧缺，随着资源开发利用方式和改进以及循环经济的进一步发展，青藏高原地区资源合理有序开发可以促进人口聚集，降低农牧业人口数量和农牧业对自然环境的开发强度，降低广大高原地区的自然生态环境的压力。

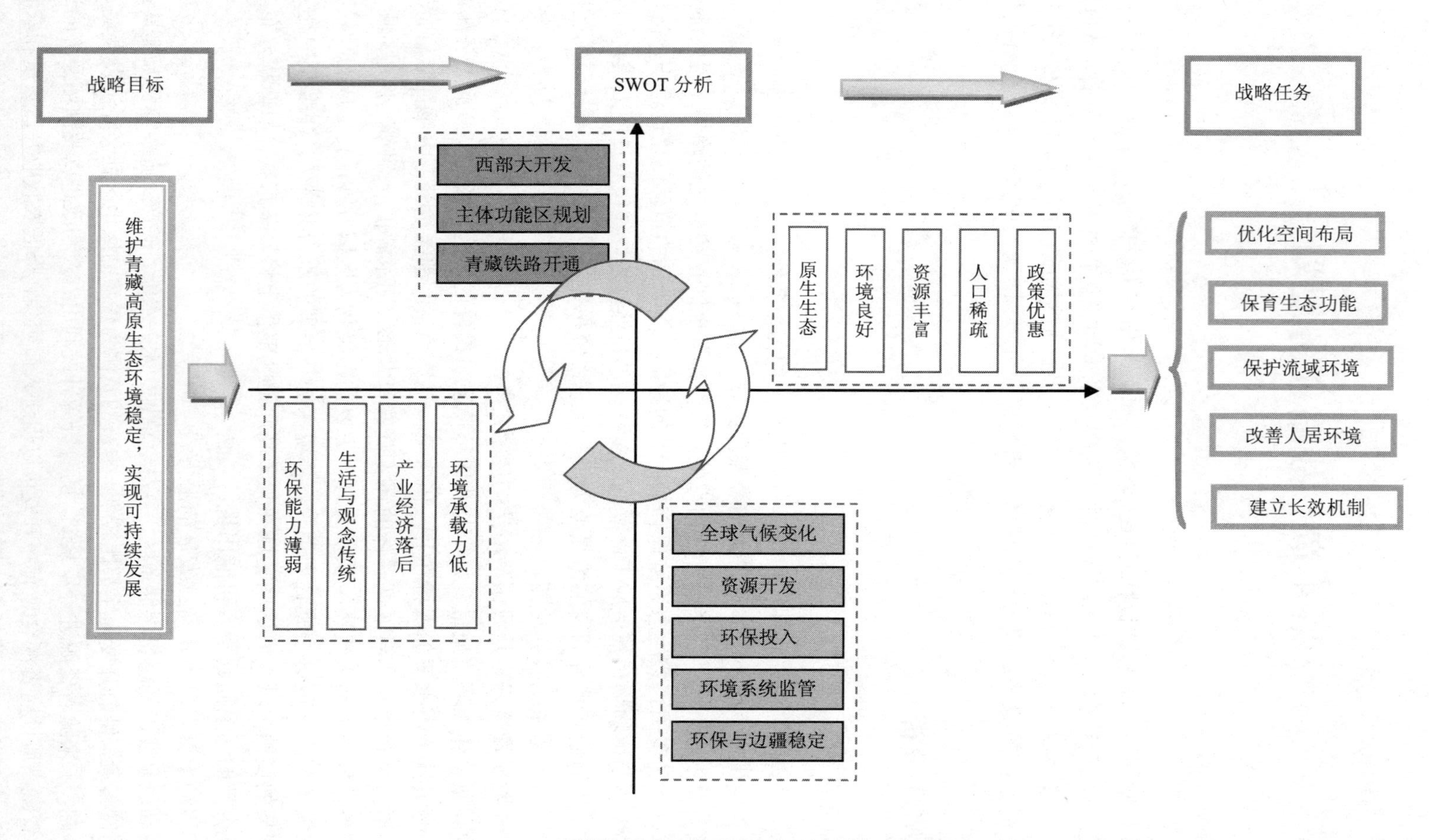

图 5-4-1　青藏高原环境保护规划战略任务分析逻辑图

（4）人口密度低，敬畏自然的观念深厚

青藏高原自然条件艰苦，跟我国其他地方相比，人口密度低，只相当于全国人口密度的1/25，开发历史短，成规模的人口聚集与资源开发始于公元7世纪，资源开发强度小，对生态环境的扰动和破坏都比较小。在长期的人类栖息和资源开发利用过程中，青藏高原地区的人民逐步形成了与自然和谐相处的生产生活方式、民族文化和生活习惯，尊重自然、敬畏自然、尊重万物生灵的观念在很多民族的文化和观念中根深蒂固，是当前青藏高原地区开展生态保护、发展生态文明的有力支撑。

（5）地位特殊，长期得到国家的政策扶持

长期以来，由于青藏高原地区特殊的自然环境、区位条件、社会文化和独特的生态地位，中央政府长期给予青藏高原地区环境保护特殊的政策，扶持青藏高原地区的生态环境保护工作。未来随着我国环境意识的进一步加强，环境管理体制、机制的进一步完善和国家经济实力的进一步发展，青藏高原能够享受到的政策优惠和扶持力度将进一步加大，可以为青藏高原提供更多的长效支持。

4.1.2　四大劣势

青藏高原环境保护的劣势也很明显，主要集中在4个方面。

（1）生态环境承载能力和恢复能力低

青藏高原大部分地区处在4 000 m的高原上，气候寒冷、温差大、辐射强烈，土壤形成与有机质积累速度慢，植被生长期短，生长速度慢，大部分地区生态系统生产力低，青藏高原大范围的高寒荒漠草原鲜草的产草能力每年仅1.2～1.5 t/hm^2，相当于温带草原的几十分之一，区域生态环境承载能力低，生态环境恢复能力弱。脆弱的高原植被、土壤如果被过度开发或者破坏后，恢复周期在几十年乃至几百年以上。

（2）产业基础薄弱，经济结构初级

青藏高原地区的产业主要是基于资源优势的农牧业、矿业和旅游业，其中青海主要依靠柴达木盆地的矿产资源开发和加工，西藏、川西、滇北、甘南地区主要依靠农牧业、旅游业和林副产品发展经济，除了旅游业外，产品附加值较低，矿产资源开发的环境压力大，经济结构简单，对原材料市场依赖大，效益不高。未来如果继续走传统的农牧业、原材料开采与加工业、粗放的观光旅游业的老路将对区域的生态环境造成巨大的压力，造成区域发展和环境保护不可持续。

（3）部分观念和生活方式落后

青藏高原地区人口稀疏，长期以来交通不便，与外界交流较少，形成了比较独特封闭的社会环境和生活习惯，很多观念与生活方式不利于资源的集约利用和环境保护。传统牧民一直将牲畜的数量作为财富的象征，畜牧业发展变成一味追求牲畜数量的增长，不注重畜牧养殖的经济产出，牲畜陷入夏生—秋肥—冬瘦—春死的恶性循环，造成草地超载、退化和草地承载力的持续下降，这也是青藏高原大部分牧区存在的普遍问题，在藏北高原尤其突出。另外牧民观念传统，习惯于游牧生活，改为定居生活难度大，不利于改进能源结构，发展服务业，降低生态环境压力。

（4）环境管理机制不健全、环境管理能力薄弱

青藏高原范围辽阔，自然条件恶劣，人口稀疏，环境管理能力薄弱。很多生态敏感区、重要的生态功能区、物种资源栖息地都缺乏长期系统的调查、监测和评估，对生态环境的家底不清，对资源开发和人类活动的环境影响缺乏充分的认识与评估。生态环境监管能力薄弱，一个管理人员需要负责几百乃至几千平方公里自然保护区的管护任务。资源开发的生态环境监管能力薄弱，农牧业发展、中药材开采、矿产资源开发的生态环境监管能力缺口都很大，不能适应未来生态环境监管的要求。

4.1.3 三大机遇

西部大开发、主体功能区规划和青藏铁路开通为青藏高原生态环境保护与可持续发展提供了难得的机遇。

（1）西部大开发增加了对青藏高原的投入，更新了青藏高原地区的发展观念

国家实施西部大开发战略为青藏生态环境保护和持续发展创造了有利契机。一是西部大开发加大了对西部地区生态环境保护的投入力度，西部大开发战略实施的近 10 年来，国家在西部地区的生态环境保护投入远远超过了新中国成立以来的 50 年的投入总和，增强了西部地区特别是青藏高原地区生态环境保护能力。二是西部大开发完善了西部地区的基础设施建设，在国家的统一部署和支持下，青藏高原地区的铁路、公路、航空、通讯、电力等基础设施获得很大改善，为青藏高原地区社会经济发展提供了很好的基础。三是加大了对西部地区社会发展的扶持力度，有效地提升了青藏高原地区科学发展的观念，提高了区域人群的生态环境意识和生产技术，有利于走环境友好型的发展道路等。

（2）主体功能区规划为青藏高原地区实施生态优先、维护国家重要生态功能提供了可能

国家“十一五”规划纲要提出建设主体功能区的战略，国家发改委组织有关部门研究制定了全国主体功能区规划，主体功能区规划不仅从空间上明确了优化、重点、限制和禁止开发区域的范围与功能定位，也制定了响应的配套政策，为青藏高原地区生态环境保护与可持续发展造就了基础。青藏高原地区生态环境脆弱，生态地位重要，经济发展水平较低，如果按照一贯的发展思路和政绩考核制度，必将导致青藏高原地区走先污染、后治理，低水平重复开发的道路，必将导致青藏高原地区生态环境的巨大破坏，导致我国付出沉重的生态环境代价。实施主体功能区的开发战略，青藏高原大部分地区将纳入限制开发和禁止开发范围，通过国家强有力的约束机制和强大的分区指导政策，从政府管制和经济调节两方面，促进区域生态环境保护，增加生态环境保护投入，提高区域社会发展水平，实现青藏高原跨越式发展和人与自然和谐共处。

（3）青藏铁路开通运营为促进青藏高原与内地合理分工、优化产业结构、降低环境压力奠定了基础

青藏铁路开通运营极大地改变了青藏高原地区的社会格局、经济格局和生态环境保护格局，促进了青藏高原与内地的物质、文化和经济交融，促进了青藏高原地区经济、社会发展，为青藏高原地区提高第二、第三产业比例，降低农牧业对生态环境的压力提供了机遇。交通条件的改善为青藏高原地区资源优势转化为经济优势提供了基础，也为内地物质、能源、粮食输送青藏高原提供了条件，有利于青藏高原与内地形成合理的生态分工。青藏

铁路开通极大地促进了青藏高原的旅游业发展，带动服务业等第三产业的迅猛增长，带动了产业结构升级。另外青藏铁路带动区域内外的信息、文化交流，有利于改进青藏高原地区传统观念和生活习惯中不利于生态环境保护的因素。此外，青藏铁路开通也有利于维护区域安全和社会稳定，可以在安定团结的局面下有条不紊地开展生态环境保护的各项工作。

4.1.4　五大挑战

未来 5～20 年，青藏高原环境保护和可持续发展将面临如下挑战。

（1）受全球气候变化的影响，青藏高原脆弱的生态环境将更加趋于不稳定

由于温室气体排放、亚洲棕云影响，全球气候变化对青藏高原的环境影响加剧，而青藏高原生态环境极其敏感。未来生态环境发展不确定因素的增加，大部分将不利于区域生态环境保护和可持续发展。具体体现在随着全球气温升高，青藏高原地区冰川、冻土融化速度加快，近期内将导致上游湖泊水位上升、径流增加、冻融侵蚀范围扩大、地表植被破坏、工程地质基础趋于不稳定，造成基础设施的毁损。全球变化还将导致区域水分平衡破坏，水资源储备减少，区域趋于干旱，土地沙化加剧；导致珍稀物种栖息地环境改变，部分珍稀物种灭绝等。

（2）资源开发的压力加大，资源无序开发造成的环境风险上升

随着人口的增长和产业的发展以及交通条件的改善，青藏高原丰富的自然资源的开发力度将进一步加强。若不采取有效措施，草地资源的放牧压力将进一步加大，退化趋势更加明显。随着青藏铁路及其支线的开通运营，青藏高原的旅游资源将面临跨越式的发展。西藏自治区 2 年时间内接待旅游人员的数量由 122 万人上升到 251 万人。随着我国经济社会的快速发展，对各类矿产资源的需求增加，青藏高原丰富的矿产资源开发也将提速。在全球变化的背景下，各类自然资源的开发利用，对本就十分脆弱的高原生态系统将形成巨大的环境压力。由于有些区域的生态环境一旦破坏，生态恢复的代价十分巨大，因此，如何在资源开发的同时，有效地保护生态环境，是青藏高原面临的重大挑战。

（3）环境基础设施建设与生态保护需要大量的投入，缺口很大

青藏高原近 30%的区域是自然保护区，整个高原大部分地区将纳入禁止、限制开发区域范围，生态保护、恢复和建设的投入需求巨大。按照国家自然保护区规范化建设标准，青藏高原自然保护区建设还需要投入数十亿元的建设资金，每年需要管护资金在 10 亿元以上，青藏高原一半的草场呈退化趋势，20%以上区域存在水土流失，荒漠化范围还在扩大，生态环境退化治理还需要巨大的投入。另外青藏高原矿产、旅游等资源开发将加快，人口数量将持续增长，在环境基础设施建设、运营投入方面也存在巨大的资金缺口。青藏高原地区自身经济发展水平较低、财政收入少，如何筹集巨额的生态环境保护建设投入和维护资金将成为青藏高原环境保护的巨大挑战。

（4）环境管理能力薄弱，难以适应新形势下青藏高原环境综合管理的需要

实现青藏高原生态环境保护目标的难度非常大。青藏高原是气候变化的敏感区，也是气候变化的驱动器，因此，环境管理除了考虑城市化和工业化过程中的生态环境需求之外，更需要结合全球气候变化制定相应的生态环境管理措施。同时，青藏高原生态环境退化的

趋势已经形成。在未来全球变化不确定的情况下，扭转青藏高原生态退化的趋势需要十分科学并可行的环境管理措施。然而，目前，青藏高原的环境管理能力十分薄弱，管理体制不顺，人才匮乏，应对未来复杂的生态环境问题能力明显不足。

（5）影响青藏高原边疆地区社会环境稳定的不利因素仍将长期存在，对青藏高原的生态环境工作长期有序发展造成威胁

青藏高原地处我国西部南部边疆，邻近中亚、南亚、东南亚等地缘政治和民族宗教争端的热点地区，也是国际反华势力借助环境、民族、宗教、领土问题干涉我国内政，破坏我国安定团结的重点地区。在可以预计的未来5～20年，世界资源形势将更加紧缺，我国的综合国力和世界影响力将持续加强，青藏高原由于其特殊的环境地位、民族文化和对我国的战略意义，将成为国际反华势力对我国进行指责和干涉的重要区域，对青藏高原地区的生态环境保护和可持续发展构成的挑战。

4.2 战略任务

基于上述分析，尤其是基于对青藏高原未来环境保护重大挑战的分析，确定青藏高原环境保护应该重点开展的战略任务。

4.2.1 构建协调发展的空间格局

青藏高原资源丰富，是我国战略资源储备库，青藏高原更是我国生态屏障，未来社会经济发展必须与环境相协调，关键是要构建协调发展的空间格局。要通过对生态环境状况和社会经济发展的综合评估，把握青藏高原生态环境敏感区、生态服务功能重点区域以及从交通、区位、人口等角度考虑的社会经济适宜区。从维护国家生态屏障生态安全，促进区域可持续发展的角度，构建经济、社会与环境协调发展的空间格局，合理引导青藏高原地区未来资源开发和社会经济发展布局，统筹区域生态环境保护，引导不同区域产业合理发展，形成青藏高原地区协调发展的基础框架。

4.2.2 保育重要敏感的生态环境

青藏高原生态环境脆弱，敏感性高，恢复能力差，而区域生态系统服务功能极其重要，江河源头区的水源涵养、水土保持、生物多样性保护、湿地维护、气候调节等功能都对我国生态安全起着决定性的作用，因此青藏高原环境保护的主要任务之一，就是要系统保护区域生态环境，维护区域生态服务功能。重点是明确对国家生态安全具有重大意义的生态敏感区、生态服务功能重点区域，制定系统的生物多样性保护规划，形成系统的生态功能保护战略和行动计划，落实生态保护、生态修复和生态建设的各项任务。

4.2.3 保护清洁稳定的河流水系

青藏高原是我国主要河流的发源地，水源供给和水质保护对我国流域环境安全具有决定性的作用。发源于青藏高原的江河源头区和河流上游目前生态环境状况总体良好，河流生态系统稳定，对维系我国流域生态安全发挥了巨大作用，但也面临全球气候变化影响和上游地区资源开发、人口增长的压力。未来流域环境保护一方面需要科学评估全球变化导

致的冰川、冻土融化对流域生态环境系统的影响，另一方面要系统维护流域环境，加强农牧业面源污染、城镇工业和生活污染控制，同时要注意流域水生态系统保护、大规模跨流域调水以及水电资源开发的影响。从流域饮用水安全保障、环境基础设施建设、应急保障能力等方面，提出流域水环境保护综合方案。

4.2.4 维护和谐良好的人居环境

青藏高原生态环境总体良好，但局部地区环境污染较重，环境保护设施薄弱，随着未来矿产资源、旅游资源大规模开发和人口、城镇聚集，局部地区环境压力将进一步加大，人口密集区的环境质量将呈恶化趋势。因此需要根据未来5～20年人口、城镇、产业发展趋势，准确把握未来资源开发和人口密集区的环境趋势，制定合理的环境功能区划，强化饮用水水源地环境保护，完善环境基础设施，强化产业发展的环境监管，提高人口密集区的人居环境质量。另外，随着社会经济的进一步发展，游牧民定居是社会发展的必然趋势，需要结合“游牧民定居工程”，加强定居点环境保护，改善农牧民生产生活条件，保障农牧民饮水安全，因地制宜处理定居点生活污水和垃圾，改善农牧民居住环境。

4.2.5 建立系统长效的保障机制

青藏高原生态环境保护需要长期投入，系统维护，需要从青藏高原环境保护整体考虑，建立系统长效的保障机制。一是要建立青藏高原环境协调管理机制，统筹考虑5省区的生态环境保护与社会经济发展，避免以邻为壑，避免地方主义和本位主义。二是建立青藏高原环境保护法规体系，要根据青藏高原环境特殊性，研究制定青藏高原环境保护法规体系，依法规范区域环境保护和资源开发活动。三是要建立长效稳定的投入机制，青藏高原生态环境保护需要持续投入，需要国家从维护国家生态屏障安全的角度，增加对青藏高原地区的生态环境保护投入。四是建立生态补偿制度，体现青藏高原地区的生态环境效益，弥补生态环境保护成本不足。

第 5 章　专项规划要点

根据青藏高原环境保护战略任务要求，结合不同领域主要问题和环境保护工作特点，将青藏高原环境保护规划分为 8 个专项，分别明确各个专项领域的主要任务和保护设想，最后汇总形成青藏高原环境保护规划的重点工程。

5.1　环境与经济协调发展空间规划

5.1.1　生态系统综合评估

（1）生态系统综合评估

利用 RS 和基础地理数据、地面监测与调查资料，对青藏高原地区生态系统状况及服务功能开展综合评估，明确生态环境敏感性和水源涵养、生物多样性保护等重要生态功能的空间格局，明确生态服务功能重点区域和生态环境敏感区域的分布以及各类区域面临的主要生态环境问题、发展趋势。

（2）生态功能区划评估整合

在全国生态功能区划的总体框架下，结合主体功能区规划的基本思路和初步方案，开展青藏高原地区的生态功能区划，从维护国家生态安全、促进青藏高原地区可持续发展的角度，建立青藏高原的生态功能分区。整合跨省生态功能区范围，合理调整各生态功能区的功能定位，明确分区生态保护方向。

5.1.2　社会经济发展格局分析

结合五省区的城镇体系、产业布局、交通体系发展规划，开展青藏高原地区的社会经济发展格局评估，把握青藏高原未来 5～20 年社会经济发展总体格局和发展趋势。

（1）城镇体系格局评估与发展趋势分析

综合分析 5 省区城镇体系现状和发展规划，把握未来青藏高原城镇体系发展的总体格局，重点分析西宁—拉萨青藏铁路沿线的城镇体系，包括发展规模、功能定位、人口等因素。

（2）交通体系格局评估与发展趋势分析

针对青藏高原陆路交通体系（铁路、公路）的未来发展格局进行分析，对青藏铁路、青藏铁路支线、青藏、川藏、滇藏和新藏公路通道的建设格局进行分析，把握未来青藏交通体系发展趋势。

（3）产业布局与未来发展格局分析

对目前青藏高原地区产业发展格局进行综合评估，对未来青藏高原的矿产资源开采和加工业、旅游业、畜牧业、林业、能源电力产业等具有较大潜力或规模的重点产业的发展格局进行分析，把握未来青藏高原重要产业发展趋势及区域格局特征。

5.1.3　空间规划方案与引导对策

从维护区域生态安全，促进可持续发展的角度，构建“两区两轴”式的区域环境与经济协调发展的总体空间格局方案，作为协调社会经济发展和环境保护的基础框架。“两区”指重点资源开发和人口聚集区，生态敏感和生态功能重点区域；“两轴”指重要城镇与产业发展轴、重要生态通道（轴线）。

重要资源开发区和人口聚集区是青藏高原承载人口、发展经济的主要区域，范围相对集中，呈点状或者片状分布，主要指河湟谷地、柴达木盆地、一江两河地区等，沿主要交通轴线呈串珠状分布，规划的重点是引导资源合理开发，完善环境基础设施，改善城镇人居环境质量，避免造成对周边地区的环境污染和生态破坏。

生态敏感和生态功能重点区域是青藏高原生态保护的重点区域，主要指三江源、甘南湿地、若尔盖—玛曲湿地、藏西北羌塘高原、藏东南高原边缘森林、川滇干热河谷森林等地区。一方面要控制人类活动强度，减轻生态压力；另一方面要加强生态保护与修复，提高生态系统服务功能。

重要城镇与产业发展轴指青藏高原主要交通通道沿线的城镇与产业发展带状区域，是青藏高原人员、物质、经济交流活跃区域，也是对环境影响比较大的区域，包括青藏、川藏、滇藏、新藏等陆路交通干道沿线，要合理引导沿线的城镇、产业布局，加强矿产、旅游资源开发监管，避免对重要生态功能区和生态廊道的割裂、阻断。

重要生态通道是指青藏高原主要的江河水系、陆地野生动物迁徙通道，通过生态系统综合评估，构建区域生态体系，加强重要生态通道的保护。

5.2　环境功能区划与分区管理对策

5.2.1　环境功能区划的含义

根据《环境科学大辞典》，环境功能是环境要素及由其构成的环境状态对人类生活和生产所承担的职能和作用。环境对人类的主要功能有：①环境是人类的栖息地，各项环境要素如空气、水、土地和生物等都是人类生存和繁衍的必要条件；②环境是生产劳动的对象，且具有净化污染物和自我调节的能力，因而是人类社会生存发展的依托；③仅具有相对的稳定性，因而还是人类社会生存发展的约束因素。

环境功能区划是实现对环境的科学管理的一项基础工作，它依据社会经济发展需要和不同地区在环境结构、状态和使用功能上的差异，对区域进行的合理划定。其主要目的是保护环境，为社会经济发展提供支撑，其理论依据是环境结构、状态和功能存在着地域差异性。区划的主要内容有：①在所研究的范围内，根据自然条件、各环境要素利用状况以及为社会经济发展服务方向等条件，合理划定不同环境功能的同类型区；②在所研究范围的层次上，根据社会经济发展目标，以功能区为单元，提出对生活和生产布局以及相应的环境目标与环境标准的建议；③在各功能区内，根据其在生活和生产布局中的职能分工以及所承担的相应的环境负荷，设计出相应的环境目标和控制指标；④为了确保不同的环境功能区域能够提供相应的环境服务，应制定社会经济发展调控要求和环境政策，提供建立环境信息库，以便将生产、生活和环境信息进行实时处理，及时掌握环境状况及其发展趋势，并通过反馈作出合理的控制决策。

环境功能区划是环境管理“由要素管理走向综合协调、由末端治理走向空间引导”的有效途径。环境功能区划是依据社会经济发展需要和不同地区在环境结构、状态和使用功能上的差异，对区域进行合理的划定。其目的是基于区域空间的资源、环境承载能力，通过辨析存在的环境问题和环境保护程度，为环境规划和管理提供技术支撑。与自然区划、生态区划等区划类型相比较，环境功能区划除了注重空间区域的自然特征和环境特征外，还充分考虑了社会经济活动对生态系统的干扰和影响，是综合了社会、经济、环境三个方面，集结构性与功能性于一身的区划形式。

环境功能区划将整体区域空间划分为多个不同的“小区”进行管理，有利于明确原来由于规划和管理滞后、布局混乱对环境系统造成的结构性甚至全面性影响和破坏，以及其所体现的生态环境特征在地域空间上的分布差异，从而分区制订环境保护和建设目标并制定管理和执行方案，实现环境系统的结构性好转并最终实现环境系统的全面改善。

5.2.2 青藏高原环境功能区划目标

青藏高原环境功能区划的目标：在青藏高原环境保护综合规划中，先期开展环境功能区划试点工作，制定青藏高原环境功能区划。青藏高原环境功能区划的目标定位如下。

- ❖ 客观认识青藏高原环境的区域差异；
- ❖ 基于青藏高原不同区域环境特征，引导社会经济与环境协调发展；
- ❖ 明确不同区域的环境功能，制定可以维系和改善环境功能的控制目标；
- ❖ 引导不同区域环境保护与生态建设。

5.2.3 青藏高原环境功能区划任务

合理安全空间功能分区，构建生态优先、环境与经济协调的空间格局。首先，要明确区域重要生态功能区的范围，保护“生态高地”，为整个区域乃至国家提供生态安全保障。其次，要根据城镇与产业发展格局，明确区域人口密集区和可能的环境污染集中区，优先保护饮用水水源，强化环境监管，为人类聚居提供优美健康的环境。第三，要根据资源适宜性，合理选择农牧业发展区，提供农副产品，保证最低限度的粮食供给安全，从环境的角度提供清洁的水和土壤环境，为食品质量和粮食供给提供环境保障。第四，要根据特色资源分布格局和开发条件，在不违背区域生态安全的前提下，划分资源保障区，强化环境监管，为资源可持续开发利用提供环境保障。第五，针对区域生态环境敏感和重要性程度较低的特点，资源储备条件暂不明朗或者暂时不具备开发条件的地区，划分保留区，为将来留下开发利用的空间。

5.2.4 综合环境功能区划初步方案

根据“国家环境功能区划编制与试点”专项研究的思路，我国综合环境功能区划体系分两个层次：一是政策引导区，是根据各地区自然环境特征、社会经济发展状况以及面临的突出环境问题，将全国划分为若干不同的环境政策区，以引导不同区域环境管理政策的制定；二是目标控制区，在政策引导区的基础上，结合主要城镇人群集中生产生活区、重要生态功能区、主要粮食基地分布区及其他地区，划分环境目标控制类型区。

综合环境功能区划将综合考虑区域的空间差异性和区域主体功能差异的空间分类，结合水环境、大气环境、土壤、生态等分区分类管理战略，提出综合区划方案和分区管理分类引导的配套环境政策。各地依据国家综合环境功能区划方案和思路，结合区内各环境要素的空间分异特征，提出全覆盖的环境要素空间区划方案，并制定相关的环境标准等具体的环境管控手段。

综合环境功能区划首先根据区域空间分异特征提出政策引导分区；再根据区域生态环境的主体功能差异提出分类控制目标；基于各环境要素在全国范围内的分区分类格局，提出国家综合区划方案，并对地方环境要素功能区划提出要求。

根据区域生态环境的主体功能差异，把青藏高原分为5类目标控制区（表5-5-1），对分布于不同政策区的各类功能区，分别提出不同环境战略定位与环境要求。

- ❖ 生态保育区：指构成我国生态安全格局的重要生态功能区和重要保护地区。环境控制目标是保障国家生态安全，严格限制环境污染和生态破坏。
- ❖ 食品保障区：是指具备良好的农业生产条件，需要保护并提高农产品供给能力的地区。环境控制目标是保护土壤环境质量，保障农产供应安全，同时控制面源污染和养殖污染，控制化肥农药施用量，加强秸秆综合利用。
- ❖ 人居健康区：是指城镇化水平较高、产业和人口集聚度较高的地区。环境控制目标是保障人居环境的健康。青藏区要合理调控城镇体系、优化人口聚集格局，严格限制产业污染和矿业生态破坏。
- ❖ 功能保留区：生态环境敏感性和重要性较低，具有一定的资源开发潜力，但是目前尚未开发，并且开发前景不是很明朗的地区，划分为后备保留区。这一地区主要为以后的发展和保护留出空间，环境政策将随着社会经济的发展需求和经济水平因势利导地制定。

表5-5-1 目标控制区划框架

序号	目标控制区	主要地域类型
1	生态保育区	构成生态安全格局的重要生态功能区和重要保护地区
2	食品保障区	具备较好的农业生产条件，以提供农产品为主体功能的地区
3	人居健康区	城镇化水平高、产业集聚度高、人口密集地区的重要城镇区
4	功能保留区	生态环境敏感度较低，具有一定的资源开发潜力，但目前不宜开发或者开发难度大，且不好直接划归为四类典型类别的区域

5.2.5 环境要素的分区管理

环境目标控制分区从宏观上提出了各个区域的环境功能定位与环境控制目标，为了维系各区域的环境功能，确保环境控制目标的实现，需要对各环境要素的功能区划和控制目标提出要求。主要环境要素包括水、大气、土壤和生态等（表 5-5-2）。

表 5-5-2 不同环境目标控制区对环境要素功能区划的引导要求

	生态保育区	食品保障区	人居健康区	功能保留区
水环境功能区划	保障水源供给；维护水生态安全	保障农业用水水质安全	保障饮用水安全，提供优美的水景观	水电、水能、矿产资源开发需要考虑生态要求
大气环境功能区划	保障大气调节功能，控制区域性沙尘		提供清洁的空气环境，维护人体健康	
土壤环境功能区划		提供清洁的土壤环境，保障食品安全	土壤环境不对城镇、工矿区域人群健康造成危害	
生态保护区划	重要生态功能保护	农村环境保护；农田、湿地、林业生态保护	城乡自然生态体系建设、城市绿地系统保护	点状的资源开发监管

5.2.6 环境功能区划准则与思路

青藏高原综合环境功能区划的基本准则包括如下要求。

❖ 总体上实施生态优先的战略，确保国家生态屏障安全，同时确保地方有一定的发展空间，可以支撑地方可持续发展；

❖ 与主体功能区规划保持有机衔接，从环境优化经济发展的角度，提出针对性和操作性更强的环境分区管理方案；

❖ 立足于维护国家生态屏障环境安全和区域人群健康，确定分区环境控制目标，引导地方针对不同环境要素制订分区管理方案；

❖ 协调资源开发、城镇建设、产业发展和生态环境保护的区域战略，明确不同区域环境保护与生态建设重点方向；

❖ 自然边界与行政边界相结合，基础评估以自然边界为主，区划方案尽量依托行政边界。

青藏高原环境功能区划的基本思路如下所述。

❖ 首先明确自然保护区、湿地保护区、水源保护区等法定保护区的区域范围；

❖ 基于生态环境敏感性与重要性评价，初步明确重要生态功能区范围；

❖ 整合（1）和（2）的区域范围，结合主体功能区规划中禁止开发区域和限制开发区域中重要生态功能区格局，初步确定生态安全保障区范围；

❖ 基于地形、人口（矿产、旅游、水、土地等）、资源状况以及主体功能区中优化、重点开发区域格局，初步确定人居健康保障区范围；

❖ 基于区域土地适宜性评估结果，初步确定宜农和宜牧区域范围（尽量以县、市行政边界为基础），扣除（3）和（4）的区域，初步确定食品安全保障区域范围；

❖ 综合协调上述三类区域，确定生态安全保障区、人居健康保障区、食品安全保障区范围，不同区域环境功能和分区控制目标；

❖ 其余区域纳入潜力资源保障区，宏观上确定不同潜力资源保障区的主要环境控制目标。

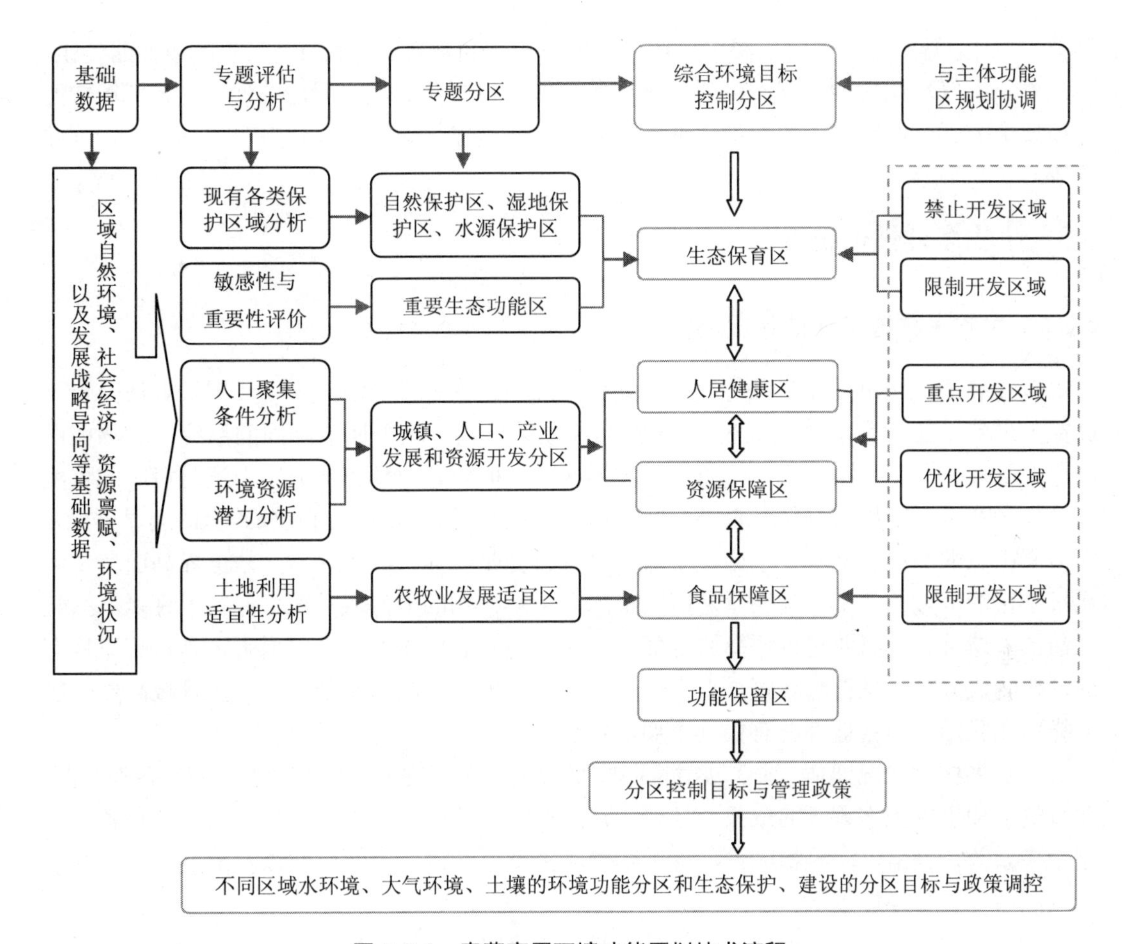

图 5-5-1　青藏高原环境功能区划技术流程

5.2.7　环境要素功能区划与分类管理政策

调整和完善水环境功能区划与分类管理政策。系统评估目前青藏高原 5 省区水环境功能区划和水功能区划方案，了解目前水环境功能区划和水功能区划实施中的主要经验和突出问题。在青藏高原环境功能综合区划的总体框架下，提出完善水环境功能区划和分区管理政策方案。重点考虑两方面：一是扩大水环境功能区划覆盖范围；二是综合水环境功能区划和水功能区划的优点，建立综合河长和水环境质量的水环境功能区划体系；三是将水环境功能区划与陆域结合，从控制陆域污染源入手，保障水环境功能区水质；四是从青藏高原整体考虑水环境功能区的水质目标与功能定位，协调跨省、市水环境功能区目标；五是基于新的水环境功能区划体系，建立水环境功能区分区管理政策等。

调整与完善大气环境功能区划与分类管理政策。整体上，青藏高原地区大气环境功能区划只覆盖了零星地区，实践基础较弱，对区域性的大气环境污染问题如颗粒物等缺乏有力的管控，新的大气环境功能区划需要重点针对以上问题进行修改和完善。主要考虑以下方面：一是增加大气环境功能区类型，在目前基于大气环境质量分区的基础上，增加大气环境质量管控区，管控区不设定质量级别，重点设定管控要求；二是扩大大气环境功能区划范围，因为青藏高原地区主要大气环境问题不仅来自城市，更多的是来自区域性的沙尘，因此要求大气环境功能区划不仅要覆盖城镇区域，也要覆盖城镇周边的沙尘区，城镇按照环境质量分区，城镇周边的沙尘区纳入管控区；三是建立新的区划体系，建立分区管理政策等。

5.3 生物多样性保护规划

5.3.1 生物多样性与保护状况评估

青藏高原地域单元非常独特，一是处于不同动植物区系交汇区域（我国学者认为青藏高原是世界上第七个动物地理区），青藏高原上动植物区系分属于不同的系统，动物方面高原内部属古北界区系，东南部属于东洋界区系；植物方面相应地分属于泛北极区的青藏高原植物亚区和中国喜马拉雅森林植物亚区。二是喜马拉雅山是南北分布上的明显屏障，而横断山脉的纵向谷地则便于南北交流，且垂直分带明显，类型繁多，是世界高山植物区系极丰富的区域。三是青藏高原是第四纪冰期中动植物的天然避难所，保存了许多第三纪以前的孑遗种类。第四是青藏高原内部也因为强烈隆起，内部寒旱化增强，具有高原特有的动植物成分。五是青藏高原垂直变化普遍与水平地带性紧密结合。总体上青藏高原生物多样性在我国乃至全球都占有极其重要的地位。

生物多样性状况评估。综合利用长期以来青藏高原生物多样性的调查资料、科考报告、普查资料和全国生态调查的成果，开展青藏高原地区的生物多样性状况评估，了解各类典型生态系统、群落、动植物区系，珍稀物种的类型、结构、空间分布以及发展趋势，明确青藏高原生物多样性家底。

生物多样性保护状况评估。综合分析目前青藏高原地区自然保护区、保护小区、物种资源保护区（保护中心）的建设状况、保护能力和覆盖范围，掌握目前生物多样性保护的主要制度、政策和措施，把握生物多样性保护存在的主要问题，明确生物多样性保护需求和重点。

5.3.2 重要物种栖息地保护规划

明确重要物种栖息地保护空间格局。根据区域生态系统综合评估、生物多样性评估和生态功能区划，明确重要物种栖息地的保护区空间布局和范围，明确各主要物种栖息地保护区的保护对象，面临的主要问题和威胁，以及保护需求。

提出重要物种栖息地保护规划对策。针对不同的重要物种栖息地保护区，制定系统的保护规划与对策，引导保护区内资源开发和产业结构合理布局，引导区域内产业发展转型，制定物种栖息地保护办法，建立监管机构和必要的管护设施，形成监管能力，强化调查、监测和评估能力建设，维护重要物种栖息地的生态环境安全和生态系统平衡。

5.3.3 自然保护区建设规划

构建自然保护区框架体系。从区域生物多样性保护整体考虑，制定青藏高原自然保护区建设综合体系，形成包括森林、草地、湿地、荒漠等重要生态系统类型，覆盖主要珍稀物种及其栖息地的自然保护区体系，形成国家级、省级、县市级自然保护区的层次体系，从空间上形成保护区、保护小区、重要迁徙通道的保护区空间体系。弥补保护区体系的空缺，适当调整保护区范围、功能和级别，完善保护区体系。

强化自然保护区能力建设。加强自然保护区的管护能力与基础设施建设，完善保护区管理机构，增加保护区管护人员，提高管护人员业务素质，吸纳保护区所在地区的农牧民参与自然保护区管护与建设。加强保护区标识牌、管护道路、救护中心、信息中心、标本馆建设。加强保护区管护、巡逻设施、设备建设。增加保护区管护经费，提高保护区管护能力。

建立自然保护区补偿机制。对保护区地方农牧民、地方政府建立自然保护区生态补偿机制，适当补偿保护区所在地方农牧民的农牧业、林业发展经济损失，搬迁损失，适当补偿保护区所在地方政府的财政收入损失，补偿野生动物造成的生产生活损失和人身伤害等。

5.3.4 物种资源保护规划

青藏高原地区物种资源极其丰富，具有很高的科研价值、生态价值和经济价值，很多物种资源还没有得到充分的认识甚至没有被发现，潜在价值巨大。

明确青藏高原物种资源的总体状况。根据目前的调查资料和研究进展，开展青藏高原物种资源综合评估，把握青藏高原各类物种资源的总体状况和面临的主要威胁。

制定青藏高原物种资源保护的总体行动计划。根据国家物种资源保护和利用规划，制定青藏高原物种资源保护的总体行动计划和重点任务，明确近期需要启动的行动方案，包括陆地野生动物、植物、药用物种、农牧、林业等物种资源的保护方案。

5.4 重要生态调节功能维护规划

5.4.1 水源涵养功能维护规划

明确水源涵养功能保护区的范围与层次体系。从国家生态安全和生态环境整体考虑，结合区域生态系统综合评估，界定青藏高原重要河流、湖泊的水源涵养区范围，构建国家级、省级两个层次的水源涵养功能区体系。

制定水源涵养功能区保护对策。综合分析各水源涵养功能区划的主要环境问题、未来环境压力，根据维护区域水源涵养功能的需要，制定系统的产业引导、水源涵养功能保护和监管能力建设规划方案。

5.4.2 水土保持与防风固沙功能维护规划

明确区域土壤侵蚀的类型与空间分布。结合全国生态调查、土壤侵蚀调查和生态监测评估，明确青藏高原地区土壤侵蚀的主要类型，范围和空间分布，把握各类土壤侵蚀严重区和敏感区的分布及发展趋势。

制定区域水土保持规划。根据青藏高原水土流失严重区和敏感区的分布，制定水土保持的控制区划和分区对策，重点防治青藏高原东缘地区和江河源头地区水土流失。

制定区域防风固沙规划。根据青藏高原沙漠化土地分布和发展趋势，对沙漠化敏感区和城镇环境质量产生直接影响的沙化土地进行重点防治，制定分期的防风固沙规划。

5.4.3 碳汇功能保护规划

开展碳汇功能综合评估。基于遥感和地面监测手段，开展青藏高原碳汇功能的综合评估，明确青藏高原碳汇功能的空间分布，结合全球变化影响分析，把握典型区域和生态系统类型的碳汇功能变化趋势。

提出碳汇功能保护策略。根据典型区域和主要生态系统类型的碳汇功能变化情况，分析碳汇功能变化的主要原因，提出有针对性的保护策略。

构建基于碳汇功能的生态补偿方案。通过碳汇功能的综合评估，掌握青藏高原的碳汇功能总量和空间分布，结合 CDM 机制，提出基于碳汇功能保护的生态补偿方案。

5.5 农村与农牧业环境保护规划

5.5.1 农村能源使用环境保护对策

区域农村能源使用现状分析。针对青藏高原农村地区生活用能极为匮乏的突出特点，分析现有以畜粪、薪柴、草皮等生物质能为主的能源结构和利用方式对区域生态环境的主要影响。关注青海省东部等农业区，燃烧作物秸秆作为能源产生的主要环境问题。

基于区域生态环境保护的农村能源保障方案。主要研究内容包括：

- ❖ 实施农牧区传统能源替代工程。包括以电代薪、农村沼气建设和太阳能推广等。因地制宜地建设不同类型的农村清洁能源工程。在有水能资源开发条件的区域建设县乡水电站。加大农村沼气建设，“十二五”期间在青藏高原适宜建沼气的农户全面普及沼气。在农牧民居住较为分散的区域，推广太阳能。
- ❖ 优化农村能源结构。针对青藏高原广大农牧民居住分散，直接使用大电网比较困难的现状，因地制宜地加强对农牧区小水电、太阳能、风能、低热能以及各种生物能的利用和开发，扭转农牧民利用木材、畜粪、草皮等生物质能的单一能源格局，改善生态环境。

5.5.2 农牧业生产环境保护措施

畜牧业环境影响分析。着重分析现有畜牧业生产方式，特别是超载放牧对区域生态环境的影响。近年来青藏高原地区除了在牧区养殖牲畜，另有部分农户从分散养殖转向集约化、规模化养殖，多数养殖场缺乏必要的污染防治措施。主要分析规模化畜禽养殖场污染防治设施建设情况及对周边环境的影响。

种植业环境影响分析。青藏高原宜农耕地面积相对较少，耕地质量差，生态系统脆弱，加之青藏高原气候的暖干化趋势，如不能从根本上遏制农业面源污染，势必造成整个农业生态系统恶性循环。主要从农业生产条件、种植业结构、耕地化学品使用管理等方面，分析目前农业生产方式对区域生态环境的影响。

农牧业生产环境保护对策。从加强畜禽养殖废弃物综合利用、农用化学品环境安全管理、加强对草地资源的保护等方面，提出农牧业环境保护措施。主要包括：

- ❖ 加强畜禽养殖废弃物综合利用。鼓励建设生态养殖场和养殖小区，通过发展沼气、生产有机肥和畜禽粪便还田等综合利用方式，重点治理规模化畜禽养殖污染。
- ❖ 加强农用化学品环境安全管理。推广环境友好型农业生产技术，制定农村面源污染控制与监督管理政策。依托优良的自然本底环境，大力发展有机食品生产，在保护环境的同时带动农牧产业发展。
- ❖ 加强对草地资源的保护。提出引导牧民科学放牧，防止超载过牧的措施。

5.5.3　农牧民定居点环境保护措施

提出推动游牧民定居、加强定居点环境综合整治等的具体措施和要求。

制定游牧民定居点环境综合整治规划。游牧民定居点建设要科学规划、合理布局，避免对周边生态环境产生不良影响。明确游牧民定居点污染治理和生态保护的具体方案。根据各地开展游牧民定居点环境综合整治的需要，尽快研究制定游牧民定居点环境综合整治相关技术规范。

加快实施游牧民定居工程，配套完善环境基础设施。西藏自然生态脆弱、环境恶劣、灾害频繁、条件艰苦、经济社会发展水平低，加大游牧民定居工程实施力度，是解决西藏生态环境问题的重要措施。结合西藏社会主义新农村建设和生态安全屏障构建的需要，加快实施游牧民定居工程。提出加强游牧民定居点垃圾收集与处理、生活污水综合处理的具体措施。

5.5.4　农牧民饮水安全保障措施

科学划分饮用水水源保护区。提出推动各地开展饮用水水源地环境现状调查，参照《饮用水水源保护区划分技术规范》尽快划定饮用水水源保护区。要优先划定人口比较密集的村镇集中式饮用水水源保护区。农牧区分散式饮用水水源地的环境保护应根据具体情况，提出相应的管理措施。严格执行饮用水水源地环境管理制度。

加强水质监测和评价工作。提出加强农牧区地表及地下饮用水水源水质监测与评估的具体措施。加强饮用水水源地环境监测能力建设，积极提升县级环保部门对饮用水水源水质常规指标的监测能力，加强人口比较密集的村镇集中式饮用水水源水质常规监测。

建设饮水安全保障工程。提出针对饮水困难农村地区，积极筹措资金，建设一批饮水净化设施，改善当地群众饮水条件。

5.5.5　生态型农牧业生产体系建设

农牧业资源特征和产业布局现状。基于青藏高原独特的自然环境和资源特征，分析发展生态型农牧业的基础条件，同时对目前种植业和畜牧业的产业布局现状合理性进行分析。

区域重大发展因素对农牧业生产环境的影响分析。着重分析青藏铁路建设、新农村建设等重大发展因素对于推进农牧产业发展可能产生的影响，特别是对农牧业生产发展产生的环境影响。

农牧业生态转型战略措施。针对目前农牧业生产布局、产业结构、生产方式等方面存在的一系列问题，提出以生态环境改善优化农牧业经济发展的主要措施和行动。青藏高原地区的农牧业发展不仅肩负着促进当地经济社会发展的任务，还承担着区域生态保护的重任。农牧业生态转型措施包括：

- 发展农牧业循环经济，促进农牧业间的共生耦合；
- 加快建立以园区、企业和农牧户为主要载体的生态农牧业模式；
- 发展健康养殖和生态农业，加强农牧生产废弃物循环利用。

5.6 流域水环境保护规划

5.6.1 研究制定流域水环境保护目标

目标协调与指标体系建立。充分考虑流域社会经济状况、水污染防治压力，协调流域上下游、各级政府、相关部门目标要求，合理确定流域水环境保护总体目标与到 2030 年的分阶段目标。对规划目标量化分解，分析各项指标的约束作用和引导功能，合理筛选和明确指标项、指标阈值，充分考虑指标的可行性和可控性，建立流域水环境保护规划指标体系。

目标研究制定的具体任务。研究任务包括：主要流域水环境质量评价，分析较长时间尺度水环境质量变化态势和发展趋势；污染源分析，包括污染源产生方式及分类、排放去向、纳污水域等，分析结果用于总量目标制定；产污量预测，包括废水排放量和污染物排放量预测两部分；规划指标分析和筛选，根据污染源调查、产物量预测和水环境质量评价结果，建立科学的流域水环境保护指标体系；容量盈亏分析，分析规划目标年水污染排污总量，并与环境容量进行分析比较；制订多情景保护方案，综合考虑城市污水处理、中水回用、污水处理厂排放标准等不同影响因素；技术经济分析，主要分析治污能力与总量控制目标差距；制定规划目标。

5.6.2 流域水环境保护分区方案

基于青藏高原各流域水环境现状特点，从水资源开发利用与水环境污染防治角度出发，将主要流域划分为水污染治理、水环境保护与污染预防、水资源限制开发三种类型，提出有针对性的水环境保护措施方案。

水污染重点治理区。主要是黄河上游地区，治理重点是西宁湟水河流域。主要任务是治理西宁市黄河干流附近的城市水污染，加强对含油废水重点污染源的监管，强化污水处理厂脱氮工艺，适当试验性小范围推进黄河西宁段的面源污染控制工作，加强湟水河上游地下水质保护，保障黄河干流城市的饮水安全。

水环境保护与污染预防区。主要是长江上游——金沙、雅砻江流域和西南诸河——雅鲁、澜沧江流域。该区多属经济欠发达地区，经济发展正处于启动阶段。主要任务是明确水污染发展趋势，分析区域内污染结构与污染源分布，从预防为主的角度出发，制定重点城市饮用水水源地保护、水环境监管能力建设、工业发展布局等区域水环境保护规划方案。另外，跨界河流问题也是该分区着重关注点，尤其是对跨界河流水环境质量的保障制度和污染应急方案的制订。

水资源限制开发区。主要是西北诸河内流区流域。该区地广人稀、经济落后，发展滞后于青藏高原其他区域。该区多数区域被定为自然保护区、饮用水水源保护区。主要任务包括：对流域内片区功能进行细化，区分开绝对限制和相对限制，在不同时间上制定合理的保护限制措施；对生活污染源进行估算预测和治理，制订合理可行的污水处理设施建设方案；制订相水环境监管能力建设方案。

5.6.3　饮用水水源地环境保护

科学划定饮用水水源保护区。加强饮用水水源污染防治，取缔一级饮用水水源保护区内排污口，控制有毒有害尤其是重金属污染物对水源的影响，严格控制工业污染源对地下水的污染。建设备用水源，预防突发水污染事故。

健全饮用水水源水环境监控和信息发布制度。加强常规水环境监测，主要城市集中式饮用水水源地每年必须开展一次水质全指标监测分析，并及时公布水源地水质状况。

建立城市饮用水水源污染应急预案。对威胁饮用水水源地安全的重点污染源要逐一建立应急预案，建立饮用水水源的污染来源预警、水质安全应急处理和水厂应急处理三位一体的饮用水水源应急保障体系。西宁、拉萨等重点城市要率先建立城市饮用水水源污染应急预案。

针对重点区域，优先开展治理。基于地区经济较为落后的现状，选择经济基础较好、工业较为集中的地区，先行开展集中式饮用水水源地建设，特别是加强西宁等重点城市饮用水水源保护。

5.6.4　水污染防治基础设施建设方案

明确污水处理分阶段目标。结合青藏高原社会经济发展、水环境压力、总量控制目标等，研究制定到 2030 年的分阶段规划目标。

制订污水处理设施建设方案。在省会城市和工业较为集中的地区建设集中式污水处理厂，规模大、中、小相结合，科学选址。根据污水特性、排放水质要求、当地气候等实际情况，经全面的技术经济比较后，确定污水处理工艺。青藏高原地区分布有大量自然保护区、游牧区，可选择污泥农用资源化等污泥处置方法。

5.7　重点区域大气、固废环境保护与治理规划

5.7.1　城镇大气环境质量保护规划

引导产生大气污染的企业合理布局。加强城镇发展区和资源开发区大气环境监测和大气环境影响评估，引导新建企业合理布局，严格企业环境准入门槛，避免对城镇、人口密集区和重要旅游区造成大气污染。

加强城镇大气污染企业环境监管与调控。对目前城镇和人口密集区内的大气污染企业加强环境监管和技术改造，降低环境污染物释放，逐步开展企业布局和生产工艺调整，对于严重危害城镇、人口密集区和旅游区的大气污染企业，要分批予以关停和搬迁。

加强城镇能源结构调整。逐步改变青海、甘肃、四川等部分区域以煤为主的能源结构，

增加电力、燃气供给。加大风能、太阳能的开发利用力度，大力发展清洁能源。

加强城镇周边地区沙化土地治理。青藏高原城镇大气环境主要污染物为颗粒物，主要来源于周边沙化土地。保护大气环境质量需要加大城镇周边地区沙化土地治理力度，避免大规模高强度的地表扰动，逐步恢复城镇周边地区植被覆盖。

5.7.2 固体废弃物收集处理规划

促进固体废物循环利用。在重点城镇区和资源开发区，建立健全废旧物资回收网络体系、完善废旧物资再生产业链条，促进废旧物资再生产业发展。完善回收网络体系建设，从回收网络、市场集散中心和综合利用网络等部分，完善废旧物质的回收网络体系，避免废旧物质抛弃到周边环境。

完善生活垃圾收集与综合处理。青藏高原生活除了由当地居民的生活产生外，很大比例来自旅游人口，生活垃圾的收集系统建设要覆盖城镇区和重要旅游区，要加强生活垃圾分类收集的基础设施建设和宣传教育。因地制宜地建立生活垃圾无害化处理设施，避免对生态敏感区和区域景观造成影响和危害。

促进一般工业固废集中处置。在河湟谷地等工业加工集中区和柴达木盆地等矿产资源开发区，建设工业固体废弃物的安全处置中心，将企业不能资源化利用的工业固废进行收集并集中处理，避免释放到周边环境，造成二次污染。

加大工业危险废物回收利用。对于无法利用的工业危险废物，须运往危险废物处置中心进行安全处置。加强危险废物全过程管理，严格执行危险废物经营许可证和转移联单制度，处理公司在提取利用危险废物的有用成分后，要严格监督对残余废物进行无害化处置，从而有效地解决危险废物二次污染问题。

医疗废物安全处置方案。坚持区域统筹集中处理，以与环境区划、城建规划相协调原则，建设高水平医疗废物安全处置设施。对重点城镇区域和有条件的农牧民定居点的医疗废物进行集中收集处理。要加强医护人员的培训，对于不具备集中收集处理条件的区域的医疗废物，选择环境风险低的区域存放处理。

5.8 环境协调管理体系、能力规划与政策设计

5.8.1 建立青藏高原区域环境协调管理机制

建立跨行政区域的生态环境管理协调部门。青藏高原整个地区需要建立一个整体决策和协调的部门，其生态环境管理领域也是如此，可在整体的综合决策主体下设立常规的“生态环境管理协调部门”。

具体方案为：一是在各省行政机关的基础上建立青藏高原地区跨区域的“生态环境管理协调部门”，归属于“青藏高原区域经济发展和环境保护管理领导小组和委员会”管辖，以各省主管环境的领导和环境部门代表为主要成员，下设专门的办公室（常设机构）、专题协商会议（根据需求定期召开）、咨询委员会等，其协调结果应由各省市的相关部门严格执行；二是确立各省市对协调结果的执行保障机制，需要将跨区域的事务纳入各政府职能部门的工作日程中，并建立一定的规划、规范、考核、监督等机制。

5.8.2　加强青藏高原区域环境保护相关政策法规设计

针对前文的青藏高原生态环境法规政策的现状与问题进行分析，对其法规政策体系做进一步调整和完善。

完善现有生态环境保护政策体系。应由“青藏高原区域经济发展和环境保护管理领导小组和委员会”来制定《青藏高原地区环境保护条例》，对青藏高原地区的环境与经济综合决策的内容、机制和措施等做出规范性规定，同时为全国进行综合决策立法提供经验。该法律需要具有一定的综合性，能在各省具有适用性和协调性，另外还要具有保障实施的权威性。在这些法律中，还应扩展社会对政府决策的知情权、监督权，并且能对反馈意见进行修正和改进。

根据地方不同生态特点有针对性地修改地方生态环境法律法规。青藏高原地区共性为都具有高原环境特色，但各省市之间的生态环境状况还是具有一些差异的，如植被分布、野生动物状况、保护区分布、水源地分布等，其各省的生态环境破坏原因也各不相同。需要根据这些地方的生态特点与经济发展特色来有针对性地修改地方的生态环境法律法规。既要保证地方的生态环境不被破坏，又要保证自身的经济发展特色；既要有针对地方生态环境保护和执法的法律法规，还要有产业发展、项目建设中生态环境保护方面的规范程序。要鼓励各地开展结合自身特色的环境保护活动，并用法规等方式保留下来。

5.8.3　强化青藏高原区域产业准入

青藏铁路通车对青藏地区的经济发展起到了积极的推动作用。一是带动了沿线旅游产业的发展，如青藏铁路开通一年，西藏的旅游人数达到了 251 万人（次），同比增长了 39.5%，旅游收入 27.7 亿元，同比增长了 43.2%。二是带动了沿线产业发展，如青藏铁路一期工程（西宁至格尔木段）建成运营十多年来，促进了青海钾肥厂、锡铁山铅锌矿、青海铝厂、青海油田、格尔木炼油厂、茫崖石棉矿和龙羊峡、李家峡两座大型水电站等一大批大中型项目的建设和发展。

从产业发展来看，该地区在一定程度上考虑了环境保护，下一步要重视环境与经济综合决策，重点考虑旅游业、畜牧业和重点地区的资源开发和环境保护的协调发展。

（1）青藏高原农牧业环境准入思路

根据青藏高原的自然条件与社会经济发展要求，在相当长的一段时间里，农牧业仍将是青藏高原地区的基础与支柱性产业，是实现该地区社会经济跨越式发展的重要基础和农牧民生活水平提高的主要来源。但是，青藏高原农牧业的发展应当采取一种全新的思路，即以可持续发展战略为指导，立足于区域社会经济与自然生态条件，重点通过实现几个战略性转变，逐步实现农牧业生产的跨越式发展。

- ❖ 实现粮食供应“自给”向“自主”的转变，重新建立新粮食安全观；
- ❖ 实现农牧业由“增产”向“增效”的转变，进一步调整农牧业生产结构；
- ❖ 实现农牧业生产由“分离”向“整合”的转变，促进农牧业的有机结合；
- ❖ 实现农牧业由“生产”向“生态”的转变，促进可持续发展战略的实施。

（2）青藏高原旅游业环境准入思路

近年来，全国的旅游业蓬勃发展，这为青藏高原旅游业提供强大的后援，同时青藏高原的旅游需求也将随着青藏铁路的通车而日益上升。但青藏高原的生态环境十分脆弱，在发展旅游业的同时，也要注重环境保护，实现生态效益和旅游经济效益的双赢，促进该地区的旅游可持续发展。

（3）对铁路沿线的产业发展（以矿业与旅游业为主）准入思路

一是整个青藏高原地区要制定鼓励生态产业、特色产业发展与限制污染密集型产业的政策。可制定青藏高原地区重点鼓励发展的产业、产品和技术目录，对鼓励发展的产业、产品和技术从各方面给予支持。同时，拟订限制发展的污染密集型和高耗能型产业目录，提高产业进入门槛，实施强制性资源、能源、环境消耗标准，建立高耗能、高耗水、高污染的落后工艺、技术和设备的强制淘汰制度。

二是矿业要利用好青藏铁路通车的契机，逐步形成“资源开采—初加工—深加工”一体化的产业体系逐步形成，并实现由粗放型经济向集约型经济转变，由资源密集到技术资本密集的过渡。主要的政策建议有：积极培育矿业生产要素市场；开发采、选、冶的一系列技术，积极发展矿产品的深加工与精加工；调整和完善现行资源税；完善现有的资源补偿费制度；探索资源交易等市场化的补偿方式等，建立适合高原地理环境与民族特点的高效环保型矿业发展体系。在矿业发展的同时，不给生态环境造成压力。

三是积极发展青藏铁路沿线的生态旅游。为了进一步推动青藏铁路沿线旅游业的发展，国家旅游局已将“青藏铁路沿线旅游区”列为中国旅游业发展“十一五”期间优先规划和建设的重点旅游区。正在编制中的“青藏铁路沿线旅游发展规划”，旨在整合沿线旅游资源，打造高品位的旅游线路与产品，完善这一区域的旅游功能、设施和项目。主要的政策建议有：实行科学规划、合理开发，全面整合其自然与人文的优势旅游资源；消除旅游业发展的体制性障碍，在发展初期增强政府部门对市场的宏观预测和有效监控；健全旅游产业政策，规范投资行为；多方筹资，加强基础设施建设的投资；加强旅游专业人才的培养和开发等。

5.8.4 生态补偿机制与政策

生态补偿机制是调整与生态环境保护和建设相关的各方利益关系的一系列行政、法律、市场等手段的总和，是社会主义市场经济条件下的一项重要生态环境经济政策，是建立资源节约型、环境友好型社会的重要举措。青藏高原地区是我国生态保护的重点地区，但这些地区经济社会发展滞后，群众生活水平低，地区经济发展和人民收入水平的提高受制于区域生态环境保护，因此，必须建立针对青藏高原地区的生态补偿机制，加大对青藏高原地区生态保护和建设重点区域的投入力度，这对于缓解当地农牧民的贫困程度，维护社会公平，构建和谐社会具有重要意义。将从如下方面建立青藏高原地区生态补偿机制。

- 研究建立江河源区的生态补偿机制。
- 研究建立自然保护区生态补偿机制。
- 研究建立重要生态功能区生态补偿机制。
- 研究建立矿产资源开发的生态补偿机制。

❖ 研究建立水能资源开发的生态补偿机制。

❖ 研究建立森林、草地、湿地等重要生态系统保护补偿机制等。

基于上述重点领域生态补偿机制的研究，提出有利于建立青藏高原生态补偿机制的公共财政政策，确保青藏高原生态补偿机制落到实处；同时把生态补偿机制与生态产业发展有机结合，与人才队伍建设有机结合，与主体功能区建设有机结合，不断丰富生态补偿机制的形式与内涵。

5.8.5 环境能力建设规划

青藏高原环境管理能力建设总目标是建设和提高青藏高原地区环境管理能力，通过环境管理能力建设，建立青藏高原区域环境管理决策支持系统，实现青藏高原环境管理信息化和决策科学化，最终为保障青藏高原区域重要生态功能提供智力和技术支持。

完善基层环境管理机构建设。青藏高原很多地级区域都没有单独的环保机构，基层环境管理机构建设更不完善。各地县级政府应加强环境保护机构建设，没有机构的增设机构，有机构的要强化人员编制和高素质人员的配备。

提高县级环境监测能力。青藏高原地区县级环境监测站的建成率很低，在增设县级环境监测机构的同时，提高现有县级环境监测站的监测能力是加强该地区环境管理能力所必需的。提高县级环境监测站的监测能力是提高环境管理水平的科学保证。要做到县级环境监测部门与地市级、省级的数字化联络系统，及时地反馈各种生态环境要素的变化信息，紧密依靠国家和省一级的环境管理部门对第一线的生态环境保护工作实行有效的管理。

加强青藏高原地区环境管理人员的素质与能力培训。由于青藏高原地区过去的基层环境管理机构条件差，环境管理人员素质与能力总体上也较弱。要强化该地区的环境管理工作，提高环境管理水平，就必须提高环境管理人员的素质与能力，培训是达到这一要求的重要手段。

加强建立青藏高原生态环境保护的基础性资料数据库系统。青藏高原作为全国乃至世界级的重要生态功能区，我们对其各项基础性科学数据的掌握和了解还非常薄弱。虽然新中国成立以来各级科研院所及相关部门在青藏高原进行了大量的科学研究，但这对于在该地区实行有效生态环境管理的目标还相差很远。应在加大科技支持投入的同时，建立起综合的科学数据库集成系统，将过去所有针对青藏高原开展的自然和社会研究进行集成综合，有效利用已有的研究经验和成果。

5.9 重点工程设计与投资估算

5.9.1 重点工程体系

按照青藏高原环境保护目标和环境保护工程需求，结合已经颁布实施的有关规划，提出分阶段、分类别的重点建设工程，并对投资和项目效益及投资风险分析。

重点工程拟分为生态保护工程、生态建设工程、环境污染预防与治理工程以及环境监管能力建设工程等 4 大类。工程规划建设期限分为近期、中期和远期，重点是近期。

5.9.2　工程投资估算

投资估算依据农、林、牧、环保、交通、水利、电力等行业的有关预（估）算编制规定，主要参考了国务院西部开发办等五部委《关于进一步完善退牧还草政策措施若干意见的通知》、《国务院关于加强草原保护与建设的若干意见》，农业部《基本建设项目申报指南（草案）》、《草原防火规划》、《禁牧和休牧技术规程（试行）》，水利部《水土保持工程概（估）算编制规定》（水总[2003]67 号），国家发改委、建设部《工程勘察设计收费标准》（2002 年修订本），建设部《全国市政工程投资估算指标》，国家林业局《天然林资源保护项目投资概算标准》（2000 年），国家计委、建设部《工程勘察设计费管理规定》、《水利水电设备安装工程预算定额》（1992 年）以及各省区制定的技术文件和有关投资估算依据。

资金来源主要有三个渠道，包括申请中央预算内专项投资、纳入现有投资渠道统一安排、配套建设项目（只提出规划建设的内容和发展方向，不核算投资，所需资金采取多渠道筹集解决）。根据我国投融资体系和管理框架，分类别分析各项目资金来源渠道和主管部门。

5.9.3　风险与效益分析

风险分析：主要是对各类重点工程的投资规模与预期目标、指标的可达性进行分析，并总结可能影响投资效益发挥的各类制约因子，提出应对方案。

生态环境效益分析：主要从提高并增强生态系统服务功能、维护生物多样性、加强生态安全屏障、保障环境承载能力、改善城市环境质量和废弃物资源化利用水平、改善农村环境等方面进行分析评估。

社会效益分析：主要从改善人居环境、促进城市居民生活质量提高、促进人口素质提高、推动城市社会文明建设、增强城市活力、提高城市综合竞争能力、带动城市生产、生活消费品位提高等方面进行分析评估。

经济效益分析：主要从保证经济总量稳定增长，促进经济质量的改善，提高经济的效率、可持续发展能力，加强吸引投资的力度，减少生态环境破坏带来的经济损失等方面进行分析评估。

第6章　规划保障体系设计

青藏高原环境保护一定要牢固树立“以环境优化经济增长方式”的理念，正确处理和把握环境保护与经济社会可持续发展的关系问题，牢固树立保护与发展共赢的科学发展观，克服地方保护主义、本位主义和急功近利的思想，及时转变“先污染、后治理、先开发、再保护”的思维方式，把认识由过去以牺牲环境为代价换取经济增长为主统一到以环境优化经济增长方式上来。坚持“以人为本、生态优先”，通过优化环境，促进经济结构调整，引导投资方向，吸引更多的投资，创造新的经济增长点，同时，推动环保事业的发展和环境质量的改善，使环保工作真正从“被动、补救、消极”中走出来，变为“主动、预防、积极”的环保思路。

6.1　组织保障

6.1.1　建立部委协调机制

为了保障规划的有效组织实施，成立以中央部委（环保部、发改委、林业局等）为核心、各省级代表（省长或省委书记等）为主要成员的决策主体——“青藏高原区域经济发展和环境保护管理领导小组和委员会”，作为整个青藏高原区域环境保护的协调指导机构，从而加强对规划编制与实施过程中面临诸多问题的协调。

6.1.2　落实地方实施考核机制

根据规划的要求和进度，每年由省政府组织监督检查各地规划实施的情况，将检查结果纳入到地方党政一把手领导干部环境保护目标责任制和政绩考核中，提高地方领导的重视程度。建议通过地方的《规划执行法》，将规划执行用法律机制确立下来，进一步提高规划的法律地位。杜绝规划朝令夕改、一届政府一个规划，以避免重复浪费的情况出现。

6.2　法规保障

6.2.1　确立青藏高原环境保护综合规划的法律地位

青藏高原环境保护综合规划经国家审议批准后，将成为青藏高原地区生态环境保护纲领性文件，也将是青藏高原地区社会经济发展必须参照的基础框架。青藏高原各省区将按照综合规划的总体要求，建立环境协调保护管理体制和机制，落实规划的总体方案和各项任务。各省在编制区域性社会经济发展规划、环境保护规划、重大基础设施规划和项目设计时，需要遵从综合规划的总体要求。

6.2.2 提高环境监理机构的法律地位

在生态环境保护过程中，环境监理机构的工作——对违反生态环境要求的行为进行检查、监测、监督和管理是十分重要的。要在立法中，明确环境监理的职能与职责，进一步将环境监理机构及其工作流程法定化，解决一些检查、监测、监督的原则性和方向性问题；特别对于监测工作，需要配套相应的环境监测部门规章、监测标准体系、监测数据管理等规范。

6.2.3 加强生态环境执法力度

加强青藏高原地区的生态环境执法力度是刻不容缓的，直接影响到其生态环境法律法规是否有效。具体措施可从两个层次考虑：一是省市级高层环保部门，需要提供生态环境执法的保障机制，通过综合决策机制提高自身在各级政府中的地位，规范化生态环境的执法流程和一些拒不接受执法的强制手段，同时也要了解好少数民族的环境保护习惯，以及建立少数民族参与环境执法的渠道和方式；二是对于基层环境执法机构，要建立一定的工作人员考核机制，严格要求、规范到人，对违法行为绝不姑息，同时结合地方的少数民族特色来处理环境纠纷。

6.3 社会保障

6.3.1 鼓励和引导公众参与

公众参与综合决策可以分为两种情况：一是公众出于对公共事务的关注而愿意为国家的公共决策作出贡献；另一是个人由于自身利益相关而参加决策过程。这两者在青藏高原地区都有一定的群众基础，但鉴于其经济发展现状，后者的动力更大一些。而公众参与综合决策的确也是有必要的，他们是决策真正的受益者，也最能识别出哪项政策最优。因此，在环境与经济的综合决策中，应着重发挥公众的两个作用：一是协助、补充和配合政府进行决策，二是督促实施部门完整地实施决策。公众是“沉默的多数”，代表了广泛的社会基础，可以在综合决策中增强社会公正性，获得公众的支持。

加强制定生态环境保护公众（高度重视少数民族传统习俗）参与机制。在高度重视少数民族传统习俗的基础上建立生态环境保护公众参与机制，可以通过举行听证会、旁听会议、发布公告、网络公开、热线电话、社区报告会等多种形式，向公众报告综合决策中的环境问题和环境决策意见，并请他们发表意见。在意见征求和监督过程中，也要考虑一定的本地少数民族参与比例。对于直接涉及公众切身利益的具体事件（包括项目建设等），在决策前应充分征求公众意见。还可以设立区域公众环境论坛，长期向公众开放，常态化地吸收公众对地区生态环境保护的意见。

6.3.2 倡导和发展生态文明

高原藏族生态文化的总体精神是人与自然和谐相处，它的形成与宗教具有密切关系，蕴涵着浓厚的宗教色彩，与其说是高原少数民族人民的一种理念，还不如说是一种信仰，蕴涵着高原藏族民众深切的感情。这种蕴涵着人的信仰和情感的人与自然和谐相处的文化观，恰恰为青藏高原地区实现生态环保提供了强有力的观念支撑，所以一定要保护和传承这种高原独有的生态文化。

青藏高原地区对生态环境的保护，几乎涉及所有生活在该地区的少数民族民众，尤其是寺院对生态环境的保护，在普遍信仰藏传佛教的藏族群众中，具有极大的影响力。因此，必须把生态文化的传承与公众参与有机地结合，公众参与是高原藏族生态文化发挥作用的必然要求。

因此，传承和发扬青藏高原独有的生态文化是青藏高原环境保护规划得以落实的重要条件。

6.4　资金保障

由于青藏高原地区是欠发达地区，环境管理能力建设经费不能只依赖当地政府的财政投入。应当按照责、权、利相结合的原则，形成大家的事大家办、社会公益事业社会办的投入机制。投资来源应是多元化的，国家、当地政府、东部发达地区、国际组织与外国政府的支援资金都可以成为环境管理能力建设的资金来源。比如，青藏高原地区环境监测站的建设资金可以来源于国家在这一地区的基础建设总投资或是全国的排污收费。培训费用可采取多渠道筹措的办法，可以从国家、地方、东部发达地区以及国际组织与外国政府的支援资金中争取。

6.4.1　制定优惠的投融资政策

国家加大对集中的城镇建设区环境基础设施建设的支持力度，提供一定的运营优惠政策。国家财政性资金加大对生态环境保护与生态功能维护项目的资金投入，同时在土地、税收、信贷等方面提供优惠，鼓励社会资本参与生态建设。

6.4.2　设立专项资金

成立青藏高原生态建设与环境保护专项资金，专门用于有利于改善青藏高原生态环境的重点建设项目，做到专款专用。

6.4.3　建立青藏高原环境保护基金

设立青藏高原生态环境保护基金，接受社会各界捐款、赠款、专门用于青藏高原的环境保护。

6.5　技术保障

深化青藏高原环境科技体制改革，凝聚各方面力量，优化整合环境科技资源，培养环境科技人才，建设环境科技支撑体系，提升环境科技创新能力。努力提高青藏高原环境决策的科学化和民主化。

6.5.1 建立健全区域生态环境监测、评估、保护和修复技术体系

以科技创新推动青藏高原生态建设与环境保护，尽快建立以生态监测与评估技术、生态保护与修复技术、环境污染治理技术以及新型能源技术为主体的青藏高原环境保护科技支撑体系。

6.5.2 提高青藏高原环境保护管理技术

针对青藏高原环境保护管理中的关键环节，根据环境保护管理的实际需要，开展攻关研究，研究制定符合青藏高原地区的生态环境保护管理制度、区划、标准和技术规范，并充实基层技术力量，构建科学化的青藏高原环境保护管理体系。

6.5.3 针对青藏高原重大前沿问题开展科技攻关

针对青藏高原具有区域性和全球性影响的生态环境问题，开展攻关研究，把握青藏高原研究前沿，了解青藏高原环境变化的规律，发展趋势和影响范围、机理，为科学保护青藏高原生态环境提供前瞻性的理论和方法支持。

附　表

附表 1　青藏高原分县（市、区）社会经济概况

行政区代码	县市区	地、市、州	省区	总面积/km²	总人口/万人	GDP/万元	城镇化率/%
540102	城关区	拉萨	西藏	523	18.2	125 076	40.1
540121	林周县	拉萨	西藏	4 100	5.8	33 311	14.4
540122	当雄县	拉萨	西藏	10 234	4.4	30 775	8.1
540123	尼木县	拉萨	西藏	3 266	3.0	8 183	1.3
540124	曲水县	拉萨	西藏	1 624	3.3	19 839	9.5
540125	堆龙德庆县	拉萨	西藏	2 672	4.6	46 246	12.2
540126	达孜县	拉萨	西藏	1 361	3.0	24 785	无数据
540127	墨竹工卡县	拉萨	西藏	5 492	4.5	51 977	11.0
542421	那曲县	那曲	西藏	16 195	9.2	24 492	23.8
542422	嘉黎县	那曲	西藏	13 056	3.0	37 761	无数据
542423	比如县	那曲	西藏	11 680	5.1	17 708	2.9
542424	聂荣县	那曲	西藏	9 017	3.1	5 967	4.1
542425	安多县	那曲	西藏	43 411	4.0	10 347	无数据
542426	申扎县	那曲	西藏	25 546	2.0	6 737	无数据
542427	索县	那曲	西藏	5 744	4.0	10 026	无数据
542428	班戈县	那曲	西藏	2 838	4.0	10 857	无数据
542429	巴青县	那曲	西藏	10 326	4.5	17 274	11.6
542430	尼玛县	那曲	西藏	72 499	3.8	9 799	20.9
542121	昌都县	昌都	西藏	10 794	8.7	52 473	19.9
542122	江达县	昌都	西藏	13 164	7.5	24 059	7.0
542123	贡觉县	昌都	西藏	6 323	4.0	13 242	无数据
542124	类乌齐县	昌都	西藏	6 355	4.1	16 473	2.0
542125	丁青县	昌都	西藏	12 408	6.3	22 839	5.1
542126	察雅县	昌都	西藏	8 251	5.3	15 147	5.9
542127	八宿县	昌都	西藏	12 336	4.1	12 131	2.8
542128	左贡县	昌都	西藏	11 837	4.1	19 333	2.0

行政区代码	县市区	地、市、州	省区	总面积/km^2	总人口/万人	GDP/万元	城镇化率/%
542129	芒康县	昌都	西藏	11 576	8.2	25 472	2.0
542132	洛隆县	昌都	西藏	8 048	4.4	16 435	9.6
542133	边坝县	昌都	西藏	8 774	3.2	14 314	7.6
542621	林芝县	林芝	西藏	8 536	4.0	59 450	50.6
542622	工布江达县	林芝	西藏	12 960	2.6	14 788	22.1
542623	米林县	林芝	西藏	9 507	2.0	12 375	无数据
542624	墨脱县	林芝	西藏	31 395	1.1	1 479	5.9
542625	波密县	林芝	西藏	16 768	2.8	17 656	29.3
542626	察隅县	林芝	西藏	31 305	2.6	7 903	22.4
542627	朗县	林芝	西藏	4 114	1.5	8 672	33.1
542221	乃东县	山南	西藏	2 185	5.7	73 992	30.2
542222	扎囊县	山南	西藏	2 142	3.8	6 317	21.6
542223	贡嘎县	山南	西藏	2 386	4.7	13 825	15.4
542224	桑日县	山南	西藏	2 634	2.0	10 053	无数据
542225	琼结县	山南	西藏	1 030	2.0	3 806	无数据
542226	曲松县	山南	西藏	2 070	1.7	3 227	41.0
542227	措美县	山南	西藏	4 178	1.4	3 406	30.2
542228	洛扎县	山南	西藏	5 031	2.0	4 094	无数据
542229	加查县	山南	西藏	7 982	2.0	6 562	无数据
542231	隆子县	山南	西藏	4 385	3.4	10 692	12.0
542232	错那县	山南	西藏	9 894	1.5	2 819	32.9
542233	浪卡子县	山南	西藏	34 979	3.5	5 879	14.9
542301	日喀则市	日喀则	西藏	3 654	10.3	58 604	32.0
542322	南木林县	日喀则	西藏	8 113	8.0	29 015	12.4
542323	江孜县	日喀则	西藏	3 859	6.3	27 825	5.4
542324	定日县	日喀则	西藏	13 858	5.0	15 076	无数据
542325	萨迦县	日喀则	西藏	7 510	4.6	13 545	13.3
542326	拉孜县	日喀则	西藏	4 505	5.0	20 120	无数据
542327	昂仁县	日喀则	西藏	20 105	5.0	13 312	无数据
542328	谢通门县	日喀则	西藏	13 960	4.4	21 107	8.1
542329	白朗县	日喀则	西藏	2 806	4.4	17 215	9.6
542330	仁布县	日喀则	西藏	2 122	3.1	8 429	4.1
542331	康马县	日喀则	西藏	6 165	2.1	6 680	4.4
542332	定结县	日喀则	西藏	5 816	2.0	4 999	无数据
542333	仲巴县	日喀则	西藏	43 594	2.0	13 822	无数据
542334	亚东县	日喀则	西藏	4 306	1.2	4 998	18.0

行政区代码	县市区	地、市、州	省区	总面积/km^2	总人口/万人	GDP/万元	城镇化率/%
542335	吉隆县	日喀则	西藏	9 009	1.3	4 289	25.0
542336	聂拉木县	日喀则	西藏	7 903	1.5	10 413	34.0
542337	萨嘎县	日喀则	西藏	12 411	1.3	4 261	22.7
542338	岗巴县	日喀则	西藏	3 936	1.0	4 330	0.5
542521	普兰县	阿里	西藏	13 179	1.0	3 853	无数据
542522	札达县	阿里	西藏	24 601	1.0	2 521	无数据
542523	噶尔县	阿里	西藏	18 083	1.3	16 422	25.2
542524	日土县	阿里	西藏	77 096	1.0	5 117	无数据
542525	革吉县	阿里	西藏	46 117	1.4	8 819	26.1
542526	改则县	阿里	西藏	135 025	2.1	14 528	4.2
542527	措勤县	阿里	西藏	22 980	1.2	5 710	17.9
630102	城东区	西宁	青海	—	23.5	3 424 500	86.2
630103	城中区	西宁	青海	—	19.1		82.3
630104	城西区	西宁	青海	—	23.7		89.9
630105	城北区	西宁	青海	—	20.8		71.7
630121	大通回族土族自治县	西宁	青海	3 018	44.2		20.6
630122	湟中县	西宁	青海	2 702	45.1		7.5
630123	湟源县	西宁	青海	1 503	13.6		22.2
632121	平安县	海东	青海	769	11.7	1 020 600	29.7
632122	民和回族土族自治县	海东	青海	1 891	39.1		8.8
632123	乐都县	海东	青海	3 050	28.6		15.3
632126	互助土族自治县	海东	青海		37.9		7.8
632127	化隆回族自治县	海东	青海	2 740	25.4		8.8
632128	循化撒拉族自治县	海东	青海	2 100	12.7		10.1
632221	门源回族自治县	海北藏族	青海	7 167	15.3	286 200	16.9
632222	祁连县	海北藏族	青海	14 681	4.8		25.1
632223	海晏县	海北藏族	青海	4 067	3.4		42.2
632224	刚察县	海北藏族	青海	8 153	4.2		27.9
632521	共和县	海南藏族	青海	17 209	12.5	408 600	37.0
632522	同德县	海南藏族	青海	5 001	5.4		17.4
632523	贵德县	海南藏族	青海	3 504	9.2		15.2
632524	兴海县	海南藏族	青海	12 182	6.5		12.3
632525	贵南县	海南藏族	青海	6 650	7.1		22.3
632321	同仁县	黄南藏族	青海	3 275	8.0	279 900	28.5
632322	尖扎县	黄南藏族	青海	2 174	5.3		19.4
632323	泽库县	黄南藏族	青海	96 986	6.4		9.7
632324	河南蒙古族自治县	黄南藏族	青海	6 998	3.4		16.5

行政区代码	县市区	地、市、州	省区	总面积/km²	总人口/万人	GDP/万元	城镇化率/%
632621	玛沁县	果洛藏族	青海	13 378	4.1	101 300	36.6
632622	班玛县	果洛藏族	青海	6 293	2.6		16.0
632623	甘德县	果洛藏族	青海	7 046	2.6		9.7
632624	达日县	果洛藏族	青海	14 843	2.7		12.5
632625	久治县	果洛藏族	青海	8 757	2.2		9.3
632626	玛多县	果洛藏族	青海	26 249	1.3		22.2
632721	玉树县	玉树藏族	青海	15 715	9.1	178 200	23.7
632722	杂多县	玉树藏族	青海	39 683	4.9		10.3
632723	称多县	玉树藏族	青海	14 744	5.0		11.1
632724	治多县	玉树藏族	青海	80 763	2.7		14.3
632725	囊谦县	玉树藏族	青海	12 337	6.7		10.6
632726	曲麻莱县	玉树藏族	青海	47 104	2.7		14.3
632801	格尔木市	海西蒙古族	青海	118 954	11.8	2 016 700	86.6
632802	德令哈市	海西蒙古族	青海	27 358	6.8		59.9
632821	乌兰县	海西蒙古族	青海	12 971	9.9		76.3
632822	都兰县	海西蒙古族	青海	1 465	7.0		18.1
632823	天峻县	海西蒙古族	青海	25 000	1.9		27.7
513221	汶川县	阿坝	四川	4 083	11.0	287 721	36.4
513222	理县	阿坝	四川	4 318	5.0	63 310	无数据
513223	茂县	阿坝	四川	4 075	11.0	101 301	18.2
513224	松潘县	阿坝	四川	8 486	7.0	81 986	14.3
513225	九寨沟县	阿坝	四川	5 286	6.0	150 472	16.7
513226	金川县	阿坝	四川	5 524	7.0	34 026	14.3
513227	小金县	阿坝	四川	5 571	8.0	44 951	12.5
513228	黑水县	阿坝	四川	4 154	6.0	49 366	16.7
513229	马尔康县	阿坝	四川	6 639	5.0	78 454	无数据
513230	壤塘县	阿坝	四川	6 836	4.0	23 962	25.0
513231	阿坝县	阿坝	四川	10 435	7.0	36 718	28.6
513232	若尔盖县	阿坝	四川	10 437	7.0	55 899	14.3
513233	红原县	阿坝	四川	8 398	4.0	35 428	25.0
513321	康定县	甘孜	四川	11 486	11.0	213 037	36.4
513322	泸定县	甘孜	四川	2 165	8.0	50 933	12.5
513323	丹巴县	甘孜	四川	4 656	6.0	41 959	16.7
513324	九龙县	甘孜	四川	6 766	6.0	100 674	16.7
513325	雅江县	甘孜	四川	7 558	5.0	24 885	无数据
513326	道孚县	甘孜	四川	7 053	5.0	26 292	无数据
513327	炉霍县	甘孜	四川	4 601	4.0	22 563	无数据

行政区代码	县市区	地、市、州	省区	总面积/km²	总人口/万人	GDP/万元	城镇化率/%
513328	甘孜县	甘孜	四川	7 303	6.0	30 594	16.7
513329	新龙县	甘孜	四川	8 570	4.0	26 486	无数据
513330	德格县	甘孜	四川	11 025	7.0	24 521	无数据
513331	白玉县	甘孜	四川	10 386	4.0	45 286	无数据
513332	石渠县	甘孜	四川	24 944	7.0	30 020	无数据
513333	色达县	甘孜	四川	9 332	4.0	21 555	25.0
513334	理塘县	甘孜	四川	13 677	5.0	33 154	无数据
513335	巴塘县	甘孜	四川	7 852	5.0	33 889	无数据
513336	乡城县	甘孜	四川	5 016	3.0	22 406	33.3
513337	稻城县	甘孜	四川	7 323	3.0	18 322	无数据
513338	得荣县	甘孜	四川	2 916	3.0	16 921	33.3
513400	木里藏族自治县	凉山	四川	13 252	13.0	76 163	7.7
513433	冕宁县	凉山	四川	4 423	18.0	332 020	22.2
533321	泸水县	怒江	云南	2 938	18.6	118 783	17.2
533323	福贡县	怒江	云南	2 804	9.5	37 852	9.5
533324	贡山独龙族怒族自治县	怒江	云南	4 506	3.7	23 520	13.5
533325	兰坪白族普米族自治县	怒江	云南	4 455	21.2	293 977	12.3
533421	香格里拉县	迪庆	云南	11 613	15.8	279 685	17.1
533422	德钦县	迪庆	云南	7 596	6.3	60 555	11.1
533423	维西傈僳族自治县	迪庆	云南	4 661	15.3	104 285	7.2
530721	玉龙	丽江	云南	6 393	23.0	124 899	6.5
530724	宁蒗彝族自治县	丽江	云南	6 202	25.5	93 457	9.0
623001	合作市	甘南藏族	甘肃	2 670	8.0	80 339	62.8
623021	临潭县	甘南藏族	甘肃	1 557.68	15.0	44 536	10.7
623022	卓尼县	甘南藏族	甘肃	5 694.04	10.3	36 330	13.3
623023	舟曲县	甘南藏族	甘肃	3 009.98	13.5	38 621	13.7
623024	迭部县	甘南藏族	甘肃	5 108.3	5.3	27 696	31.1
623025	玛曲县	甘南藏族	甘肃		4.6	54 849	16.1
623026	碌曲县	甘南藏族	甘肃	5 298.6	3.2	25 429	15.4
623027	夏河县	甘南藏族	甘肃	6 274	8.0	41 813	18.1
620623	天祝藏族自治县	武威	甘肃	7 147	21.4	150 792	17.5
620923	肃北蒙古族自治县	酒泉	甘肃	66 700	1.1	69 061	49.1
620924	阿克塞哈萨克族自治县	酒泉	甘肃	31 400	0.8	32 446	64.9
620721	肃南裕固族自治县	张掖	甘肃	20 456	3.6	71 354	30.4

注：由于规划时间和数据问题，部分规划区域数据未在本表中。下同。

附表 2 青藏高原分县（市、区）草原面积和土地退化面积 单位：km²

省区	行政区代码	县市区	地、市、州	草地面积	水土流失面积	草地退化面积	土地沙化面积
西藏	540102	城关区	拉萨	270.3	280.4	148.0	8.9
西藏	540121	林周县	拉萨	2 576.1	1 514.3	768.3	145.4
西藏	540122	当雄县	拉萨	5 522.3	1 334.4	15 823.0	359.6
西藏	540123	尼木县	拉萨	2 116.7	147.3	1 076.9	68.1
西藏	540124	曲水县	拉萨	985.6	467.5	539.5	141.1
西藏	540125	堆龙德庆县	拉萨	1 497.9	816.3	720.6	46.6
西藏	540126	达孜县	拉萨	892.2	683.4	539.9	57.0
西藏	540127	墨竹工卡县	拉萨	3 028.5	1 141.0	1 521.7	35.8
西藏	542421	那曲县	那曲	11 076.5	2 289.0	1 139.1	2 185.4
西藏	542422	嘉黎县	那曲	6 278.0	288.3	944.8	0.0
西藏	542423	比如县	那曲	5 919.4	1 373.1	23 624.2	10.2
西藏	542424	聂荣县	那曲	6 576.3	515.6	70.9	552.3
西藏	542425	安多县	那曲	19 030.9	47.9	1 020.9	6 642.3
西藏	542426	申扎县	那曲	15 669.8	0.0	2 142.7	4 928.2
西藏	542427	索县	那曲	3 416.1	1 501.7	17 774.8	0.0
西藏	542428	班戈县	那曲	159 660.2	0.0	652.9	24 163.4
西藏	542429	巴青县	那曲	6 244.0	1 243.2	194.1	0.0
西藏	542430	尼玛县	那曲	39 002.5	0.0	761.2	65 525.2
西藏	542121	昌都县	昌都	4 442.6	3 013.2	3 527.9	0.0
西藏	542122	江达县	昌都	6 585.9	4 967.9	494.5	0.0
西藏	542123	贡觉县	昌都	3 171.2	2 508.3	545.5	0.0
西藏	542124	类乌齐县	昌都	2 713.4	1 749.7	1 296.0	0.0
西藏	542125	丁青县	昌都	5 551.1	1 863.7	6 540.0	0.0
西藏	542126	察雅县	昌都	4 505.4	3 748.5	5 189.4	2.5
西藏	542127	八宿县	昌都	4 495.9	786.4	1 451.9	29.0
西藏	542128	左贡县	昌都	4 141.8	1 637.3	1 190.0	3.6
西藏	542129	芒康县	昌都	5 217.9	3 811.3	359.0	1.3
西藏	542132	洛隆县	昌都	2 324.8	37.8	197.0	0.7
西藏	542133	边坝县	昌都	2 129.5	808.1	15.9	35.0
西藏	542621	林芝县	林芝	2 013.2	839.5	39.0	44.4
西藏	542622	工布江达县	林芝	3 718.0	752.3	1 189.9	25.4
西藏	542623	米林县	林芝	2 429.7	1 558.4	1 108.5	134.5
西藏	542624	墨脱县	林芝	72.1	4 979.0	0.0	49.0
西藏	542625	波密县	林芝	2 475.0	761.9	1 099.1	3.3
西藏	542626	察隅县	林芝	3 705.3	3 785.7	2 669.7	1.8
西藏	542627	朗县	林芝	1 311.1	610.4	0.0	66.1

省区	行政区代码	县市区	地、市、州	草地面积	水土流失面积	草地退化面积	土地沙化面积
西藏	542221	乃东县	山南	1 361.3	854.0	392.4	189.2
西藏	542222	扎囊县	山南	1 252.5	1 043.6	260.1	230.9
西藏	542223	贡嘎县	山南	1 501.4	939.5	446.8	325.7
西藏	542224	桑日县	山南	1 460.0	806.0	165.5	118.1
西藏	542225	琼结县	山南	732.7	438.6	523.9	69.1
西藏	542226	曲松县	山南	1 330.7	628.4	178.5	31.0
西藏	542227	措美县	山南	2 963.4	53.9	2 930.3	175.5
西藏	542228	洛扎县	山南	1 774.0	0.0	366.3	49.9
西藏	542229	加查县	山南	1 517.0	487.9	2 740.6	59.4
西藏	542231	隆子县	山南	3 410.9	2 210.2	124.7	128.5
西藏	542232	措那县	山南	2 810.2	6 937.7	128.6	52.9
西藏	542233	浪卡子县	山南	4 584.7	276.6	1 333.5	426.9
西藏	542301	日喀则市	日喀则	2 121.9	390.7	2 833.5	582.7
西藏	542322	南木林县	日喀则	4 206.3	496.7	1 132.2	372.5
西藏	542323	江孜县	日喀则	2 558.9	434.6	1 790.4	245.8
西藏	542324	定日县	日喀则	7 067.0	8.3	379.7	1 720.4
西藏	542325	萨迦县	日喀则	370.6	211.4	5 104.6	598.6
西藏	542326	拉孜县	日喀则	2 808.8	583.9	118.5	420.1
西藏	542327	昂仁县	日喀则	15 243.8	447.6	7 211.7	5 141.3
西藏	542328	谢通门县	日喀则	6 698.7	51.9	1 267.6	617.8
西藏	542329	白朗县	日喀则	1 863.4	58.6	1 214.1	101.4
西藏	542330	仁布县	日喀则	1 367.2	175.7	727.5	93.2
西藏	542331	康马县	日喀则	3 599.8	0.0	1 535.5	1 022.0
西藏	542332	定结县	日喀则	2 827.4	0.0	954.6	1 241.1
西藏	542333	仲巴县	日喀则	26 538.8	0.0	25 321.1	15 551.5
西藏	542334	亚东县	日喀则	2 148.5	304.6	59.8	35.2
西藏	542335	吉隆县	日喀则	3 959.8	0.0	2 048.4	1 034.3
西藏	542336	聂拉木县	日喀则	3 923.6	0.0	4 647.2	1 426.7
西藏	542337	萨嘎县	日喀则	6 908.3	3.5	1 687.5	2 911.5
西藏	542338	岗巴县	日喀则	3 133.2	0.0	4 030.0	1 034.4
西藏	542521	普兰县	阿里	6 048.2	0.0	3 986.8	455.5
西藏	542522	札达县	阿里	13 641.9	0.0	2 146.8	1 765.3
西藏	542523	噶尔县	阿里	10 956.7	0.0	2 237.9	3 414.2
西藏	542524	日土县	阿里	34 460.6	0.0	24 239.2	14 887.4
西藏	542525	革吉县	阿里	30 015.6	0.0	60.3	8 569.5
西藏	542526	改则县	阿里	62 974.7	0.0	3 294.6	27 604.0
西藏	542527	措勤县	阿里	13 687.2	0.0	0.0	4 358.2

省区	行政区代码	县市区	地、市、州	草地面积	水土流失面积	草地退化面积	土地沙化面积
青海	630102	城东区	西宁	39.3	0.0	0.0	0.0
青海	630103	城中区	西宁	4.0	0.0	0.0	0.0
青海	630104	城西区	西宁	15.1	0.0	0.0	0.0
青海	630105	城北区	西宁	16.5	334.5	0.0	0.0
青海	630121	大通回族土族自治县	西宁	1 330.9	3 111.9	0.0	0.0
青海	630122	湟中县	西宁	885.9	2 409.1	0.0	0.0
青海	630123	湟源县	西宁	1 026.4	1 472.8	0.0	0.0
青海	632121	平安县	海东	426.8	718.1	0.0	0.0
青海	632122	民和回族土族自治县	海东	594.0	1 879.2	0.0	0.0
青海	632123	乐都县	海东	756.6	2 563.6	0.0	0.0
青海	632126	互助土族自治县	海东	562.2	3 284.1	0.0	0.0
青海	632127	化隆回族自治县	海东	1 617.3	2 868.7	0.0	0.0
青海	632128	循化撒拉族自治县	海东	1 138.1	1 611.4	0.0	0.0
青海	632221	门源回族自治县	海北藏族	3 273.1	4 565.9	1 179.0	0.0
青海	632222	祁连县	海北藏族	9 597.3	4 107.8	3 068.0	0.0
青海	632223	海晏县	海北藏族	2 395.6	3 683.8	20 807.0	430.0
青海	632224	刚察县	海北藏族	7 307.9	8 081.8	29 653.8	60.0
青海	632521	共和县	海南藏族	12 006.2	7 464.4	292 856.0	2 440.0
青海	632522	同德县	海南藏族	3 923.3	4 676.5	1 125.0	0.0
青海	632523	贵德县	海南藏族	2 895.1	3 401.5	277.0	0.0
青海	632524	兴海县	海南藏族	10 000.9	5 702.9	3 068.0	0.0
青海	632525	贵南县	海南藏族	4 998.8	4 378.8	1 179.0	790.0
青海	632321	同仁县	黄南藏族	2 213.3	3 137.4	513.0	0.0
青海	632322	尖扎县	黄南藏族	869.5	1 598.2	161.0	0.0
青海	632323	泽库县	黄南藏族	5 983.4	6 510.9	0.0	59.7
青海	632324	河南蒙古族自治县	黄南藏族	5 999.9	6 591.4	0.0	0.0
青海	632621	玛沁县	果洛藏族	10 458.1	1 827.0	4 654.0	640.0
青海	632622	班玛县	果洛藏族	4 027.2	3 604.0	1 613.0	0.0
青海	632623	甘德县	果洛藏族	6 235.3	191.2	3 378.0	0.0
青海	632624	达日县	果洛藏族	14 450.4	1 674.0	9 646.0	0.0
青海	632625	久治县	果洛藏族	7 166.7	1 313.0	2 595.0	0.0
青海	632626	玛多县	果洛藏族	23 047.4	552.9	10 925.0	1 940.0
青海	632721	玉树县	玉树藏族	11 853.5	7 426.8	5 003.0	0.0
青海	632722	杂多县	玉树藏族	28 987.5	1 391.0	10 833.0	0.0
青海	632723	称多县	玉树藏族	13 300.0	1 421.1	5 521.0	0.0
青海	632724	治多县	玉树藏族	64 480.0	262.2	7 375.0	5 450.0
青海	632725	囊谦县	玉树藏族	7 448.4	6 710.1	5 199.0	0.0

省区	行政区代码	县市区	地、市、州	草地面积	水土流失面积	草地退化面积	土地沙化面积
青海	632726	曲麻莱县	玉树藏族	28 111.4	346.6	10 739.0	2 790.0
青海	632801	格尔木市	海西蒙古族	41 539.5	0.0	0.0	70 790.0
青海	632802	德令哈市	海西蒙古族	128 336.2	58.6	0.0	7 990.0
青海	632821	乌兰县	海西蒙古族	7 842.4	154.1	0.0	4 020.0
青海	632822	都兰县	海西蒙古族	22 781.3	无数据	0.0	7 350.0
青海	632823	天峻县	海西蒙古族	19 310.6	3 108.9	10 739.0	260.0
四川	513221	汶川县	阿坝	1 017.5	3 017.4	462.9	5.0
四川	513222	理县	阿坝	1 073.3	2 326.8	488.3	165.9
四川	513223	茂县	阿坝	960.6	3 030.6	437.0	20.2
四川	513224	松潘县	阿坝	3 786.7	6 664.7	1 722.7	107.5
四川	513225	九寨沟县	阿坝	1 240.0	5 052.6	564.1	113.6
四川	513226	金川县	阿坝	1 886.7	3 043.0	858.3	123.6
四川	513227	小金县	阿坝	2 220.0	3 227.5	1 010.0	184.5
四川	513228	黑水县	阿坝	1 386.5	3 002.9	630.8	49.0
四川	513229	马尔康县	阿坝	2 846.7	4 265.8	1 295.1	25.1
四川	513230	壤塘县	阿坝	4 188.7	2 621.7	1 905.6	110.0
四川	513231	阿坝县	阿坝	8 806.7	6 815.0	4 006.6	96.8
四川	513232	若尔盖县	阿坝	8 080.0	3 628.1	3 676.0	619.1
四川	513233	红原县	阿坝	7 720.0	5 411.0	3 512.2	47.5
四川	513321	康定县	甘孜	8 372.0	5 563.3	3 808.8	76.5
四川	513322	泸定县	甘孜	1 579.5	1 383.2	718.6	5.7
四川	513323	丹巴县	甘孜	152.2	2 547.4	69.2	125.6
四川	513324	九龙县	甘孜	4 935.2	3 524.5	2 245.2	13.5
四川	513325	雅江县	甘孜	5 843.7	4 452.6	2 658.6	173.3
四川	513326	道孚县	甘孜	4 166.7	2 483.6	1 895.6	27.5
四川	513327	炉霍县	甘孜	3 307.0	1 331.3	1 504.5	48.1
四川	513328	甘孜县	甘孜	6 173.3	2 143.3	2 808.5	68.8
四川	513329	新龙县	甘孜	3 650.4	5 434.2	1 660.7	714.5
四川	513330	德格县	甘孜	6 198.9	5 681.3	2 820.2	185.9
四川	513331	白玉县	甘孜	6 800.0	6 092.8	3 093.6	580.2
四川	513332	石渠县	甘孜	19 080.0	无数据	8 680.4	2 973.9
四川	513333	色达县	甘孜	620.0	2 603.3	282.1	124.7
四川	513334	理塘县	甘孜	8 283.5	4 800.8	3 768.5	338.7
四川	513335	巴塘县	甘孜	5 945.2	4 355.4	2 704.8	42.0
四川	513336	乡城县	甘孜	3 650.3	2 986.6	1 660.7	59.1
四川	513337	稻城县	甘孜	4 725.3	2 772.9	2 149.8	72.6
四川	513338	得荣县	甘孜	843.5	1 535.9	383.8	21.6

省区	行政区代码	县市区	地、市、州	草地面积	水土流失面积	草地退化面积	土地沙化面积
四川	513400	木里藏族自治县	凉山	3 800.0	无数据	1 728.8	0.0
四川	513433	冕宁县	凉山	1 159.2	3 946.0	527.4	86.0
云南	533321	泸水县	怒江	1 103.6	2 867.1	496.6	0.0
云南	533323	福贡县	怒江	776.8	2 738.5	349.5	0.0
云南	533324	贡山独龙族怒族自治县	怒江	1 175.0	4 385.8	528.8	0.0
云南	533325	兰坪白族普米族自治县	怒江	1 018.5	4 388.3	458.3	0.0
云南	533421	香格里拉县	迪庆	3 002.2	无数据	1 351.0	0.0
云南	533422	德钦县	迪庆	2 077.2	6 198.9	934.7	0.0
云南	533423	维西傈僳族自治县	迪庆	922.4	4 465.0	415.1	0.0
云南	530721	玉龙	丽江	1 807.7	7 487.3	813.5	52.0
云南	530724	宁蒗彝族自治县	丽江	803.3	6 056.5	361.5	0.0
甘肃	623001	合作市	甘南藏族	1 733.0	0.0	1 220.0	0.0
甘肃	623021	临潭县	甘南藏族	534.0	679.0	460.0	0.0
甘肃	623022	卓尼县	甘南藏族	3 333.0	787.1	2 880.0	0.0
甘肃	623023	舟曲县	甘南藏族	586.0	1 359.0	490.0	0.0
甘肃	623024	迭部县	甘南藏族	1 416.0	1 588.5	1 220.0	0.0
甘肃	623025	玛曲县	甘南藏族	8 903.0	767.9	7 720.0	70.1
甘肃	623026	碌曲县	甘南藏族	4 190.0	77.4	3 570.0	0.0
甘肃	623027	夏河县	甘南藏族	7 061.0	1 361.3	6 080.0	0.0
甘肃	620623	天祝藏族自治县	武威	4 141.0	932.6	3 520.0	0.0
甘肃	620923	肃北蒙古族自治县	酒泉	33 154.0	0.0	26 200.0	5 004.2
甘肃	620924	阿克塞哈萨克族自治县	酒泉	10 777.0	0.0	8 870.0	1 032.7
甘肃	620721	肃南裕固族自治县	张掖	15 126.0	0.0	12 550.0	1 920.5

第六部分

资源–能源–经济–环境规划预测技术指南

未来发展趋势和环境压力预测是国家和流域区域环境规划中的重要环节。为了协调经济社会发展和环境保护的关系，识别未来我国环境面临的压力和重大环境问题，保证环境规划目标制定的科学性，需要对未来经济社会发展的特点及其与环境的相互影响做进一步的研究和确定。资源-能源-经济-环境规划预测与综合模拟，就是综合考虑经济社会发展、资源能源需求和环境状况，通过建立环境与社会、环境与能源、环境与经济相互作用的综合模型，多方案模拟预测经济发展、资源能源消耗与污染物排放趋势，定量分析污染治理投入对经济社会发展的影响，提出国家、不同地区和典型行业中长期环境保护的最优目标。

环境保护部环境规划院从“十五”开始就成立课题组，研究开发国家中长期环境规划预测与模拟系统。目前，已经完成了国家和省级层面的资源-能源-经济-环境规划预测与综合模拟模型、方法和系统的开发，并在“十五”、“十一五”和“十二五”国家环境规划和若干省市区环境规划中应用，建立了业务化的预测模拟平台，课题成果获得 2010 年国家环境科学技术一等奖。为了提高国家环境预测与流域区域预测的衔接性，环境保护部环境规划院国家环境规划与政策模拟重点实验室正在进一步开发模型和方法，重点解决国家宏观预测与流域和区域之间以及总量减排与质量改善的耦合关系。《资源-能源-经济-环境规划预测技术指南》（以下简称《指南》）是在上述成果基础上提炼完成的。

本《指南》提出了中长期资源-能源-经济-环境预测的基本思路，建立了国家经济社会预测、水资源消耗预测、能源消耗预测、废水及其水污染物产生排放预测、大气污染物产生排放预测、固体废物污染排放预测模型和方法，提供了预测模型参数取值方法和建议，最后提出了不同污染减排情景方案下污染治理投入以及对财税和经济的影响预测模拟模型和方法。本《指南》主要由环境保护部环境规划院王金南研究员、蒋洪强研究员、曹东研究员、於方研究员、高树婷研究员、严刚高级工程师，以及国家信息中心经济预测部祝宝良研究员、祁京梅研究员等提出。王金南负责第 1 章、第 2 章、第 8 章及统稿，蒋洪强负责第 3 章、第 4 章、第 9 章，严刚负责第 7 章，曹东负责第 6 章，於方负责第 5 章，武跃文负责第 9 章。

本《指南》主要适用于国家和地方制定中长期环境规划过程中开展资源-能源-经济-环境预测和模拟，以及制定流域和区域污染防治规划和研究中长期环境保护战略时参考使用。相关系统软件使用请与国家环境规划与政策模拟重点实验室联系。

第 1 章　总体思路

社会经济发展与资源环境之间存在互动关系。一方面，社会经济发展是资源利用和环境污染的首要影响因素，生产和消费过程就是资源消耗和污染排放的过程。另一方面，资源环境对社会经济发展也具有制约作用，资源瓶颈、环境污染反过来也会限制经济的进一步增长和社会福利的进一步提高。因此，制定国家和流域区域环境保护规划，必须开展社会经济与资源环境预测。

1.1　预测目的与任务

根据《国家环境保护“十二五”规划编制工作方案》的要求，本预测主要以社会经济发展水平的规划和预测为基础，以 2007 年为数据基准年，对 2011—2020 年国家社会经济、资源、能源与环境污染进行预测，特别是对“十二五”期间的社会经济-资源能源-污染物产生排放多种情景方案模拟，为制定国家和区域流域“十二五”污染减排方案和污染防治规划提供依据。

首先，对社会经济发展进行预测。建立社会经济发展预测模型，主要包括国内生产总值预测、人口和城市化水平预测、各行业产值的预测、各行业增加值的预测、各行业产品产量的预测（固体废物部分）、产品销售量的预测（固体废物部分）等内容。主要目的是与资源能源消耗、环境污染预测模型对接，研究人口增加及城市化，行业产值、增加值，产品产量、销售量对资源环境产生的压力及影响。

其次，对资源环境问题进行预测。建立资源环境问题预测模型，主要包括水资源需求预测模型、能源消费预测模型、水污染物产生量预测模型和大气污染物产生量预测模型，通过经济预测模型输入的行业产值、增加值、产品产量、销售量以及人口增加及城市化率等指标，预测能源环境问题，包括能源消耗和需求的预测，大气污染物产生量与排放量、废水产生量与排放量、水污染物产生量与排放量、固体废物产生量与堆放量等指标的预测。

最后，与环境污染减排目标（需要设定不同情景方案）结合，预测这些主要污染物的削减量和治理投资和运行费用，提出污染物减排目标、资源环境承载力以及实现最优减排目标的社会经济发展政策建议。

1.2　预测总体技术路线

预测的总体技术路线如图 6-1-1 所示。

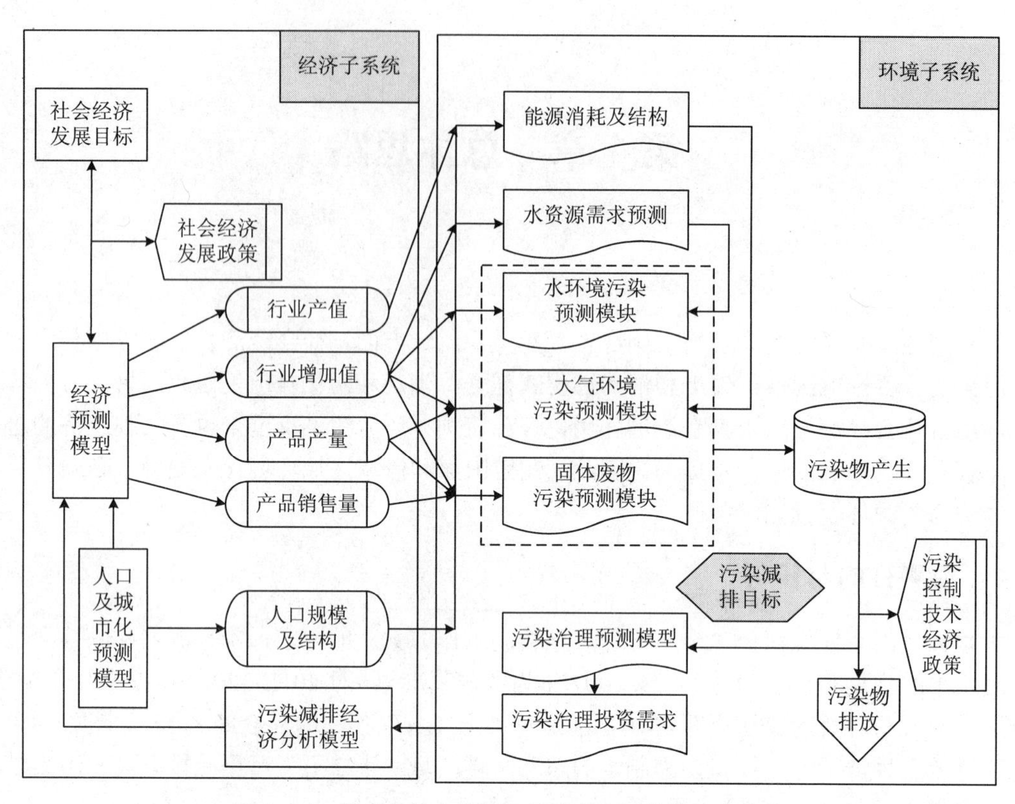

图 6-1-1 社会经济与资源环境压力预测总体技术路线

第 2 章　经济社会预测

目前的中长期资源—能源—经济—环境规划预测系统中，经济社会是作为外生决策变量预测的，主要是考虑多种社会经济发展情景方案下的资源环境压力趋势。因此，经济社会的预测要结合国家和地方经济研究部门和综合管理部门的预测开展。条件合适的情况下，也可以由环境保护研究部门提出资源环境约束下的社会经济发展情景方案。

2.1　预测内容

社会经济发展预测基本思路和预测内容如下。

（1）主要预测指标

主要包括 GDP、人口（农村、城镇）、城镇化率、各行业增加值。

（2）主要预测方法

❖ 复杂方法：建立大规模联立方程，用 Eviews 软件求解。具体预测模型略。要点为主要经济变量的基准年数据的录入、全要素生产率的确定、计量经济方程的重新建立和完善、投入产出表的整合（按新的行业部门）、投入产出直接消耗系数的计算。

❖ 简单方法：在现有各工业行业增加值基础上，通过不变价调整，算出现有各行业增加值增长率，通过趋势外推，并作适当调整，得出各项指标的增加值预测值（增长率）。

（3）预测情景方案

根据全要素生产率、GDP、人口、城市化率增长的不同，分为高、中、低三种方案。但为了简化工作，首先选择中方案进行预测。

2.2　预测范围

（1）时间范围界定

基准年：2007 年（根据各统计数据出的早晚，可能会调整到 2008 年）

预测期间：2010—2020 年

重点时段：2010 年、2012 年、2015 年、2020 年

（2）行业范围界定

行业范围界定见表 6-2-1。

表 6-2-1 预测的行业范围

产业类型	行业名称
第一产业	种植业
	畜牧业
	其他农业（环境预测时，对此行业不计算）
第二产业	煤炭开采和洗选业
	石油和天然气开采业
	黑色金属矿采选业
	有色金属矿采选业
	非金属矿采选业
	其他采矿业
	农副食品加工业
	食品制造业
	饮料制造业
	烟草制品业
	纺织业
	纺织服装、鞋、帽制造业
	皮革、毛皮、羽毛（绒）及其制品业
	木材加工及木竹藤棕草制品业
	家具制造业
	造纸及纸制品业
	印刷业和记录媒介的复制业
	文教体育用品制造业
	石油加工、炼焦及核燃料加工业
	化学原料及化学制品制造业
	医药制造业
	化学纤维制造业
	橡胶制品业
	塑料制品业
	非金属矿物制品业
	黑色金属冶炼及压延加工业
	有色金属冶炼及压延加工业
	金属制品业
	通用设备制造业
	专用设备制造业
	交通运输设备制造业
	电气机械及器材制造业
	通讯设备、计算机及其他电子设备制造业
	仪器仪表及文化办公用机械制造业
	工艺品及其他制造业
	废弃资源和废旧材料回收加工业
	电力、热力的生产和供应业
	燃气生产和供应业
	水的生产和供应业
第三产业（生活）	城市生活
	农村生活

第 3 章　水资源消耗预测

水资源消耗预测是水污染预测的前提。目前，水资源管理部门以及一些经济综合研究单位都对中长期的水资源消耗开展了预测，并制定了国家和流域水资源保护规划。因此，水资源消耗预测要充分吸收这些预测研究成果，处理好本预测与这些预测的衔接关系。有条件的地区，要把宏观的水资源消耗预测具体到市县和流域上。

3.1　预测指标与方法

预测指标：新鲜水取水量、用水量、重复用水率。

用水量预测思路与方法，包括：①农业用水量预测。农业用水包括种植业和林牧渔业两部分。其中，种植业用水量，根据有效灌溉面积和单位面积灌溉用水量测算，然后利用灌溉用水量占农业总用水量的比例测算农业总用水量。②工业用水量预测。工业用水量利用各行业增加值和各行业的单位增加值用水量测算（分新鲜水取水量和用水量两个指标预测）。③生活用水量预测。生活用水包括城镇居民和农村居民生活用水两部分，分别按城镇居民、农村居民人口数和城镇居民、农村居民生活用水系数测算。④生态用水量的预测。根据生态用水量占其他 3 类主要用水量的比例估算生态用水量。

以上 4 类用水量的预测方法见表 6-3-1，各技术参数的预测依据和预测方法见表 6-3-2。

表 6-3-1　用水量的预测方法

行业		预测方法
农业	种植业	农田灌溉用水量＝有效灌溉面积×单位灌溉面积用水量
	农业	农业用水量＝农田灌溉用水量/灌溉用水量占总农业用水量的比例
工业		工业总用水量＝Σ（行业增加值×行业用水系数）
		工业新鲜水用水量＝Σ（行业增加值×新鲜水用水系数）
生活	农村居民	农村居民用水量＝农村居民人口×农村居民人均用水量
	城镇居民	城镇居民用水量＝城镇居民人口×城镇居民人均用水量

表 6-3-2　用水量预测中技术参数的预测方法与依据

行业	指标	预测方法与依据
农业	有效灌溉面积	有效灌溉面积总体呈上升趋势，在 1978—2007 年统计数据的基础上，采用时间序列的加权移动平均法，预测得到未来 2010 年、2012 年、2015 年以及 2020 年的数据
	单位灌溉面积用水量	根据 1997—2007 年的现状数，采用回归分析、趋势外推方法预测
工业	行业增加值	经济预测模块提供
	各行业总用水系数	根据 2003—2007 年各行业的用水系数，进行趋势外推预测得出，增长过程一般符合幂函数的模型，具体方法见曹东等著《经济与环境：中国 2020》，中国环境科学出版社，2005
	重复用水率	从国内外工业用水再用率统计资料来看，其增长过程一般符合生长曲线模型，宜于用庞伯兹公式来预测，具体方法见曹东等著《经济与环境：中国 2020》，中国环境科学出版社，2005
	各行业新鲜水用水系数	根据 2003—2007 年各行业的新鲜水用水系数，进行趋势外推预测得出，增长过程一般符合幂函数的模型，具体方法见曹东等著《经济与环境：中国 2020》，中国环境科学出版社，2005
生活	城镇和农村居民人口	人口预测模块提供
	城镇居民人均日用水量	我国城镇居民人均日用水量从 1990 年的 175.7 L 提高到 2000 年的 220.2 L 后，近 6 年基本维持在这一水平，国外发达国家的人均日用水量为 240 L，据此预测到 2020 年我国城镇居民人均日用水量将提高到 230～240 L
	农村居民人均日用水量	根据 1999—2006 年的中国水资源公报，近 7 年来农村居民的人均日用水量（含散养畜禽）基本保持在 89～94 L，但随着农村居民生活水平的提高，未来农村居民的生活用水量必然呈上升趋势，预计到 2020 年达到 120 L
生态	生态用水量占其他 3 类主要用水量的比例	根据 2003—2007 年的中国水资源公报，近 4 年这一比例从 1.52%提高到了 1.8%左右，预计未来这一比例将呈上升趋势，到 2020 年达到 3%

3.2　预测参数和取值

（1）与种植业、生活、生态相关的预测模型参数和系数

种植业、生活、生态相关的系数见表 6-3-3。

表 6-3-3　种植业、生活、生态相关的系数

年份	耕地面积/亿亩	有效灌溉面积/（$\times 10^3 hm^2$）	单位灌溉面积用水量/（m^3/亩）	城镇居民人均日用水量/L	农村居民人均日用水量（含牲畜用水）/L	生态用水占总用水量的比例/%
2007	18.27	56 518.34	434.00	211.00	71.00	1.80
2010	18.21	58 302.02	420.83	200.00	82.54	2.20
2012	18.17	59 399.26	409.54	200.00	90.23	2.45
2015	18.44	61 045.12	392.61	195.00	101.77	2.70
2020	18.00	61 593.74	364.38	185.00	120.00	3.00

（2）与工业用水相关的预测模型参数和系数

工业各行业总用水系数、新鲜水用水系数见表 6-3-4、表 6-3-5。

表 6-3-4　工业各行业总用水系数

单位：t/元

行业＼年份	2007	2010	2012	2015	2020
煤炭开采和洗选业	0.010 5	0.007 0	0.005 9	0.004 9	0.003 9
石油和天然气开采业	0.005 7	0.004 8	0.004 2	0.003 5	0.002 9
黑色金属矿采选业	0.043 9	0.028 8	0.023 7	0.018 8	0.014 1
有色金属矿采选业	0.032 9	0.027 4	0.025 3	0.021 9	0.019 5
非金属矿采选业	0.017 4	0.015 8	0.014 0	0.012 2	0.011 3
其他采矿业	0.226 5	0.282 2	0.307 0	0.322 8	0.338 6
农副食品加工业	0.016 8	0.012 8	0.011 6	0.010 2	0.008 8
食品制造业	0.018 5	0.015 6	0.014 3	0.012 9	0.011 4
饮料制造业	0.030 7	0.024 1	0.022 7	0.020 5	0.019 2
烟草制品业	0.003 0	0.002 8	0.002 5	0.002 2	0.002 1
纺织业	0.016 4	0.014 6	0.013 5	0.012 3	0.011 0
纺织服装、鞋、帽制造业	0.002 2	0.002 0	0.001 8	0.001 6	0.001 4
皮革、毛皮、羽毛（绒）及其制品业	0.005 0	0.004 5	0.004 3	0.004 0	0.003 7
木材加工及木、竹、藤、棕、草制品业	0.002 6	0.002 3	0.001 9	0.001 6	0.001 2
家具制造业	0.001 4	0.001 4	0.001 4	0.001 4	0.001 3
造纸及纸制品业	0.130 0	0.117 5	0.110 7	0.103 2	0.094 7
印刷业和记录媒介的复制	0.001 6	0.001 1	0.001 0	0.000 9	0.000 8
文教体育用品制造业	0.000 5	0.000 5	0.000 5	0.000 5	0.000 4
石油加工、炼焦及核燃料加工业	0.167 8	0.157 2	0.150 5	0.143 0	0.134 3
化学原料及化学制品制造业	0.143 4	0.124 3	0.112 7	0.100 5	0.087 2
医药制造业	0.028 6	0.025 4	0.023 6	0.021 6	0.019 4
化学纤维制造业	0.157 6	0.150 5	0.139 0	0.126 6	0.112 7
橡胶制品业	0.013 7	0.012 7	0.011 7	0.010 5	0.009 2
塑料制品业	0.002 0	0.001 7	0.001 6	0.001 5	0.001 3
非金属矿物制品业	0.013 3	0.012 6	0.011 4	0.010 1	0.008 7
黑色金属冶炼及压延加工业	0.145 0	0.129 4	0.122 1	0.114 1	0.104 9
有色金属冶炼及压延加工业	0.027 4	0.021 0	0.018 2	0.015 3	0.012 3
金属制品业	0.012 4	0.014 6	0.016 9	0.019 9	0.024 4
通用设备制造业	0.001 7	0.001 3	0.001 1	0.000 8	0.000 6
专用设备制造业	0.003 4	0.003 2	0.002 7	0.002 2	0.001 7
交通运输设备制造业	0.005 3	0.004 2	0.003 7	0.003 3	0.002 8
电气机械及器材制造业	0.001 7	0.001 5	0.001 4	0.001 3	0.001 1
通讯设备、计算机及其他电子设备制造业	0.004 5	0.003 8	0.003 4	0.003 0	0.002 8
仪器仪表及文化、办公用机械制造业	0.010 0	0.009 5	0.008 3	0.007 1	0.005 9
工艺品及其他制造业	0.001 4	0.001 1	0.001 0	0.000 9	0.000 7
废弃资源和废旧材料回收加工业	0.002 1	0.002 6	0.003 0	0.003 7	0.003 0
电力、热力的生产和供应业	0.437 8	0.388 5	0.353 4	0.316 2	0.275 4
燃气生产和供应业	0.054 9	0.043 9	0.038 2	0.032 4	0.026 5
水的生产和供应业	0.030 9	0.018 3	0.014 3	0.010 8	0.007 7

表 6-3-5 工业各行业新鲜水用水系数 单位：t/元

行业＼年份	2007	2010	2012	2015	2020
煤炭开采和洗选业	0.003 6	0.002 3	0.002 0	0.001 7	0.001 3
石油和天然气开采业	0.001 1	0.000 8	0.000 7	0.000 6	0.000 5
黑色金属矿采选业	0.009 1	0.006 3	0.005 3	0.004 3	0.003 3
有色金属矿采选业	0.013 8	0.011 7	0.009 4	0.007 8	0.006 8
非金属矿采选业	0.005 0	0.004 0	0.003 4	0.002 9	0.002 3
其他采矿业	0.117 2	0.180 3	0.212 7	0.258 4	0.301 4
农副食品加工业	0.008 4	0.006 2	0.005 5	0.004 8	0.004 1
食品制造业	0.006 8	0.005 9	0.005 3	0.004 6	0.003 9
饮料制造业	0.010 4	0.009 9	0.009 8	0.009 7	0.009 2
烟草制品业	0.000 4	0.000 2	0.000 2	0.000 2	0.000 1
纺织业	0.011 9	0.010 4	0.009 7	0.008 9	0.008 0
纺织服装、鞋、帽制造业	0.001 7	0.001 4	0.001 2	0.001 1	0.000 9
皮革、毛皮、羽毛（绒）及其制品业	0.004 3	0.003 3	0.003 1	0.002 9	0.002 7
木材加工及木、竹、藤、棕、草制品业	0.001 4	0.001 1	0.000 9	0.000 7	0.000 5
家具制造业	0.000 8	0.000 8	0.000 8	0.000 8	0.000 8
造纸及纸制品业	0.063 2	0.054 5	0.050 0	0.045 1	0.039 7
印刷业和记录媒介的复制	0.000 8	0.000 5	0.000 4	0.000 4	0.000 3
文教体育用品制造业	0.000 5	0.000 4	0.000 4	0.000 3	0.000 3
石油加工、炼焦及核燃料加工业	0.010 1	0.007 8	0.006 5	0.005 3	0.004 0
化学原料及化学制品制造业	0.014 3	0.011 9	0.010 4	0.008 8	0.007 2
医药制造业	0.005 6	0.004 9	0.004 5	0.004 0	0.003 5
化学纤维制造业	0.017 2	0.014 4	0.012 7	0.010 9	0.009 1
橡胶制品业	0.002 1	0.001 7	0.001 5	0.001 3	0.001 0
塑料制品业	0.000 6	0.000 4	0.000 4	0.000 3	0.000 3
非金属矿物制品业	0.003 8	0.003 2	0.002 8	0.002 4	0.002 0
黑色金属冶炼及压延加工业	0.010 1	0.007 8	0.006 7	0.005 6	0.004 5
有色金属冶炼及压延加工业	0.003 3	0.003 0	0.002 5	0.002 0	0.001 6
金属制品业	0.003 0	0.002 5	0.002 4	0.002 3	0.002 1
通用设备制造业	0.000 7	0.000 6	0.000 5	0.000 4	0.000 3
专用设备制造业	0.000 9	0.000 7	0.000 6	0.000 5	0.000 4
交通运输设备制造业	0.001 0	0.000 8	0.000 7	0.000 5	0.000 4
电气机械及器材制造业	0.000 4	0.000 3	0.000 2	0.000 2	0.000 1
通讯设备、计算机及其他电子设备制造业	0.001 1	0.001 1	0.001 2	0.001 2	0.001 3
仪器仪表及文化、办公用机械制造业	0.001 8	0.001 3	0.001 1	0.000 9	0.000 7
工艺品及其他制造业	0.001 1	0.000 7	0.000 7	0.000 6	0.000 5
废弃资源和废旧材料回收加工业	0.001 6	0.001 7	0.001 7	0.001 8	0.001 9
电力、热力的生产和供应业	0.084 8	0.073 8	0.063 5	0.053 2	0.042 7
燃气生产和供应业	0.004 6	0.003 8	0.003 2	0.002 6	0.002 0
水的生产和供应业	0.564 5	0.011 8	0.008 7	0.006 2	0.004 2

第 4 章　能源消耗预测

能源消耗预测通常是大气污染物产生排放预测的前提。在一定的社会经济发展和技术条件下，能源消耗水平直接决定了大气污染物和二氧化碳排放水平。国际组织、经济部门、能源部门和许多研究机构都开展了能源预测研究。因此，环境规划中的能源消耗预测要充分吸收这些预测的方法和经验，实现环境与能源预测的有机统一。

4.1　预测指标与方法

（1）要预测的指标

主要包括煤炭、石油、天然气等能源种类消耗量。

（2）各项能源预测方法为：①农业和工业各行业能源消耗量，先预测农业和各工业行业的能源消耗系数和各工业行业的能源消耗结构系数（即未来不同能源的消耗比例），并根据各工业行业的增加值预测各种能源消耗量；②生活能源消费量，预测主体包括城镇和农村，能源分为商品能源和非商品能源，可直接利用人口乘以人均能源消费系数求得。③燃料煤、燃料油消耗量：根据煤炭、石油消耗量和各个行业燃料煤、燃料油所占比例，计算出不同行业燃料煤、燃料油的消耗量，见图 6-4-1 和表 6-4-1。

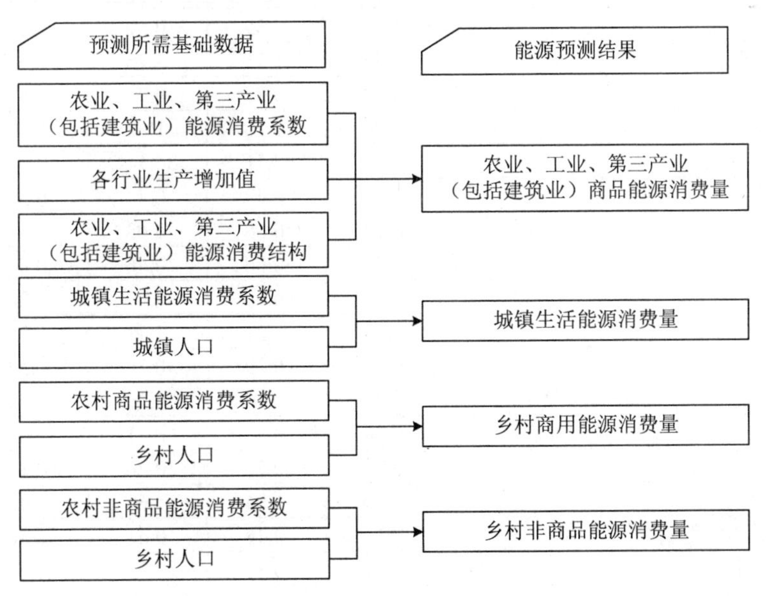

图 6-4-1　能源预测总体思路

表 6-4-1 能源消耗预测方法

污染物	预测方法	系数来源
农业	能源消费量＝∑农业增加值×农业能源消费系数×不同能源消费结构系数	用历年能源统计年鉴中分行业的能源消费系数和结构系数进行回归，对某些重点耗能行业给予特别的关注，同时考虑国家与能源发展有关的一些中长期规划，对不同行业的这两个参数进行预测
工业	各部门能源消费量＝∑行业增加值×部门能源消费系数×不同能源消费结构系数	
生活	城镇生活能源消费量＝∑城镇人口数×不同能源人均消费系数	在历年现状的基础上，根据未来城市化率、人均生活能源消费量与消费结构进行回归预测
	农村生活商品能源消费量＝∑农村人口数×不同能源人均消费系数	
	农村生活非商品能源消费量＝∑农村人口数×不同能源人均消费系数	

4.2 预测参数和取值

（1）各行业能源消费系数

各行业能源消费系数见表 6-4-2。

表 6-4-2 各行业能源消费系数 单位：t 标煤/万元

行业＼年份	2007	2010	2012	2015	2020
农业	0.29	0.26	0.24	0.21	0.17
煤炭开采和洗选业	1.66	1.46	1.35	1.17	0.94
石油和天然气开采业	0.62	0.55	0.50	0.44	0.35
黑色金属矿采选业	1.54	1.36	1.25	1.09	0.87
有色金属矿采选业	0.92	0.81	0.74	0.65	0.52
非金属矿采选业	2.00	1.76	1.62	1.40	1.12
其他采矿业	42.17	37.11	34.14	29.69	23.75
农副食品加工业	0.55	0.48	0.44	0.39	0.31
食品制造业	0.77	0.68	0.63	0.55	0.44
饮料制造业	0.57	0.50	0.46	0.40	0.32
烟草制品业	0.09	0.08	0.07	0.06	0.05
纺织业	1.38	1.21	1.11	0.97	0.78
纺织服装、鞋、帽制造业	0.33	0.29	0.26	0.23	0.18
皮革、毛皮、羽毛（绒）及其制品业	0.28	0.24	0.22	0.19	0.16
木材加工及木、竹、藤、棕、草制品业	0.88	0.77	0.71	0.62	0.49
家具制造业	0.25	0.22	0.20	0.18	0.14
造纸及纸制品业	2.09	1.84	1.69	1.47	1.18
印刷业和记录媒介的复制	0.51	0.45	0.41	0.36	0.29
文教体育用品制造业	0.41	0.36	0.33	0.29	0.23
石油加工、炼焦及核燃料加工业	4.64	4.08	3.76	3.27	2.61
化学原料及化学制品制造业	4.05	3.56	3.28	2.85	2.28

行业＼年份	2007	2010	2012	2015	2020
医药制造业	0.56	0.50	0.46	0.40	0.32
化学纤维制造业	2.09	1.84	1.69	1.47	1.18
橡胶制品业	1.43	1.26	1.16	1.01	0.81
塑料制品业	0.83	0.73	0.67	0.58	0.47
非金属矿物制品业	4.58	4.03	3.70	3.22	2.58
黑色金属冶炼及压延加工业	5.78	5.09	4.68	4.07	3.26
有色金属冶炼及压延加工业	2.60	2.29	2.11	1.83	1.47
金属制品业	1.03	0.90	0.83	0.72	0.58
通用设备制造业	0.55	0.49	0.45	0.39	0.31
专用设备制造业	0.51	0.45	0.41	0.36	0.29
交通运输设备制造业	0.37	0.33	0.30	0.26	0.21
电气机械及器材制造业	0.28	0.24	0.23	0.20	0.16
通讯设备、计算机及其他电子设备制造业	0.28	0.24	0.22	0.19	0.16
仪器仪表及文化、办公用机械制造业	0.24	0.21	0.20	0.17	0.14
工艺品及其他制造业	1.53	1.34	1.24	1.08	0.86
废弃资源和废旧材料回收加工业	0.33	0.29	0.27	0.23	0.19
电力、热力的生产和供应业	2.28	2.01	1.85	1.61	1.28
燃气生产和供应业	2.19	1.93	1.77	1.54	1.23
水的生产和供应业	2.39	2.10	1.93	1.68	1.35
第三产业（包括建筑业）	0.35	0.31	0.29	0.25	0.20

（2）各行业能源消费结构系数

各行业能源消费结构系数见表 6-4-3。

表 6-4-3 各行业能源消费结构系数

单位：%

序号	2007 年				2010 年				2012 年	
	煤炭	石油	天然气	其他能源（水电/核电等）	煤炭	石油	天然气	其他能源（水电/核电等）	煤炭	石油
1	33.98	61.93	0.00	4.08	33.30	62.55	0.00	4.14	32.47	63.18
2	97.17	1.24	0.56	1.03	97.08	1.28	0.58	1.06	96.99	1.32
3	8.09	49.70	40.06	2.14	7.85	49.85	40.15	2.15	7.46	50.05
4	39.97	30.58	0.18	29.27	39.37	30.88	0.19	29.56	38.74	31.19
5	46.99	22.21	0.26	30.55	46.28	22.54	0.26	30.91	45.59	22.92
6	74.98	19.87	0.10	5.05	74.53	20.25	0.10	5.11	74.09	20.64
7	13.11	15.54	0.00	71.36	12.74	15.61	0.00	71.64	12.39	15.69
8	79.66	13.82	0.42	6.11	79.18	14.16	0.43	6.23	78.70	14.52
9	81.97	11.25	2.63	4.16	81.56	11.47	2.68	4.28	81.15	11.70
10	83.79	11.01	1.64	3.55	83.29	11.34	1.69	3.68	82.79	11.66
11	73.41	14.09	4.48	8.01	72.90	14.36	4.57	8.17	72.39	14.62
12	79.72	8.90	0.46	10.92	79.08	9.18	0.48	11.25	78.45	9.46
13	58.44	31.16	0.51	9.89	57.68	31.82	0.52	9.99	56.93	32.45

序号	2007年				2010年				2012年	
	煤炭	石油	天然气	其他能源（水电/核电等）	煤炭	石油	天然气	其他能源（水电/核电等）	煤炭	石油
14	45.31	42.80	0.41	11.49	44.49	43.36	0.42	11.73	43.69	43.88
15	78.68	11.19	0.66	9.47	77.82	11.64	0.69	9.85	76.96	12.11
16	39.05	46.36	1.62	12.97	38.31	46.87	1.65	13.18	37.58	47.43
17	91.52	4.67	0.37	3.44	91.15	4.84	0.40	3.61	90.79	5.00
18	34.10	40.46	5.08	20.37	33.41	40.87	5.15	20.57	32.71	41.27
19	21.87	60.44	0.00	17.69	21.35	60.80	0.00	17.85	20.81	61.17
20	65.96	32.46	1.27	0.31	65.24	33.14	1.30	0.32	64.52	33.80
21	50.64	28.85	17.17	3.34	49.63	29.43	17.51	3.44	48.63	30.02
22	80.46	8.93	3.73	6.88	79.68	9.29	3.88	7.16	78.91	9.63
23	74.87	17.12	0.74	7.28	73.86	17.80	0.78	7.57	72.86	18.48
24	65.87	19.08	1.45	13.60	64.69	19.65	1.53	14.14	63.52	20.24
25	41.98	34.47	2.85	20.70	41.18	34.82	2.97	21.04	40.40	35.16
26	82.43	12.16	2.80	2.61	81.68	12.64	2.94	2.74	80.95	13.12
27	91.58	3.00	1.08	4.34	92.04	2.82	1.01	4.13	92.50	2.62
28	64.06	16.33	2.62	17.00	62.77	16.65	2.73	17.85	61.52	17.09
29	35.68	35.18	2.58	26.56	34.96	35.53	2.68	26.83	34.26	35.89
30	42.77	33.44	7.52	16.27	41.91	33.81	7.83	16.45	41.07	34.18
31	62.54	19.20	9.35	8.91	61.67	19.53	9.63	9.18	60.80	19.84
32	55.53	25.39	9.96	9.11	54.47	25.78	10.26	9.49	53.44	26.16
33	26.34	48.46	6.33	18.87	25.76	48.79	6.40	19.04	25.19	49.14
34	20.19	37.40	19.94	22.48	19.38	37.78	20.13	22.70	18.57	38.15
35	26.22	47.06	3.14	23.58	25.43	47.53	3.22	23.82	24.67	48.01
36	75.21	10.56	0.18	14.06	74.38	10.79	0.19	14.65	73.56	11.00
37	39.90	39.11	0.00	21.00	39.10	39.58	0.00	21.33	37.93	40.09
38	97.83	0.21	0.98	0.99	98.02	0.19	0.89	0.90	98.22	0.17
39	78.32	11.78	9.20	0.70	77.54	12.14	9.59	0.73	76.77	12.50
40	27.59	13.02	1.37	58.03	26.87	13.14	1.38	58.61	26.17	13.24
41	7.48	87.49	2.48	2.55	6.43	88.36	2.53	2.68	5.60	89.07

注：行业序号同上表。

续表 6-4-3 各行业能源消费结构系数 单位：%

序号	2012年		2015年				2020年			
	天然气	其他能源（水电/核电等）	煤炭	石油	天然气	其他能源（水电/核电等）	煤炭	石油	天然气	其他能源（水电/核电等）
1	0.00	4.35	31.63	63.81	0.00	4.56	30.71	64.45	0.00	4.84
2	0.60	1.09	96.72	1.44	0.65	1.19	96.43	1.57	0.71	1.30
3	40.31	2.18	7.09	50.25	40.47	2.20	6.73	50.43	40.63	2.21
4	0.21	29.85	38.12	31.50	0.22	30.15	37.44	31.82	0.23	30.51
5	0.27	31.22	44.91	23.29	0.27	31.53	43.56	23.69	0.27	32.48
6	0.10	5.18	73.57	21.05	0.10	5.28	73.05	21.47	0.10	5.38

序号	2012年		2015年				2020年			
	天然气	其他能源（水电/核电等）	煤炭	石油	天然气	其他能源（水电/核电等）	煤炭	石油	天然气	其他能源（水电/核电等）
7	0.00	71.93	12.01	15.77	0.00	72.22	11.64	15.85	0.00	72.50
8	0.44	6.35	78.15	14.88	0.45	6.52	77.53	15.30	0.45	6.72
9	2.74	4.41	80.66	12.01	2.79	4.54	80.10	12.33	2.85	4.73
10	1.75	3.80	82.29	11.99	1.80	3.92	81.72	12.31	1.85	4.12
11	4.66	8.33	71.88	14.88	4.75	8.48	71.23	15.18	4.85	8.73
12	0.49	11.59	77.75	9.80	0.51	11.94	77.05	10.15	0.53	12.27
13	0.53	10.09	56.13	33.13	0.54	10.19	55.24	33.83	0.55	10.38
14	0.44	12.00	42.82	44.45	0.45	12.29	41.96	44.98	0.47	12.59
15	0.71	10.22	76.12	12.59	0.74	10.55	75.13	13.10	0.77	11.01
16	1.68	13.31	36.83	48.00	1.70	13.47	36.09	48.58	1.73	13.60
17	0.42	3.79	90.33	5.25	0.44	3.98	89.88	5.50	0.45	4.17
18	5.22	20.80	31.99	41.69	5.29	21.03	31.19	42.10	5.37	21.34
19	0.00	18.02	20.27	61.53	0.00	18.19	19.75	61.90	0.00	18.35
20	1.34	0.34	63.88	34.38	1.39	0.36	63.24	34.93	1.46	0.37
21	17.84	3.50	47.66	30.62	18.15	3.57	46.71	31.23	18.42	3.65
22	4.03	7.43	78.14	9.97	4.19	7.70	77.36	10.31	4.36	7.97
23	0.81	7.85	71.88	19.13	0.85	8.15	70.83	19.80	0.90	8.47
24	1.60	14.63	62.32	20.85	1.67	15.18	61.01	21.47	1.73	15.78
25	3.09	21.36	39.59	35.52	3.22	21.68	38.80	35.87	3.33	22.00
26	3.09	2.85	80.14	13.64	3.25	2.97	79.18	14.30	3.40	3.12
27	0.96	3.92	92.96	2.44	0.91	3.68	93.40	2.27	0.87	3.46
28	2.83	18.56	60.23	17.51	2.96	19.30	58.72	17.93	3.08	20.27
29	2.76	27.10	33.54	36.25	2.84	27.37	32.70	36.64	2.93	27.72
30	8.12	16.63	40.25	34.59	8.35	16.82	39.45	35.00	8.55	17.00
31	9.91	9.45	59.89	20.18	10.19	9.74	58.99	20.50	10.48	10.03
32	10.57	9.83	52.37	26.55	10.90	10.18	51.32	26.93	11.20	10.55
33	6.46	19.21	24.61	49.48	6.52	19.39	23.38	49.88	6.77	19.97
34	20.36	22.93	17.77	38.51	20.56	23.16	16.97	38.87	20.77	23.39
35	3.27	24.06	23.93	48.49	3.30	24.28	22.97	48.93	3.34	24.77
36	0.20	15.23	72.75	11.21	0.20	15.83	71.95	11.39	0.21	16.44
37	0.00	21.98	36.79	40.57	0.00	22.64	35.54	41.10	0.00	23.36
38	0.80	0.81	98.40	0.16	0.72	0.73	98.55	0.14	0.65	0.66
39	9.97	0.77	76.00	12.88	10.32	0.81	75.16	13.26	10.73	0.85
40	1.39	59.19	25.47	13.35	1.40	59.78	24.75	13.46	1.41	60.38
41	2.58	2.75	5.04	89.34	2.63	3.00	4.53	89.52	2.68	3.27

（3）生活商品能源消耗系数

生活商品能源消耗系数见表 6-4-4。

表 6-4-4 生活商品能源消耗系数

指标 \ 年份		2007 年	2010 年	2012 年	2015 年	2020 年
城镇	总能耗/（kg 标煤/人）	282.44	282.34	296.02	308.60	321.60
	煤炭/（kg 标煤/人）	25.87	26.37	23.72	21.29	18.78
	石油/（kg 标煤/人）	49.29	48.74	52.29	55.55	58.92
	天然气/（kg 标煤/人）	29.77	28.90	33.87	38.44	43.17
	其他/（kg 标煤/人）	77.25	77.55	81.50	85.14	88.90
农村	总能耗/（kg 标煤/人）	137.72	137.45	143.87	149.77	155.87
	煤炭/（kg 标煤/人）	55.87	56.41	53.50	50.83	48.06
	石油/（kg 标煤/人）	10.95	10.63	11.72	12.72	13.76
	天然气/（kg 标煤/人）	0.08	0.08	0.09	0.11	0.12
	其他/（kg 标煤/人）	25.19	24.89	28.03	30.92	33.91

（4）农村非商品能源消耗系数

农村非商品能源消耗系数见表 6-4-5。

表 6-4-5 农村非商品能源消耗系数

指标 \ 年份	2007 年	2010 年	2012 年	2015 年	2020 年
沼气/（m^3/人）	14.08	17.6	20.22	23.95	29.81
秸秆/（kg/人）	467.32	575.42	585.41	597.64	613.4
薪柴/（kg/人）	250.4	274.67	280.06	286.66	295.18

（5）各行业燃料煤占煤炭消费总量的比例

各行业燃料煤占煤炭消费总量的比例见表 6-4-6。

表 6-4-6 各行业燃料煤占煤炭消费总量的比例

行业 \ 项目	燃料煤占煤炭消费总量的比例/%
农业	100
煤炭开采和洗选业	22.4
石油和天然气开采业	100
黑色金属矿采选业	43.6
有色金属矿采选业	78.3

行业＼项目	燃料煤占煤炭消费总量的比例/%
非金属矿采选业	100
其他采矿业	75
农副食品加工业	95.7
食品制造业	95.7
饮料制造业	95.7
烟草制品业	95.7
纺织业	99.7
纺织服装、鞋、帽制造业	99.4
皮革、毛皮、羽毛（绒）及其制品业	99.4
木材加工及木、竹、藤、棕、草制品业	79
家具制造业	79
造纸及纸制品业	99.1
印刷业和记录媒介的复制	100
文教体育用品制造业	100
石油加工炼焦及核燃料加工业	9.5
化学原料及化学制品制造业	57.1
医药制造业	98.7
化学纤维制造业	100
橡胶制品业	100
塑料制品业	98.8
非金属矿物制品业	50
黑色金属冶炼及压延加工业	30.9
有色金属冶炼及压延加工业	80.7
金属制品业	94.5
通用设备制造业	82
专用设备制造业	82
交通运输设备制造业	82
电气机械及器材制造业	82
通讯设备、计算机及其他电子设备制造业	82
仪器仪表及文化办公用机械制造业	82
工艺品及其他制造业	73
废弃资源和废旧材料回收加工业	73
电力、热力的生产和供应业	99.1
燃气生产和供应业	11.6
水的生产和供应业	100
生活	100

（6）各行业燃料油占石油消费总量的比例

各行业燃料油占石油消费总量的比例见表 6-4-7。

表 6-4-7 各行业燃料油占石油消费总量的比例

行业＼项目	燃料油占石油消费总量的比例/%
农业	100
煤炭开采和洗选业	100
石油和天然气开采业	100
黑色金属矿采选业	15.69
有色金属矿采选业	100
非金属矿采选业	100
其他采矿业	100
农副食品加工业	99.62
食品制造业	99.62
饮料制造业	99.62
烟草制品业	99.62
纺织业	99.82
纺织服装、鞋、帽制造业	99.65
皮革、毛皮、羽毛（绒）及其制品业	99.65
木材加工及木、竹、藤、棕、草制品业	99.42
家具制造业	99.42
造纸及纸制品业	99.22
印刷业和记录媒介的复制	100
文教体育用品制造业	100
石油加工炼焦及核燃料加工业	1.78
化学原料及化学制品制造业	17.06
医药制造业	100
化学纤维制造业	80.22
橡胶制品业	97.89
塑料制品业	99.89
非金属矿物制品业	98.31
黑色金属冶炼及压延加工业	99.96
有色金属冶炼及压延加工业	99.80
金属制品业	99.94
通用设备制造业	99.77
专用设备制造业	99.77
交通运输设备制造业	99.77
电气机械及器材制造业	99.77
通讯设备计算机及其他电子设备制造业	99.77
仪器仪表及文化办公用机械制造业	99.65
工艺品及其他制造业	99.96
废弃资源和废旧材料回收加工业	100
电力、热力的生产和供应业	99.44
燃气生产和供应业	99.07
水的生产和供应业	100
生活	100

第5章 废水与水污染物预测

水污染物产生和排放是未来环境压力预测的重要组成，其来源主要有工业、生活、农业面源三个部门。在限定区域和特定时期，水污染排放强度直接取决于工业技术水平、生活用水需求、农药化肥使用强度以及养殖农业规模。目前的预测主要是废水量、COD和氨氮等总量层面的预测。

5.1 预测技术路线

废水和水污染物预测技术路线见图 6-5-1。

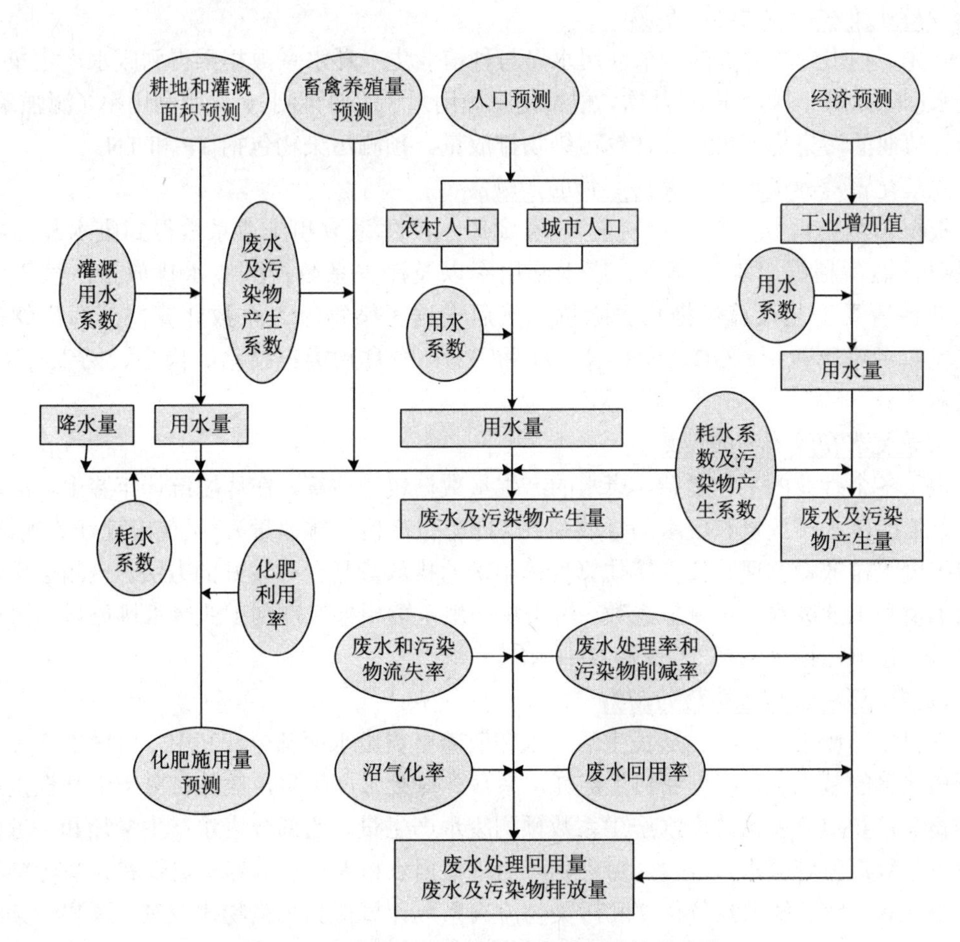

图 6-5-1 废水和污染物排放量预测的技术路线

5.2 预测指标与方法

废水与水污染预测的指标与方法是：

（1）预测的废水和污染物种类

包括废水、COD、NH_3-N、总氮、总磷等的产生量和排放量。

（2）行业分类

行业分类按农业、工业和生活三部分进行，其中农业分为种植业和畜禽养殖业；工业按《中国环境统计年鉴》或《中国统计年鉴》的 38 个部门分类进行；生活分为城镇生活和农村生活。

（3）预测情景方案

对废水及污染物排放量预测，根据控制目标不同，分两种情景方案，一是在现有的废水处理水平和污染物去除率正常提高下的方案，二是在达到理想的控制目标（根据国家规划或行业规划要求设定）情景下的方案。两种情景方案最为关键的是预测出废水和水污染物去除率。

（4）具体预测方法

种植业废水和污染物的预测

首先，利用预测得到的种植业用水量与种植业生产耗水系数相乘得到废水产生量（假设废水产生量等于排放量）；其次，根据化肥施用量（需要预测）、化肥利用率（源强系数）以及种植业的污染物流失系数计算污染物排放量。预测污染物包括 TP 和 TN。

规模化畜禽养殖场废水和污染物的预测

根据预测畜禽养殖量（存栏量）、畜禽废水产生系数和排泄系数得到废水和污染物产生量，然后根据废水处理率、废水回用率以及流失系数得到废水排放量；按干法和湿法两种清粪工艺计算污染物去除量，然后根据污染物流失系数计算得到污染物排放量。预测污染物包括 COD、NH_3-N、TP 和 TN，畜禽种类包括猪、肉牛、奶牛、肉鸡、蛋鸡和羊。

工业废水和污染物的预测

由于各个行业的工艺复杂，废水的产生量数据较难估算，在环境统计年鉴上，给出了各个行业的废水排放量和废水的排放系数（即单位产值的排放量），呈现出较好的规律性，故根据废水排放量的现状值直接估算目标年份的排放量是一种较好的方法。预测年份的工业增加值和工业废水产生排放系数、污染物产生系数相乘即得到工业废水排放量和污染物产生量。预测污染物包括 COD 和 NH_3-N。

农村生活废水和污染物的预测

农村生活废水包括农村居民生活废水和散养畜禽废水两部分。其中，居民生活废水在预测用水量的基础上，根据农村生活耗水系数计算废水产生量，散养畜禽废水则直接通过散养畜禽量和散养畜禽的废水产生系数预测废水产生量，两部分废水产生量加和，考虑废水流失系数后得到废水排放量。污染物产生量根据农村人口、散养畜禽量和人畜污染物产生系数计算，然后根据沼气化率和污染物流失系数计算得到污染物排放量。预测污染物包括 COD、NH_3-N、TP 和 TN。

城镇生活废水和污染物的预测

城镇生活废水产生量的预测和农村居民生活废水产生量的预测方法类似，在预测用水量的基础上，通过城镇居民生活耗水系数，计算得到废水产生量；然后根据生活废水占城镇管网废水的比例，计算总的城镇管网废水产生量，利用回用率目标计算处理回用量，计算得到废水排放量。城镇生活废水中污染物产生量的预测方法和农村居民生活类似，城镇人口和城镇居民污染物产生系数相乘即得到生活废水的污染物产生量，然后根据废水处理率和污染物削减率计算污染物排放量。

具体预测方法汇总见表 6-5-1。

表 6-5-1　废水和污染物产生量与排放量的预测方法

行业	废水/污染物	预测方法
种植业	废水	农田的废水排放量是由于灌溉和降雨产生的农田的径流量 径流量＝农田面积×径流系数×年均降雨量+灌溉面积×径流系数×年均降雨量年均灌溉量
	TP	TP 排放量＝TP 产生量×TP 流失系数 TP 产生量＝磷肥施用量×（1–磷肥利用率）×0.436 6 磷肥施用量＝耕地面积×单位耕地面积化肥施用量×磷肥施肥结构
	TN	TN 排放量＝TN 产生量（中国农村统计年鉴）×TN 流失系数 TN 产生量＝氮肥施用量（中国农村统计年鉴）×（1–化肥利用率）
规模化畜禽养殖	废水	废水排放量＝废水产生量–废水回用量 废水产生量＝规模化畜禽养殖量×（湿法工艺比例×湿法工艺的废水产生系数+干法工艺比例×干法工艺比例的废水产生系数） 废水回用量＝废水产生量×废水处理率×废水回用率 规模化畜禽养殖量＝畜禽养殖量×规模化养殖比例
	污染物（COD、NH_3-N、TP、TN）	污染物排放量＝（污染物产生量–污染物去除量）×污染物流失系数 污染物产生量＝规模化畜禽养殖量×排泄系数 污染物去除量＝干法污染物去除量＋湿法污染物去除量 干法污染物去除量＝污染物产生量×（1–湿法工艺比例）×干法污染物清除率 湿法污染物去除量＝（污染物产生量–干法污染物去除量）×废水处理率×污染物削减率
农村生活	废水	废水排放量＝废水产生量×废水流失系数 农村居民废水产生量＝农村居民用水量×（1–耗水系数）
	污染物（COD、NH_3-N、TP、TN）	污染物排放量＝（污染物产生量–污染物去除量）×污染物流失系数 农村居民污染物产生量＝农村人口×污染物产生系数 污染物去除量＝（农村居民生活污染物产生量）×沼气化率
工业	废水	废水排放量＝行业增加值×各个行业废水排放系数 废水处理量＝Σ[行业废水产生量×（废水处理率或废水应处理率）]
	污染物（COD、NH_3-N）	污染物产生量＝Σ（行业增加值×行业污染物产生系数） 污染物排放量＝Σ（各行业污染物产生量×污染物去除率）
城镇生活	废水	废水排放量＝废水产生量×废水处理率×（1–废水回用率）/生活废水占管网废水总产生量的比例 废水产生量＝城镇居民用水量×（1–城镇居民耗水系数）
	污染物（COD、NH_3-N、TP、TN）	污染物排放量＝污染物产生量–污染物去除量 污染物产生量＝城镇人口×污染物产生系数 污染物去除量＝污染物产生量×废水处理率×Σ（三类处理级别的比例×各处理级别的污染物去除率）

表 6-5-2　废水和污染物排放量预测中技术参数的预测方法与依据

行业	指标	预测方法和依据
种植业	种植业的耗水系数	耗水系数由全国水资源公报计算得出，再用趋势外推法推得。一般种植业的生产耗水系数取 0.655
	单位耕地面积化肥施用量	根据统计数据，从 1978—2007 年，我国耕地的平均化肥施用量（折纯量）呈现逐年上升趋势，2003—2007 年四年来的平均化肥施用量分别为 357 kg/hm^2、378.6 kg/hm^2、390.5 kg/hm^2、404.6 kg/hm^2；采用趋势分析法，并同时考虑到化肥利用效率的提高，环境保护的需求等（发达国家为防止化肥对水体污染规定的单位化肥施用量为 225 kg/hm^2，预测到 2020 年单位化肥施用量降至 383.12 kg/hm^2）
	施肥结构	以 N∶P_2O_5∶K_2O 达到 1∶0.5∶0.4 为目标，将氮肥∶磷肥∶钾肥∶复合肥由 2005 年的 47∶16∶10∶27 调整至 2020 年的方案 1 保持现状，方案 2 40∶17∶13∶30
	化肥利用率	氮肥的利用率要高于磷肥，土壤中投入的磷肥只有 10%～20%可被作物利用，其余大部分以农田排水和径流的方式进入地表水造成水体污染。氮肥利用率目前约为 33%，预计随着单位化肥施用量的减少以及施肥结构的调整，到 2020 年利用率提高到 50%；磷肥利用率约为 15%，预计到 2020 年利用率提高到 25%
规模化畜禽养殖	畜禽养殖量	畜禽养殖量主要取决于消费需求、食品结构、畜禽生产能力、饲料供应和畜牧业科技进步等因素，对以上因素综合分析，今后我国肉类及禽蛋的增长幅度将呈稳中有降的态势，预计未来肉类和禽蛋的增长率呈下降趋势，奶类在“十一五”和“十二五”期间保持高速增长态势，此后逐步下降。据此提出 2006—2020 年主要畜禽产品的年均增长率，并预测畜禽养殖量
	规模化养殖比例	畜牧业的生产方式正在向规模化和集约化的方向发展，规模化养殖的比例将不断提高，根据《中国畜牧业年鉴 2007》中的相关统计数据，得到 2007 年 6 种畜禽的规模化养殖比例，并在此基础上确定规模化养殖比例的预测目标，到 2020 年：猪 50%，肉牛 45%，奶牛 55%，肉鸡 65%，蛋鸡 60%，羊 35%
	湿法工艺比例	根据污染源普查数据，2007 年湿法工艺比例为：猪 61.5%，牛 59.5%，鸡 39.0%，羊 20.0%，到 2020 年降低到：方案 1 为猪、牛 30%，鸡 15%，羊 10%；方案 2 为猪、牛 20%，鸡 10%，羊 5%
	废水处理率	根据污染源普查数据，2007 年废水处理率为：猪 24.0%，肉牛 15.3%，奶牛 36.5%，肉鸡和蛋鸡 39.0%，羊 10.0%，到 2020 年分别提高到：方案 1 为猪、牛 70%，鸡 80%，羊 55%；方案 2 为猪、牛 80%，鸡 90%，羊 60%
	干法污染物清除率	根据调查，2005 年干法污染物清除率为：猪 60.0%，肉牛 68.0%，奶牛 55.0%，肉鸡和蛋鸡 80.0%，羊 60.0%，到 2020 年提高到：方案 1 为猪和肉牛 70%，奶牛 65%，鸡 80%，羊 65%；方案 2 为猪和肉牛 75%，奶牛 70%，鸡 85%，羊 70%
	废水回用率	根据污染源普查数据，2007 年废水回用率为 0，方案 1 预计到 2020 年提高到 15%；方案 2 为提高到 20%
农村生活	农村居民生活耗水系数	根据 1999—2007 年的中国水资源公报，农村居民生活耗水系数基本保持在 0.80～0.9，预计随着农村居民生活水平的提高，耗水系数应该逐步下降，到 2020 年将降至 0.75
	农村居民人均污染物产生量	根据三峡地区的专项调查报告，2006 年农村居民的污染物产生系数取：COD 35.1 g/（人·d），NH_3-N 3.02 g/（人·d），TP 0.34 g/（人·d），TN 4.72 g/（人·d）。预计随着农村居民生活水平的提高，到 2020 年污染物产生系数将提高到：COD 45.4 g/（人·d），NH_3-N 3.90 g/（人·d），TP 0.44 g/（人·d），TN 6.09 g/（人·d）
	沼气化率	根据“十一五”全国农村沼气工程建设规划，全国大约有 60%的农村户适宜加入沼气综合利用工程，截至 2005 年底，全国户用沼气达到 1 800 万户，占总农村户数的 7.2%。预计到 2020 年，方案 1 农村沼气普及率将达到 30%；方案 2 达到 40%

行业	指标	预测方法和依据
工业	废水排放系数	各行业废水排放系数根据现有的（2003—2007 年）五年的废水排放系数进行趋势外推求得
	废水处理率	根据污染源普查数据，得到 2007 年的各行业的废水处理率
	污染物去除率	根据历史数据进行预测，根据环境统计年鉴可以得到 2003—2007 年各个行业的污染物的去除率
城镇生活	耗水系数	根据水资源公报的统计数据，1997—2002 年的耗水系数基本上维持在 0.25，2003—2007 年的耗水系数为 0.25，随着水资源利用效率的提高，预计到 2020 年，耗水系数可达到 40%
	废水处理率	以《中国环境统计年鉴 2007》中 2007 年的城市生活废水处理率 62.87%现状值为基准，根据《全国城镇污水处理及再生利用设施建设“十一五”规划》，以近期（2010 年）达到 70%，远期（2030 年）所有城市的生活废水处理率达到 100%为目标，确定预测目标年的城镇生活废水处理率：方案 1 为 2010 年 65%，2020 年 80%；方案 2 为 2010 年 70%，2020 年 90%
	废水回用率	以《中国环境统计年鉴 2007》中 2007 年的城市生活废水回用率 4.7%现状值为基准，参考《全国城镇污水处理及再生利用设施建设“十一五”规划》中关于再生水利用率的目标，确定预测目标年的城镇生活废水回用率：方案 1 为 2010 年 8%，2020 年 15%；方案 2 为 2010 年 10%，2020 年 20%
	生活废水占管网废水总产生量的比例	根据 2006 年统计数据，推算得出生活废水占管网废水总产生量的比例为 87%。考虑到未来工业企业向工业园区集中搬迁以及工业废水集中处理比例的提高，该比例在未来会小幅提升，到 2020 年达到 90%
	各级废水处理能力比例	根据《中国城市建设统计年报 2006》和中国监测站统计数据，2006 年城镇污水处理厂（含其他污水处理设施）的一、二级和三级处理能力比例分别为 14.8%、80.2%和 2.8%，预计到 2020 年将分别达到：方案 1 为 0、85%和 15%；方案 2 为 0、80%和 20%
	污染物去除率	各级城镇污水处理设施的污染物去除率相对稳定，根据 2007 年环境统计年报及调查数据，2006 年一、二、三级处理设施的全国平均污染物去除率分别是：COD 为 90%、75%、5%，NH_3-N 为 75%、50%、0，TP（TN）为 80%、65%、0。预计未来二级处理能力的污染物去除率有小幅提升，三级保持不变，一级将消失，因此，仅对二级处理设施的各项污染物去除率进行预测，预计到 2020 年 COD 为 80%，NH_3-N 为 60%，TP（TN）为 70%
	污染物产生系数	根据环境统计年鉴与中国统计年鉴的现状值计算出 2003—2007 年的污染物产生系数，再用趋势外推法预测

5.3 预测参数和取值

（1）种植业相关参数与取值系数

种植业相关参数与取值系数见表 6-5-3。

表 6-5-3 种植业相关系数

年份	耗水系数	单位面积化肥施用量/（kg/hm^2）	施肥结构/%				氮肥利用率/%	磷肥利用率/%
			氮肥	磷肥	钾肥	复合肥		
2007	0.65	419.36	44.97	15.13	10.45	27.30	33.00	15.00
2010	0.67	379.90	43.90	15.66	11.10	27.81	40.00	18.46
2012	0.68	377.83	43.17	16.01	11.50	28.25	42.00	20.77
2015	0.70	382.35	42.08	16.53	12.10	28.91	45.00	24.23
2020	0.72	383.12	40.30	17.40	12.30	30.00	50.00	30.0

（2）畜禽养殖业相关参数与取值系数

畜禽养殖业相关参数见表 6-5-4 和表 6-5-5。

表 6-5-4 各种畜禽的规模化养殖比例

单位：%

年份	猪	肉牛	奶牛	肉鸡	蛋鸡	羊
2007	30.4	17.1	38.7	47.8	35.2	20.3
2010	35	25	42	53	40	25
2012	38	30	45	57	45	27
2015	42.5	35	49	60	50	30
2020	50	45	55	65	60	35

表 6-5-5 规模化畜禽养殖场的废水产生系数和污染物排泄系数

项目		猪	肉牛	奶牛	肉鸡	蛋鸡	羊
废水产生系数/[t/（头·a）]	水冲粪	6.57	23.73	54.75	0.22	0.26	15.7
	干清粪	2.74	11.86	33.76	0.09	0.09	7.8
污染物排泄系数/[kg/（头·a）]	COD	48.52	226.2	401.5	4.9	2.4	4.4
	NH_3-N	2.07	25.15	25.15	0.125	0.125	0.57
	TP	1.7	10.07	10.07	0.115	0.115	0.45
	TN	4.51	61.1	61.1	0.275	0.275	2.28

（3）与农村生活相关的参数与取值系数

与农村生活相关参数见表 6-5-6、表 6-5-7。

表 6-5-6　农村生活污染物产生系数

年份	农村居民污染物产生系数/[g/（人·d）]			
	COD	氨氮	总磷	总氮
2006	35.10	3.02	0.34	4.72
2007	35.84	3.08	0.35	4.82
2008	36.57	3.15	0.35	4.92
2009	37.31	3.21	0.36	5.01
2010	38.04	3.27	0.37	5.11
2011	38.78	3.33	0.38	5.21
2012	39.51	3.40	0.38	5.31
2013	40.25	3.46	0.39	5.41
2014	40.99	3.52	0.40	5.50
2015	41.72	3.59	0.40	5.60
2016	42.46	3.65	0.41	5.70
2017	43.19	3.71	0.42	5.80
2018	43.93	3.77	0.43	5.89
2019	44.66	3.84	0.43	5.99
2020	45.40	3.90	0.44	6.09

表 6-5-7　农村生活耗水系数

年份	农村生活耗水系数/%
2007	84.00
2008	83.31
2009	82.62
2010	81.92
2011	81.23
2012	80.54
2013	79.85
2014	79.15
2015	78.46
2016	77.77
2017	77.08
2018	76.38
2019	75.69
2020	75.00

（4）与城镇生活相关的参数与取值系数

与城镇生活相关的参数见表 6-5-8、表 6-5-9。

表 6-5-8　城镇生活污染物产生系数

年份	COD 产生系数/[g/（人·d）]	氨氮产生系数/[g/（人·d）]
2007	66.08	6.14
2010	68.70	6.38
2012	70.28	6.51
2015	72.13	6.66
2020	74.43	6.85

表 6-5-9　城镇居民废水产生和排放量相关系数

年份	生活废水占管网废水总产生量的比例/%	城镇居民耗水系数/%	设备的正常运转率/%
2007	80.19	30.00	77.85
2010	87.86	31.15	81.54
2012	88.29	31.92	85.23
2015	88.93	33.08	90.77
2020	90.00	35.00	100

（5）与工业相关的参数与取值系数

与工业相关的参数见表 6-5-10 至表 6-5-12。

表 6-5-10　工业废水排放系数　　单位：t/万元

行业＼年份	2007	2010	2012	2015	2020
煤炭开采和洗选业	15.55	11.30	10.25	9.16	7.99
石油和天然气开采业	1.55	1.07	0.91	0.76	0.60
黑色金属矿采选业	17.26	13.12	11.02	9.03	7.09
有色金属矿采选业	44.56	38.34	34.14	29.89	25.45
非金属矿采选业	16.75	9.35	7.55	6.02	4.65
其他采矿业	409.48	341.10	318.96	297.07	273.99
农副食品加工业	32.01	25.80	24.11	22.30	20.30
食品制造业	23.00	21.12	19.41	17.63	15.69
饮料制造业	33.53	28.11	22.69	17.27	11.85
烟草制品业	0.98	0.65	0.54	0.45	0.35
纺织业	45.82	42.05	40.17	38.11	35.76
纺织服装、鞋、帽制造业	6.40	5.27	4.88	4.47	4.01
皮革、毛皮、羽毛（绒）及其制品业	15.92	14.12	13.30	12.42	11.43
木材加工及木、竹、藤、棕、草制品业	4.68	2.94	2.25	1.66	1.15
家具制造业	2.86	2.66	2.46	5.46	2.00
造纸及纸制品业	243.59	215.01	200.81	185.70	168.92
印刷业和记录媒介的复制	2.84	2.56	2.41	2.26	2.09
文教体育用品制造业	1.68	1.52	1.42	1.32	1.21

行业＼年份	2007	2010	2012	2015	2020
石油加工、炼焦及核燃料加工业	23.61	22.36	20.86	19.27	17.50
化学原料及化学制品制造业	44.14	37.30	32.86	28.42	23.84
医药制造业	18.76	14.77	13.07	11.37	9.60
化学纤维制造业	60.48	52.54	47.05	41.47	35.59
橡胶制品业	6.71	5.49	4.90	4.30	3.67
塑料制品业	1.94	1.67	1.56	1.44	1.31
非金属矿物制品业	8.30	6.27	5.27	4.32	3.40
黑色金属冶炼及压延加工业	17.42	13.02	11.18	9.38	7.60
有色金属冶炼及压延加工业	7.10	4.97	4.02	3.16	2.36
金属制品业	10.00	8.87	8.41	7.92	7.36
通用设备制造业	2.39	1.52	1.21	0.93	0.68
专用设备制造业	3.08	2.59	2.21	1.84	1.48
交通运输设备制造业	3.16	2.01	1.57	1.19	0.85
电气机械及器材制造业	1.43	1.16	1.03	0.90	0.76
通讯设备、计算机及其他电子设备制造业	3.74	3.90	4.01	4.15	4.32
仪器仪表及文化办公用机械制造业	6.19	4.23	3.53	2.88	2.25
工艺品及其他制造业	3.11	2.60	2.41	2.21	1.99
废弃资源和废旧材料回收加工业	5.93	7.67	8.39	9.30	10.54
电力、热力的生产和供应业	19.80	15.24	12.67	10.26	7.95
燃气生产和供应业	9.25	7.34	5.91	4.60	3.40
水的生产和供应业	43.53	32.57	29.24	25.85	22.26

表 6-5-11　工业 COD 的产生系数　　单位：t/亿元

行业＼年份	2007	2010	2012	2015	2020
煤炭开采和洗选业	87.23	77.23	64.55	52.92	41.89
石油和天然气开采业	17.75	13.02	9.48	6.67	4.42
黑色金属矿采选业	24.70	18.12	11.59	7.21	4.21
有色金属矿采选业	89.52	74.66	50.84	32.75	19.23
非金属矿采选业	32.63	28.79	24.38	20.05	15.73
其他采矿业	1403.12	1224.55	924.55	424.55	300.00
农副食品加工业	354.87	302.74	256.83	212.76	169.40
食品制造业	350.41	308.18	248.81	212.57	174.87
饮料制造业	697.39	662.78	630.54	594.63	552.91
烟草制品业	4.34	3.92	3.67	3.40	3.10
纺织业	308.81	257.10	237.06	215.48	191.43
纺织服装、鞋、帽制造业	28.97	27.18	26.34	25.38	24.25
皮革、毛皮、羽毛（绒）及其制品业	175.24	170.81	167.19	147.67	127.36
木材加工及木、竹、藤、棕、草制品业	31.25	28.23	23.42	18.72	14.09
家具制造业	14.11	10.12	7.32	4.45	3.84
造纸及纸制品业	3265.65	2894.94	2526.16	2161.32	1789.38

行业＼年份	2007	2010	2012	2015	2020
印刷业和记录媒介的复制	13.27	10.04	9.34	8.61	7.83
文教体育用品制造业	3.57	3.24	2.94	2.63	2.29
石油加工、炼焦及核燃料加工业	140.58	102.81	74.15	53.48	37.46
化学原料及化学制品制造业	205.13	181.75	160.59	138.85	115.92
医药制造业	288.46	207.38	186.99	165.56	142.36
化学纤维制造业	478.36	382.33	333.23	283.50	232.00
橡胶制品业	17.53	13.45	12.27	11.01	9.63
塑料制品业	6.07	4.82	4.25	3.67	3.05
非金属矿物制品业	17.54	14.08	11.88	9.78	7.72
黑色金属冶炼及压延加工业	45.48	30.92	27.95	25.00	21.92
有色金属冶炼及压延加工业	12.65	12.56	9.16	6.31	3.98
金属制品业	20.93	16.12	14.90	13.59	12.12
通用设备制造业	8.59	7.02	6.20	5.38	4.53
专用设备制造业	6.13	5.54	4.51	3.54	2.62
交通运输设备制造业	8.79	6.87	5.56	4.36	3.25
电气机械及器材制造业	4.28	3.63	3.02	2.42	1.85
通讯设备、计算机及其他电子设备制造业	11.10	5.22	4.54	3.86	3.15
仪器仪表及文化办公用机械制造业	14.71	13.70	11.93	10.13	8.28
工艺品及其他制造业	11.44	10.92	15.64	17.57	18.74
废弃资源和废旧材料回收加工业	28.60	19.82	11.86	8.58	6.47
电力、热力的生产和供应业	13.57	13.22	10.72	8.38	6.17
燃气生产和供应业	158.70	133.74	92.11	63.44	42.26
水的生产和供应业	172.33	169.54	124.33	93.47	69.61

表 6-5-12 工业氨氮的产生系数 单位：t/亿元

行业＼年份	2007	2010	2012	2015	2020
煤炭开采和洗选业	0.92	0.60	0.39	0.27	0.20
石油和天然气开采业	0.66	0.50	0.43	0.37	0.30
黑色金属矿采选业	0.45	0.31	0.24	0.18	0.12
有色金属矿采选业	1.16	0.80	0.56	0.41	0.31
非金属矿采选业	0.41	0.28	0.19	0.14	0.11
其他采矿业	59.59	35.55	21.21	13.98	9.36
农副食品加工业	7.58	7.01	6.00	5.00	3.98
食品制造业	20.35	15.42	11.69	9.34	7.53
饮料制造业	9.50	7.43	6.63	5.97	5.35
烟草制品业	0.25	0.18	0.16	0.14	0.12
纺织业	8.12	5.44	4.52	3.81	3.19
纺织服装、鞋、帽制造业	0.96	0.87	0.81	0.75	0.68
皮革、毛皮、羽毛（绒）及其制品业	11.74	8.46	6.09	4.67	3.62
木材加工及木、竹、藤、棕、草制品业	1.17	0.71	0.43	0.28	0.19

行业 \ 年份	2007	2010	2012	2015	2020
家具制造业	0.45	0.28	0.22	0.18	0.14
造纸及纸制品业	28.57	19.62	13.47	9.95	7.43
印刷业和记录媒介的复制	0.67	0.50	0.44	0.39	0.35
文教体育用品制造业	0.15	0.11	0.08	0.06	0.05
石油加工、炼焦及核燃料加工业	37.45	32.94	30.31	27.49	24.35
化学原料及化学制品制造业	49.03	47.30	41.29	35.20	28.87
医药制造业	8.21	5.95	4.32	3.33	2.50
化学纤维制造业	9.08	8.55	7.46	6.35	5.20
橡胶制品业	0.98	0.74	0.55	0.44	0.35
塑料制品业	0.38	0.20	0.15	0.12	0.09
非金属矿物制品业	0.94	0.59	0.37	0.25	0.17
黑色金属冶炼及压延加工业	4.14	2.81	2.35	1.99	1.68
有色金属冶炼及压延加工业	3.03	2.27	1.70	1.34	1.07
金属制品业	1.24	0.97	0.76	0.62	0.52
通用设备制造业	0.28	0.20	0.14	0.11	0.08
专用设备制造业	0.51	0.27	0.14	0.08	0.05
交通运输设备制造业	0.33	0.18	0.10	0.06	0.04
电气机械及器材制造业	0.12	0.07	0.04	0.02	0.02
通讯设备、计算机及其他电子设备制造业	0.42	0.27	0.18	0.13	0.09
仪器仪表及文化办公用机械制造业	0.64	0.41	0.27	0.19	0.14
工艺品及其他制造业	0.46	0.46	0.46	0.46	0.46
废弃资源和废旧材料回收加工业	1.09	0.79	0.57	0.44	0.34
电力、热力的生产和供应业	1.03	0.53	0.28	0.16	0.10
燃气生产和供应业	14.03	7.42	3.92	2.34	1.43
水的生产和供应业	8.99	5.90	3.87	2.76	1.99

第 6 章　大气污染物预测

大气污染物产生和排放预测是未来环境压力预测的重要组成，其来源主要有工业、生活、交通和建筑等部门。目前，大气污染物预测主要有二氧化硫、氮氧化物、烟粉尘、碳氢化合物等预测。

6.1　预测技术路线

大气污染物种类，主要包括：二氧化硫、尘（烟尘和粉尘）、氮氧化物、碳氢化合物、一氧化碳和二氧化碳。

从大气污染预测分析主体上可以分为：农业、工业、生活以及机动车。在预测燃烧过程的大气污染物排放时，主要分析农业、工业的 39 个行业、第三产业（包括建筑业）和生活几个方面，其中居民生活分为城镇居民和农村居民两部分；在预测工艺过程的大气污染物排放时，只考虑石油加工及炼焦、化学工业、非金属矿物制品业、黑色金属冶炼及压延加工业、有色金属冶炼及压延加工业 5 个行业。

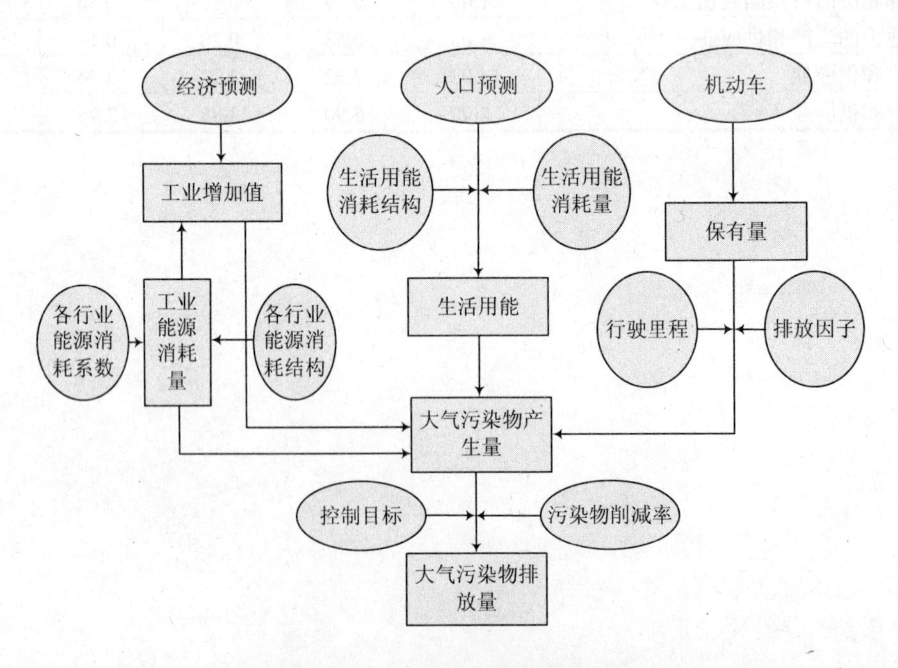

表 6-6-1　大气污染物预测技术路线

大气污染物预测是以经济预测、人口预测、机动车保有量预测和能源消耗量预测为基础；根据相关系数，分别预测工业、生活和机动车大气污染物产生量；根据不同控制目标，确定不同情景方案的污染物去除率以及相应的大气污染物排放量；根据大气污染物去除量和治理投资与运行费用系数，预测大气污染治理投入（图 6-6-1）。

具体的预测技术路线为：

（1）二氧化硫预测：首先，根据各部门燃煤或燃料油的含硫量以及燃料中硫的转化率，预测燃烧过程中二氧化硫产生量；其次，根据各行业产污系数、行业增加值，预测工艺过程中二氧化硫产生量；最后，根据不同控制目标和削减率，预测不同方案二氧化硫排放量及其治理费用。

（2）氮氧化物预测：首先，根据各部门各种能源消费量、氮氧化物排放因子，预测燃烧过程中氮氧化物产生量；其次根据机动车行驶里程和排污因子预测机动车氮氧化物产生量；最后，根据不同控制目标和削减率，预测不同方案氮氧化物排放量及其治理费用。

（3）烟尘预测：根据能源（煤炭）消费量、燃煤的灰分含量以及烟尘排放系数，预测燃烧过程和居民生活中烟尘的产生量，再根据不同控制目标和削减率，预测不同方案烟尘排放量及其治理费用。

（4）粉尘预测：根据各行业产污系数和行业增加值，预测工艺过程中粉尘产生量，再根据不同控制目标和削减率，预测不同方案粉尘排放量及其治理费用。

（5）碳氢化合物预测：根据预测的机动车保有量、机动车行驶里程和排污因子预测机动车碳氢化物的排放量。

（6）一氧化碳预测：根据预测的机动车保有量、机动车行驶里程和排污因子预测机动车碳氢化物的排放量。

（7）二氧化碳预测：根据各部门各种能源消费量、机动车保有量、行驶里程以及 IPCC 排放因子，预测得出国家中长期二氧化碳产生量。目前我国基本没有二氧化碳处置措施，因此二氧化碳排放量等于二氧化碳生产量。

6.2 预测步骤方法

大气污染物预测步骤如下。

（1）根据能源消耗量的预测结果，以及不同燃料的燃烧方式和能源消耗的产污系数，计算能源燃烧过程产生的二氧化硫、烟尘、氮氧化物和二氧化碳产生量，主要包括农业、工业燃烧过程、第三产业（包括建筑业）和居民生活。再分别根据不同控制目标，确定不同情景下的排放量及其治理费用。

（2）根据经济预测结果和工业中重点行业的产污系数，预测工艺过程二氧化硫和粉尘的产生量，再分别根据不同控制目标，确定不同情景排放量及其治理费用。

（3）根据机动车保有量、机动车行驶里程和相应排污因子，预测机动车的氮氧化物、碳氢化合物和一氧化碳排放量。

针对不同污染物的预测方法如表 6-6-1 所示。

表 6-6-1 大气污染物产生量预测方法

污染物	产生过程	预测方法
二氧化硫	农业、工业的燃烧过程、第三产业（包括建筑业）、城镇生活商品能源	产生量＝各部门燃料煤、燃料油消费量× 燃料煤或燃料油的含硫量× 燃料中硫的转化率×2
		排放量＝产生量×（1–去除率）
	工艺过程	产生量＝行业产污系数× 行业增加值
		排放量＝产生量×（1–去除率）
氮氧化物	农业、工业的燃烧过程、第三产业（包括建筑业）、城镇生活商品能源	产生量＝各部门各种能源消费量× 氮氧化物排放因子
		排放量＝产生量×（1–去除率）
	机动车	产生量＝机动车保有量×行驶里程×氮氧化物排放因子
		排放量＝产生量
烟尘	农业、工业的燃烧过程、第三产业（包括建筑业）、城镇生活商品能源	产生量＝各部门能源（煤炭）消费量× 燃煤的灰分含量× 进入烟尘的系数
		排放量＝产生量×（1–去除率）
粉尘	工艺过程	产生量＝行业产污系数× 行业增加值
		排放量＝产生量×（1–治理率）
碳氢化合物	机动车	排放量＝机动车保有量×行驶里程×碳氢化合物排放因子
一氧化碳	机动车	排放量＝机动车保有量×行驶里程×一氧化碳排放因子
二氧化碳	农业、工业的燃烧过程、第三产业（包括建筑业）、生活	排放量＝各部门各种能源消费量×IPCC 排放因子×（1－燃料损失率）× 碳氧化率，其中，燃料损失率中煤为 3.2%，油为 3.9%，气为 2.0%，碳氧化率一般取 0.98
	机动车	排放量＝机动车保有量×行驶里程×二氧化碳排放因子

6.3 预测参数和取值

（1）计算二氧化硫过程中所需系数

电力行业燃煤硫分

根据电力行业的特点和对电力行业脱硫技术的要求，可以预测确定火电耗煤硫分含量如表 6-6-2 所示。

表 6-6-2 火电耗煤硫分确定

年份	2007	2010	2015	2020
含硫量/%	0.95	0.97	1.05	1.15

其他行业和居民生活燃煤硫分

随着脱硫设施的不断建设，电力行业的燃煤含硫量有所提高，相应的其他行业和居民生活用煤含硫量将有所降低，具体如表 6-6-3 所示。

表 6-6-3 其他行业和居民生活燃煤硫分预测

年份	2007	2010	2015	2020
含硫量/%	1.1	1.07	1.05	0.98

燃料油含硫量

根据专家调查，燃料油含硫量取 1%。

燃料中硫的转换率

根据经验统计，电力行业中硫的转化率为 0.85，其余为 0.8；燃料油中硫的转换率为 0.9。

工艺过程二氧化硫产生系数

行业产污系数是指单位增加值的二氧化硫产生量，根据历年行业产污系数的变化趋势，预测 2010—2050 年污染物产生系数。行业增加值采用经济预测提供的数据，二氧化硫产生量采用《中国环境统计年鉴》中行业的污染物排放量和去除量的统计值，需要说明的一点是中国环境统计中各行业污染物排放量只是统计范围内的企业排放量和去除量的汇总，并非全行业的污染物排放数据，因此，我们按照统计范围内的行业比例，对各行业的污染物排放量和去除量进行修订，各行业去除率采用中国环境统计中的行业数值。修订后即预测的二氧化硫产污系数如表 6-6-4 所示。

表 6-6-4　行业生产工艺过程二氧化硫产污系数预测　　单位：kg/万元

行业＼年份	2007	2010	2012	2015	2020
石油加工及炼焦	72.2	70	68	65	60
化学工业	8.6	8.3	8.0	7.8	7.5
非金属制品	24.7	24.2	23.9	22.1	21.9
黑色金属冶炼	16.3	16.1	15.8	15.2	14.3
有色金属冶炼	153.9	129.1	107	99.4	83.4

（2）计算氮氧化物过程中所需系数

氮氧化物产生量的计算，采用清华大学郝吉明的排放因子以及《2006 年全国氮氧化物排放统计技术要求》的估算值，未来系数与现状值一致。根据能源统计情况和各种能源污染物排放的比重，选取 9 种能源进行计算，排放因子见表 6-6-5。

表 6-6-5　燃烧过程氮氧化物排放因子

行业＼能源	煤炭/（kg/t）	焦炭/（kg/t）	原油/（kg/t）	汽油/（kg/t）	煤油/（kg/t）	柴油/（kg/t）	燃料油/（kg/t）	天然气/（$\times10^{-4}$kg/m^3）	煤气/（$\times10^{-4}$kg/m^3）
农业	3.75	4.5	3.05	16.7	4.48	5.77	3.5	14.62	6.69
发电	8.85	—	7.24	16.7	21.2	7.4	10.06	40.96	13.53
供热	7.25	9	5.09	16.7	7.46	7.4	5.84	20.85	9.5
炼焦	0.37	—	—	—	—	—	—	—	—
炼油	0.37	—	0.24	—	—	—	—	—	—
制气	0.75	0.9	—	—	—	—	5.84	—	0.96
工业	7.5	9	5.09	16.7	7.46	9.62	5.84	20.85	9.5
建筑业	7.5	9	—	16.7	7.46	9.62	5.84	20.85	—
交通	7.5	9	—	21.2	27.4	36.25	36.25	20.85	—
商业、其他	3.75	4.5	3.05	16.7	4.48	5.77	3.5	14.62	7.36
生活	1.88	2.25	1.7	16.7	2.49	3.21	6.99	14.62	7.36

资料来源：2006 年全国氮氧化物排放统计技术要求。

（3）计算烟尘过程中所需系数

煤炭含灰量

根据已有的研究文献，根据煤炭资源平均含硫量和煤炭洗选情况，分析含灰量变化情况，根据有关规划和专家调查，结合煤炭洗选目标，洗选脱硫率按30%计算，除灰率按50%计算，由于近年来煤炭消费量增长迅速，洗选率增长速度有些缓慢，未来煤炭含灰量的变化见表6-6-6。

表6-6-6 全国煤炭含灰量变化表

年份	2007	2010	2015	2020
含灰量/%	22.4	22	21	20

烟尘的转换率

烟尘的转换率又称为进入烟尘的系数，各行业烟尘转换率见表6-6-7。

表6-6-7 烟尘转换率

行业	烟尘转换率
煤炭开采和洗选业	0.2
石油和天然气开采业	0.2
黑色金属矿采选业	0.8
有色金属矿采选业	0.8
非金属矿采选业	0.2
其他采矿业	0.8
农副食品加工业	0.6
食品制造业	0.6
饮料制造业	0.6
烟草制品业	0.2
纺织业	0.2
纺织服装、鞋、帽制造业	0.2
皮革、毛皮、羽毛（绒）及其制品业	0.2
木材加工及木、竹、藤、棕、草制品	0.2
家具制造业	0.2
造纸及纸制品业	0.6
印刷业和记录媒介的复制	0.2
文教体育用品制造业	0.2
石油加工、炼焦及核燃料加工业	0.2
化学原料及化学制品制造业	0.6
医药制造业	0.6
化学纤维制造业	0.6
橡胶制品业	0.6
塑料制品业	0.2
非金属矿物制品业	0.2

行业	烟尘转换率
黑色金属冶炼及压延加工业	0.2
有色金属冶炼及压延加工业	0.6
金属制品业	0.2
通用设备制造业	0.2
专用设备制造业	0.2
交通运输设备制造业	0.2
电气机械及器材制造业	0.2
通讯设备、计算机及其他电子设备制造业	0.2
仪器仪表及文化、办公用机械制造业	0.2
工艺品及其他制造业	0.2
废弃资源和废旧材料回收加工业	0.2
电力、热力的生产和供应业	0.8
燃气生产和供应业	0.2
水的生产和供应业	0.2
第三产业（包括建筑业）	0.2

（4）计算粉尘过程中所需系数

粉尘产生系数的确定与二氧化硫产生系数预测方法一致，根据历年行业产污系数的变化趋势，预测 2010—2050 年污染物产生系数。行业增加值采用经济预测提供的数据，行业粉尘排放量采用《中国环境统计年鉴》中排放总量数值，按照行业所占比例，对各行业的污染物排放量进行修订，根据中国环境统计中各行业粉尘去除率计算行业粉尘产生量。根据历年粉尘产生系数预测 2010—2020 年粉尘产生系数，如表 6-6-8 所示。

表 6-6-8　行业生产工艺过程粉尘产生系数预测　　单位：kg/万元

行业	2007 年	2010 年	2012 年	2015 年	2020 年
石油加工及炼焦	22.8	22.5	22.0	21.0	20.0
化学工业	20.8	18.6	18.1	17.5	16.8
非金属制品	1104.2	1034.6	962.5	884.2	795.9
黑色金属冶炼	289.2	249.7	227.8	202	170
有色金属冶炼	123.6	93.4	82.9	72.1	60.5

（5）计算二氧化碳时所需系数

确定二氧化碳排放源的排放因子是一项十分复杂的基础研究工作。燃料在燃烧时，二氧化碳排放因子不仅与燃料的种类、燃烧方式有关，而且还与操作条件等因素有关，也与原料的成分、生产工艺流程等有关。燃料损失系数主要与能源消费和化石燃料运输、分配、加工过程中有关。根据有关研究成果，二氧化碳的排放因子和燃料损失系数见表 6-6-9，其中包括了燃烧过程和机动车的排放系数。主要能源平均低位发热量见表 6-6-10。

表 6-6-9 主要能源 CO_2 排放系数

燃料类别	A		B	C＝A×B×（44/12）×1 000	
	IPCC 2006 C 排放系数		碳氧化因子	IPCC 2006 年 CO_2 排放系数	
	C 排放系数	单位		CO_2 排放系数	单位
焦炭	29.2	kgC/GJ	1	107 000	$kgCO_2/TJ$
原油	20.0	kgC/GJ	1	73 300	$kgCO_2/TJ$
天然气	15.3	kgC/GJ	1	56 100	$kgCO_2/TJ$
沼气	14.9	kgC/GJ	1	54 600	$kgCO_2/TJ$
其他气态生质燃料	14.9	kgC/GJ	1	54 600	$kgCO_2/TJ$

表 6-6-10 主要能源平均低位发热量

能源名称	平均低位发热量
原煤	20 908 kJ/kg
原油	41 816 kJ/kg
天然气	38 931 kJ/m^3
薪柴	16 726 kJ/kg
沼气	20 908 kJ/m^3
秸秆	14 636 kJ/kg

资料来源：中国能源统计年鉴，其中秸秆的低位发热量是采用大豆秆、棉花秆、稻秆、麦秆和玉米秆的低位发热量计算的平均值。

（6）与机动车污染物相关系数

机动车污染物的排放量主要与机动车保有量、行驶里程和污染排放因子相关，机动车保有量现状数据可以通过相关年鉴或污染源普查数据得到，表 6-6-11 和表 6-6-12 分别为机动车污染排放因子和推荐行驶里程。

表 6-6-11 机动车污染排放因子

单位：g/（辆·km）

类型		HC	CO	NO_x
货车	微型货车	1.45	14.18	0.46
	轻型货车	1.14	10.92	0.56
	中型货车	2.98	21.59	4.81
	重型货车	5.65	44.92	1.95
客车	微型客车	0.77	6.49	0.59
	轻型客车	0.80	7.42	0.60
	中型客车	3.40	27.43	4.46
	大型客车	6.50	56.70	10.80
低速载货汽车		1.10	0.97	2.85
摩托车		2.00	6.69	0.10

表 6-6-12 机动车行驶里程 单位：万 km/a

类型		2000 年	2007 年	2010 年	2020 年
货车	微型货车	1.5	1.5	1.5	1.5
	轻型货车	2.0	2.2	2.3	2.5
	中型货车	2.8	3.1	3.2	3.5
	重型货车	3.0	3.4	3.5	4.0
客车	微型客车	1.5	1.5	1.5	1.5
	轻型客车	2.0	2.2	2.3	2.5
	中型客车	2.8	3.1	3.2	3.5
	大型客车	3.0	3.4	3.5	4.0

第 7 章　固体废物污染预测

固体废物预测主要包括一般性工业固体废物和城镇生活垃圾。考虑到固体废物发展的新特点，对电子废物和污水处理厂污泥也进行预测。

7.1　预测技术路线

（1）固体废物预测种类

固体废物预测的种类包括：一般工业固体废物（煤矸石、粉煤灰、炉渣、废渣、尾矿）、危险废物、城镇生活垃圾、电子废物（电视机、电冰箱、空调、洗衣机和电脑 5 类）和污泥。

（2）预测思路与方法

固体废物预测包括产生量预测、处理量（综合利用量和处理处置量）预测、堆放量（排放量）预测以及投资（新增处理量）和运行费用预测（图 6-7-1）。

工业固废预测思路

首先，根据各类工业固废重点产生行业的行业增加值、产品产量、资源消费量，以及各种工业固体废物的产生当量系数，计算得出重点行业工业固体废物的产生量。其中，煤矸石、粉煤灰和炉渣的重点行业涵盖产生或使用此类物质的全行业，废渣的重点行业为黑色冶金和有色冶金，尾矿的重点行业为黑色采选和有色采选，危险废物的重点行业包括化工和有色冶金；然后根据重点行业固废产生量占总工业行业的固废产生量的比例推算总的工业固废产生量。其次，预测未来工业固废综合利用率和处置率，计算得到综合利用量、处置量和堆放量。6 类工业固废的预测思路基本相同。

城镇生活垃圾预测思路

首先根据城镇人口和城镇人均生活垃圾产生量的预测，计算得到城镇生活垃圾产生量。然后预测未来城镇生活垃圾处理率、无害化处理率以及填埋、堆肥、焚烧和回收等处理方式占无害化处理方式的比例，预测得到简易处理量、无害化处理量和垃圾堆放量。

电子废物预测思路

首先预测电子产品的销售量；其次，根据各种电子产品的使用寿命预测电子废物的产生量；再根据电子废物处理系数，预测电子废物的处理量（综合利用量）。

污泥预测思路

污泥的预测方法有两种，一是根据城市污水处理量来预测，二是通过城镇人口来预测。因此，根据方法的不同，首先是要预测城市污水处理量或城镇人口，然后根据污水含固率或人均污泥产生量来预测污泥的产生量。最后预测未来污泥的处理率、无害化处理率以及填埋、堆肥、焚烧和回收利用等处理方式占无害化处理方式的比例，预测得到简易处理量、无害化处理量和堆放量。

固体废物产生量和堆放量的总体预测思路见下图，各种固废产生量和堆放量的计算方法见表 6-7-1。

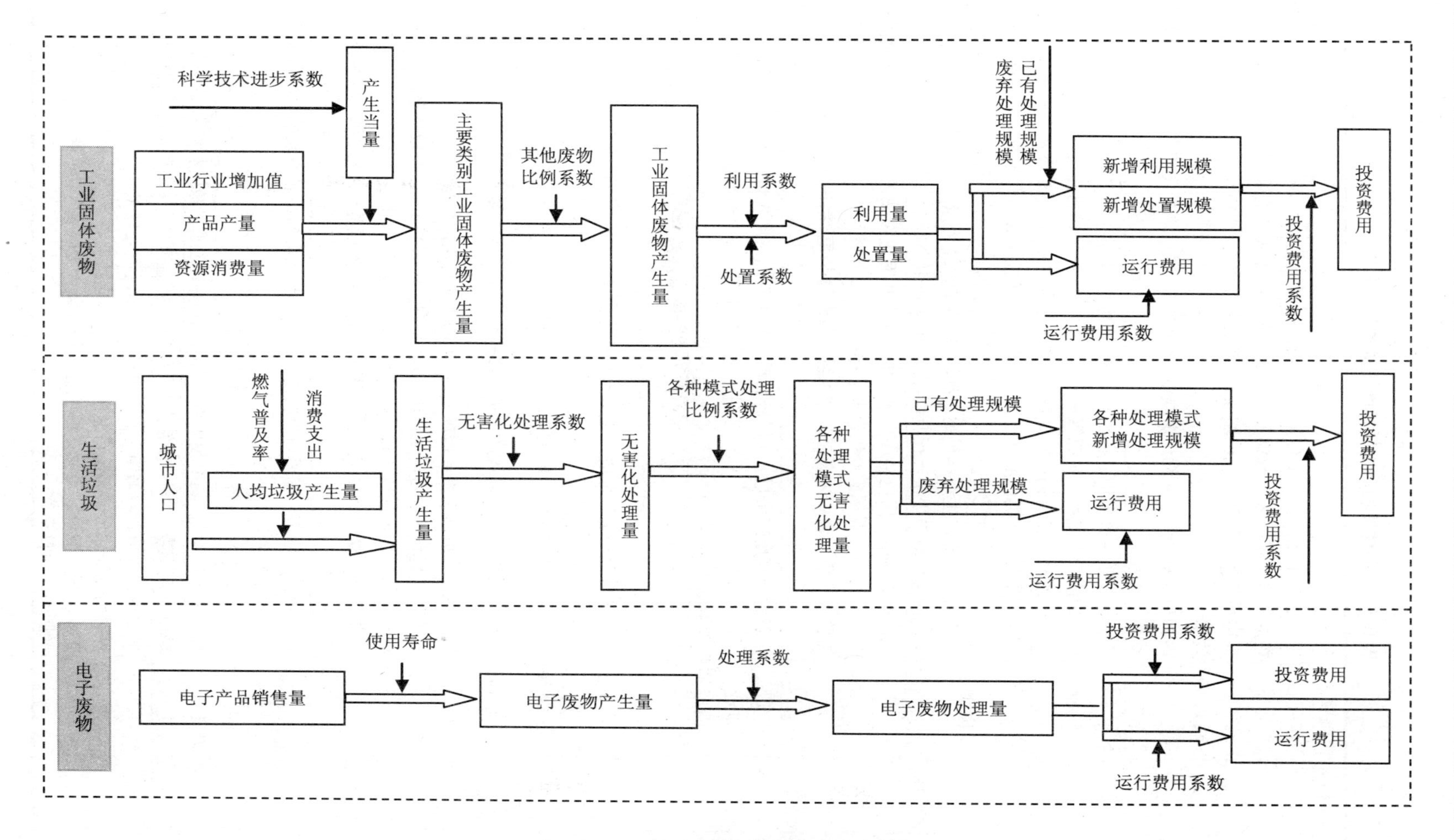

图 6-7-1　固体废物污染预测模块技术路线

表 6-7-1 固体废物产生量和堆放量的预测方法

项目	指标/污染物		预测方法
工业固体废物	产生量	煤矸石	煤矸石产生量＝原煤消费量×煤矸石产生当量
		粉煤灰	粉煤灰产生量＝火电粉煤灰产生量＋锅炉粉煤灰产生量 火电粉煤灰产生量＝火电燃煤量×煤炭灰分含量×火电飞灰产生率×火电除尘效率 锅炉粉煤灰产生量＝锅炉燃煤量×煤炭灰分含量×锅炉飞灰产生率×锅炉除尘效率
		炉渣	炉渣产生量＝火电炉渣产生量＋锅炉炉渣产生量 火电炉渣产生量＝火电燃煤量×煤炭灰分含量×（1−火电飞灰产生率） 锅炉炉渣产生量＝锅炉燃煤量×煤炭灰分含量×（1−锅炉飞灰产生率）
		废渣	废渣产生量＝（黑色冶金废渣产生量＋有色冶金废渣产生量）÷重点行业废渣产生量占总废渣产生量比例 黑色冶金废渣产生量＝粗钢产品产量×废渣产生当量 有色冶金废渣产生量＝行业增加值×废渣产生当量
		尾矿	尾矿产生量＝（黑色金属采选尾矿产生量＋有色金属采选产生量）÷重点行业尾矿产生量占总尾矿产生量比例 黑色（有色）金属采选尾矿产生量＝行业增加值×黑色（有色）尾矿产生当量
		一般工业固废	一般工业固废产生量＝（煤矸石产生量＋粉煤灰产生量＋炉渣产生量＋废渣产生量＋尾矿产生量）÷5 类一般工业固废占总一般工业固废产生量的比例
		危废	危废产生量＝（化工危废产生量＋有色冶金危废产生量）÷重点行业危废产生量占总危废产生量比例 化工（有色冶金）危废产生量＝行业增加值×化工（有色冶金）危废产生当量
		工业固废	工业固废产生量＝一般工业固废产生量＋危废产生量
	新增堆放量	工业固废	工业固废排放量＝固废产生量×固废排放量产生系数
城镇生活垃圾	产生量		城镇生活垃圾产生量＝城镇人口×人均生活垃圾产生量
	堆放量		城镇生活垃圾堆放量＝城镇生活垃圾产生量－城镇生活垃圾处理量 城镇生活垃圾处理量＝城镇生活垃圾产生量×无害化处理率 卫生填埋（焚烧、堆肥、回收等）处理量＝处理量×卫生填埋率（焚烧率、堆肥率、回收率）
电子废物	电子产品产生量		按照电视、冰箱、空调和电脑使用寿命推算报废时电子产品的生产量即为该年份电子废物的产生量
	产生量		产生量＝生产量×每台产品的平均重量
	处置量		处置量＝产生量×集中收集率×无害化处理率（或资源化利用率）
污泥	产生量		城镇生活污泥产生量＝城镇人口×人均污泥产生量（干）÷脱水污泥含固率 20%
	堆放量（排放量）		城镇污泥堆放量＝城镇污泥产生量－城镇污泥处理量 城镇污泥处理量＝城镇污泥产生量×无害化处理率 卫生填埋（焚烧、堆肥、回收等）处理量＝处理量×卫生填埋率（焚烧率、堆肥率、回收率）

7.2　预测方法和参数

（1）工业固体废弃物

工业固体废物产生量预测中用到的相关基础数据和技术参数的预测方法和数据来源见表 6-7-2。

表 6-7-2　工业固废产生量、堆放量预测中技术参数的预测方法与依据

项目	指标	预测方法
产生量	煤炭开采量	根据能源预测模块中煤炭消费量预测
	煤矸石产生当量	根据《中国环境统计年报（2001—2006）》得到近 6 年的煤矸石产生当量，预测时取平均值 0.073 万 t/万 t
	火电和锅炉燃煤消费量	能源预测模块提供
	商品煤灰分含量	2007 年取 23%，考虑到未来煤炭入洗率的逐步提高，商品煤灰分含量可能在现在的基础上逐年下降，到 2020 年达到 20%
	飞灰产生率	以 2007 年粉煤灰产生量为基准反推得到电力行业和一般工业锅炉的飞灰率分别为 86.9%和 34.0%，预测时分别取 85%和 30%
	除尘效率	根据《中国环境统计年报 2005》，火电和一般锅炉的除尘效率分别约为 91.3%和 89.3%，预计未来逐年提高，到 2020 年将达到 99%
	粗钢生产量	根据粗钢生产量和黑色冶金增加值的弹性系数外推（已有预测结果）
	废渣产生当量	根据近 6 年黑色和有色冶金行业的废渣产生量以及粗钢和有色冶金行业增加值，计算近 6 年这两个行业的废渣产生当量，然后利用统计回归模型外推预测目标年的废渣产生当量
	煤炭开采量	根据能源预测模块中煤炭消费量预测
	尾矿产生当量	根据近 6 年黑色和有色采选行业的尾矿产生量以及行业增加值，计算近 6 年这 2 个行业的尾矿产生当量，然后利用统计回归模型外推预测目标年的尾矿产生当量
	危废产生当量	根据近 6 年化工和有色冶金行业的危废产生量以及行业增加值，计算近 6 年这两个行业的危废产生当量，然后利用统计回归模型外推预测目标年的危废产生当量
	重点行业固废产生量占总产生量的比例	根据近 6 年环境统计中重点行业固废产生量和总固废产生量计算，冶金废渣占废渣总产生量的比例均值为 92.9%，黑色和有色采选尾矿占尾矿总产生量的比例均值为 70%，5 类工业固废产生量占一般工业固废产生量的比例均值 81%；化工和有色矿采选业的危废产生量占危废总产生量的比例呈逐年下降的趋势，预测时不取均值，按下降趋势计算将从 2005 年的 57.3%下降到 2020 年的 45.0%
堆放量	综合利用率	2006 年一般工业固废的综合利用率和处置率分别为 61.2%和 28.3%，危废的综合利用率和处置率分别为 52.2%和 26.7%。根据工业固体废物的治理现状以及“十一五”环保规划和“十一五”危废处置建设规划，并参考国家环保模范城市和生态市建设对工业固体废物处置利用的指标要求提出工业固体废物的综合利用和处置目标
	处置率	

注：由于目前工业固废的综合利用率和处置率水平已经与预测目标值比较接近，因此，工业固废的综合利用率和处置水平率预测方法只制订一个方案。

一般工业固体废弃物产生量与堆放量预测参数

根据表 6-7-2 中各系数的确定方法，综合考虑技术进步和污染物处理率的提高，最终确定各系数。一般工业固体废弃物产生量参数值的预测结果，见表 6-7-3。

表 6-7-3 一般工业固体废弃物产生量预测参数值

参数 \ 年份	2007	2010	2012	2015	2020
煤矸石产生当量/（万 t/万 t）	0.07	0.07	0.07	0.07	0.07
原煤开采量/亿 t	24.52	28.79	31.10	32.17	31.56
火电燃煤量/亿 t	13.07	15.24	16.88	17.56	17.96
工业燃煤量/亿 t	17.60	20.72	22.69	23.65	23.69
煤炭灰分含量/%	23	23	22	21	20
火电除尘效率/%	91	92	93	95	99
锅炉除尘效率/%	89	90	93	95	99
锅炉飞灰产生率/%	34	34	33	32	30
火电飞灰产生率/%	87	86	86	86	85
黑色冶金钢产品产量/亿 t	5.10	5.50	6.20	7.00	7.60
黑色冶金废渣产生当量/（万 t/万 t）	0.42	0.38	0.36	0.33	0.30
有色冶金废渣产生当量/（万 t/亿元）	0.57	0.51	0.50	0.45	0.40
有色冶金行业增加值/亿元	4107.30	5436.43	6578.07	8286.48	10575.88
重点行业废渣产生量占总废渣产生量比例/%	93	93	93	93	93
有色金属采选行业增加值/亿元	892.80	1332.25	1559.70	1810.71	2099.11
黑色金属采选行业增加值/亿元	852.00	1453.26	1836.01	2457.08	3643.81
有色尾矿产生当量/（万 t/亿元）	22.20	20.00	18.00	16.00	14.00
黑色尾矿产生当量/（万 t/亿元）	24.90	24.70	24.50	22.00	20.00
重点行业尾矿产生量占总尾矿产生量比例/%	73	73	73	73	73
5 类一般工业固废占总一般工业固废产生量的比例/%	82	82	82	82	82

一般工业固废堆放量根据工业固体废物的治理现状以及“十一五”环保规划，参考国家环保模范城市和生态市建设对工业固体废物处置利用的指标要求提出工业固体废物的综合利用和处置目标，并考虑到综合利用率和处置率的提高，设立两种不同的情景。在这两种不同情景下一般工业固废的综合利用率和处置率见表 6-7-4。

表 6-7-4 一般工业固体废弃物堆放量预测参数值

参数		2007 年	2010 年	2012 年	2015 年	2020 年
一般工业固废综合利用率	方案 1	0.62	0.64	0.65	0.68	0.73
	方案 2	0.62	0.65	0.66	0.70	0.75
一般工业固废处置率	方案 1	0.23	0.24	0.24	0.25	0.25
	方案 2	0.23	0.24	0.24	0.25	0.25

危险废弃物产生量与堆放量预测参数

选择化工行业和有色金属冶金行业作为重点行业来预测危险废弃物产生量。通过计算近五年来这两个行业的危废产生量和工业增加值，得出行业危险废弃物产生当量，考虑技术进步，采用趋势外推得到 2020 年这两个行业的危险废弃物产生当量，由经济预测模块预测行业增加值，从而预测重点行业危险废弃物产生量，按照比例预测总的危险废弃物产生量。各参数值详见表 6-7-5。

表 6-7-5 危险废弃物产生量预测参数值

参数 \ 年份	2007	2010	2012	2015	2020
化工危废产生当量/（万 t/亿元）	0.04	0.04	0.04	0.04	0.04
化工行业增加值/亿元	6 733.30	8 982.39	10 868.69	14 075.27	20 681.19
有色冶金危废产生当量/（万 t/亿元）	0.02	0.02	0.02	0.02	0.01
有色金属采选行业增加值/亿元	4 107.30	5 436.43	6 578.07	8 286.48	10 575.88
重点行业危废产生量占总危废产生量比例/%	42	42	42	42	42

危险固体废弃物堆放量根据工业固体废物的治理现状以及“十一五”危险废弃物处置建设规划，并参考国家环保模范城市和生态市建设对工业固体废物处置利用的指标要求提出工业危险废弃物的综合利用和处置目标（方案 1），预测到 2015 年危险废弃物综合利用率和处置率分别提高到 62%、34%和 2020 年提高到 65%、35%。另设立高情景方案，在此方案下危险废弃物循环利用的水平提高，其综合利用水平适当增加，那么在产生量不变的情况下，危险废弃物的处置率的比例将适当降低，因此，在方案（方案 2）中，2015 年危险废弃物综合利用率和处置率分别提高到 63%、33%和 2020 年提高到 66%、34%。两种不同的情景下，危险固体废弃物的综合利用率和处置率见表 6-7-6。

表 6-7-6 危险废弃物堆放量预测参数值

参数		2007 年	2010 年	2012 年	2015 年	2020 年
危废综合利用率	方案 1	0.60	0.61	0.61	0.62	0.65
	方案 2	0.60	0.61	0.62	0.63	0.66
危废处置率	方案 1	0.32	0.33	0.34	0.34	0.35
	方案 2	0.32	0.32	0.33	0.33	0.34

固体废弃物排放量预测参数

近 5 年来，全国固体废弃物产生量不断增加，而排放量逐年降低，固体废弃物排放量系数也不断降低，从 2003 年的 0.019 下降到 2007 年的 0.068，按照此下降趋势，确定预测年份固体废弃物排放系数见表 6-7-7。

表 6-7-7 固体废弃物排放量系数预测值

参数	2007 年	2010 年	2012 年	2015 年	2020 年
固体废弃物排放量系数/%	0.68	0.5	0.45	0.4	0.35

（2）城镇生活垃圾

城镇生活垃圾产生量与堆放量预测中相关技术参数的预测方法与预测依据见表 6-7-8。

表 6-7-8 城镇生活垃圾预测中技术参数的预测方法与依据

项目	指标	预测方法和依据
产生量	城镇人口	人口预测模块提供
	人均生活垃圾产生量	根据专项调查和清运量数据反推获得，各省不同，2006 年全国平均 0.93 kg/(d·人)，预计未来将小幅提高，到 2010 年和 2020 年将分别达到 1.0 kg/（d·人）和 1.20 kg/（d·人）
堆放量	垃圾处理率	根据测算以及《中国城市建设统计年报 2006》中的统计数据，2006 年全国城镇生活垃圾无害化处理率平均 73.8%，其中，卫生填埋、堆肥、无害化焚烧和其他处理量的比例为 81.4∶3.7∶14.5∶0.5，根据预测，到 2010 年和 2020 年，以上指标将分别达到方案 1 为处理率 80%，95%；方案 2 为处理率 90%，100%；两种方案下的 4 类处理方式比例目标相同为 78∶6∶13∶3 和 48∶18∶24∶10
	无害化处理率	
	卫生填埋、堆肥、无害化焚烧和其他 4 类处理方式的比例	

城镇生活垃圾产生量预测参数

城镇人口的数据由人口预测模块提供。人均生活垃圾产生量根据专项调查和清运量数据反推获得，2006 年全国平均 0.93 kg/（d·人），随着生活水平的提高，预计 2010 年、2020 年将分别达到 1 kg/（d·人）和 1.2 kg/（d·人），详见表 6-7-9。

表 6-7-9 城镇生活垃圾产生量预测参数值

参数	2007 年	2010 年	2012 年	2015 年	2020 年
城镇人口/万人	59 400.00	64 512.00	68 000.00	73 140.00	81 780.00
人均生活垃圾产生量/[kg/（d·人）]	0.95	1.00	1.06	1.10	1.20

城镇生活垃圾堆放量预测参数

根据近五年城镇生活垃圾处理量测算，参考《中国城市建设统计年报 2007》中的统计数据，2007 年全国城镇生活垃圾无害化处理率平均 73.8%，其中，卫生填埋、堆肥、无害化焚烧和其他处理量的比例为 81.4∶3.7∶14.5∶0.5，“十二五”、“十三五”期间，将逐步提高城镇生活垃圾无害化处理率，特别是加大无害化焚烧率和堆肥率的比重，同时减少卫生填埋率，预测到 2015 年和 2020 年，城镇生活垃圾无害化处理率将分别达到 80%、90%（方案 1），高方案（方案 2）下处理率分别达到 85%，95%；两种方案下的 4 类处理方式比例目标相同为 78∶6∶13∶3 和 48∶18∶24∶10，详见表 6-7-10。

表 6-7-10 城镇生活垃圾堆放量预测参数值

参数		2007 年	2010 年	2012 年	2015 年	2020 年
城镇生活垃圾无害化处理率/%	方案 1	62	70	75	80	90
	方案 2	62	75	80	85	95
卫生填埋率/%		81	78	74	64	48
堆肥率/%		3	6	9	12	18
无害化焚烧率/%		15	13	12	18	24
其他处置率/%		1	3	5	6	10

（3）电子废物

电子废物产生量与处理量预测中相关技术参数的预测方法与依据见表 6-7-11。具体而言，预测方法为电子废弃物的处理量根据电子废弃物使用寿命推算出生产年份内的生产量，包括电视机、电冰箱、空调器、洗衣机和微型计算机的生产量，每种电子产品的产生量和使用寿命如表 6-7-12 所示，在具体计算时，取电视机、电冰箱、空调器、洗衣机和微型计算机的使用寿命分别为 9 年、14 年、11 年、12 年和 6 年。随着电子废物污染环境防治管理工作的不断加强，根据有关规划，预计到 2015 年我国废旧电子电器的集中收集率和无害化处理率分别达到 80%、85%，2020 年达到 98%、98%。资源化利用率 2010 年达到 70%，2020 年达到 80%。计算采用集中收集率和无害化处理率的数据。

表 6-7-11 电子废物预测中技术参数的预测方法与依据

项目	指标	预测方法和依据
生产量	电视机生产量预测	根据电器的平均使用寿命，找出预测年份应当报废的电器生产数量。电器的生产年份＝预测年份–电器的使用寿命
	电冰箱生产量预测	
	空调器生产量预测	
	微型计算机生产量预测	
	洗衣机生产量预测	
产生量	平均使用寿命	见表 6-7-12
	每台产品平均重量	
处理量	集中收集率	根据有关规划，2010 年我国废旧电子电器的集中收集率为 60%，2020 年为 98%
	无害化处理率	根据有关规划，2010 年我国废旧电子电器的无害化处理率为 70%，2020 年为 98%
	资源化利用率	根据有关规划，2010 年我国废旧电子电器的资源化利用率为 50%，2020 年为 80%

表 6-7-12 主要电子电器平均使用寿命及重量

类　别	电视机	电冰箱	空调器	洗衣机	微型计算机
使用时限/a	8～10	13～16	11	12	6
每台产品平均重量/kg	30	55	50	40	30

电子废弃物产生量预测参数值

根据电器的平均使用寿命，找出预测年份应当报废的电器生产数量，如 2010 年的空调废弃物的产生量等于 1999 年（即等于 2010 减去空调的寿命 11 年）电冰箱的生产量。同时，具体计算时扣除电视机和电冰箱当年的出口量。主要电子废弃物产生量预测参数见表 6-7-13。

表 6-7-13　电子废弃物产生量预测参数值　单位：万台

参数	2007 年	2010 年	2012 年	2015 年	2020 年
电视	2 711.33	3 936.00	5 155.00	8 283.22	9 316.84
冰箱	485.76	918.54	1 044.43	1 279.00	2 987.06
空调	682.56	1 156.87	1 826.67	4 820.86	8 230.90
电脑	877.65	5 974.90	9 336.44	18 811.27	40 873.12
洗衣机	948.41	1 207.31	1 442.98	1 964.46	4 005.10

电子废弃物处理量预测参数值

根据有关规划，考虑到我国电子废弃物处理的实现现状和发展趋势，最终确定两种不同情景下我国废旧电子电器的集中收集率和无害化处理率。方案 1 的集中收集率和无害化处理率前期增长速度较慢，而方案 2 的集中处理率和无害化处理率前期增长速度较快，详见表 6-7-14。

表 6-7-14　电子废弃物处理量预测参数值

参数		2007 年	2010 年	2012 年	2015 年	2020 年
集中收集率/%	方案 1	50	60	70	80	98
	方案 2	50	65	72	80	98
无害化处理率/%	方案 1	65	70	75	85	98
	方案 2	65	72	75	85	98

（4）城镇污泥

城镇污泥产生量与处理量预测中相关技术参数的预测方法与预测依据见表 6-7-15。

表 6-7-15　城镇污泥预测中技术参数的预测方法与依据

项目	指标	预测方法和依据
产生量	城镇人口	人口预测模块提供
	污水处理量	根据国家或地方的“十二五”污水处理厂建设规划
	人均污泥产生量	根据专项调查，2007 年我国城镇人均污泥产生量约为 15 g（干），预计到 2020 年达到 50 g（干）
	其他参数	城市平均污水含固率可取常数 0.02%，脱水污泥含固率可取常数 20%
堆放量	污泥处置率	根据测算，2007 年我国城镇污泥处置率平均约为 85%，其中，土地化利用（堆肥）、卫生填埋、无害化焚烧和其他处置量的比例为 35∶50∶10∶5，根据预测，到 2010 年和 2020 年，以上指标将分别达到：方案 1 处理率为 90%、95%；方案 2 处理率为 95%、100%；两种方案下的 4 类处理方式比例目标相同为 30∶45∶15∶10 和 23∶36∶21∶20
	无害化处置率	
	卫生填埋、堆肥、焚烧、回收利用和其他 4 类处理方式的比例	

城镇污泥产生量预测参数值

城镇人口数据由人口预测模块得出。城镇人均污泥产生量根据专项调查数据得出，2007 年我国城镇人均污泥产生量约为 15 g，根据变化趋势和人民生活水平的提高，城镇污水产生量将不断增加，预计到 2020 年人均污泥产生量约为 50 g，详见表 6-7-16。

表 6-7-16　城镇污泥产生量预测参数值

参数	2007 年	2010 年	2012 年	2015 年	2020 年
城镇人口/万人	59 400.00	64 512.00	68 000.00	73 140.00	81 780.00
人均污泥产生量（干）/g	15.00	25.00	30.00	40.00	50.00

城镇污泥堆放量预测参数值

2007 年我国城镇污泥处置率约为 85%，其中，土地化利用（堆肥）、卫生填埋、无害化焚烧和其他处置量的比例为 35∶50∶10∶5。根据预测，到 2010 年和 2020 年，城镇污泥处置率不断提高，在不同情景下分别达到：方案 1 处理率达 90%、95%；方案 2 为处理率水平提高，达到 95%、100%。其中，堆肥和卫生填埋的比重不断下降，焚烧和其他处置量的比重逐渐升高，2010 年和 2020 年两种方案下的 4 类处理方式比例目标相同，分别为 30∶45∶15∶10 和 23∶36∶21∶20，详见表 6-7-17。

表 6-7-17　城镇污泥堆放量预测参数值

参数		2007 年	2010 年	2012 年	2015 年	2020 年
污泥无害化处理率/%	方案 1	85	90	91	93	95
	方案 2	85	95	96	97	100
堆肥率/%		35	30	28	26	23
填埋率/%		50	45	44	42	36
焚烧率/%		10	15	16	18	21
回收利用和其他/%		5	10	12	16	20

第 8 章　污染治理投入预测

目前，污染治理投入预测主要包括水污染治理、大气污染治理、固体废物污染治理等三个领域的治理投入。投入包括投资与运行费两个指标。治理投入对财税、价格和就业等方面的影响预测暂时不考虑。

8.1　水污染治理投入

废水治理投资包括畜禽废水、工业废水、城镇生活废水和农村生活废水 4 部分的治理投资，当年废水治理投资为当年新增处理能力（含当年报废处理能力）与单位废水治理投资系数的乘积，方法见表 6-8-1。

废水治理运行费用为当年废水实际处理量与单位废水运行费用系数的乘积，计算方法见表 6-8-2。对于畜禽废水治理，将干捡粪治理工艺的人工成本也计入运行费用中。

表 6-8-1　废水治理投资和运行费用的预测方法

项目	预测方法
治理投资	治理投资＝新增设计处理能力×单位废水治理投资系数 新增设计处理能力＝当年设计处理能力－上年设计处理能力＋当年报废处理能力 当年报废处理能力＝设备折旧率×上年设计处理能力
运行费用	运行费用＝废水实际处理量×单位废水运行费用系数 废水处理量＝废水产生量×废水处理率

表 6-8-2　治理投资和运行费用预测中技术参数的预测方法与依据

行业	指标	预测方法和依据
治理投资	当年设计处理能力	当年设计处理能力＝当年实际处理能力/处理设施正常运转率/运行安全系数＋上年设计处理能力×0.05 当年实际处理能力＝当年废水处理量/365
	处理设施正常运转率	根据《中国城市建设统计年报 2006》中的数据推算，2006 年城镇污水处理设施的正常运转率为 76.0%，预计到 2020 年将达到 100%；根据《中国环境统计年报 2006》及历史数据推算，2006 年工业废水处理设施的正常运转率为 69.5%，预计到 2020 年将达到 95%
	运行安全系数	根据一般废水治理设施的设计参数，该系数为 0.75
	单位废水治理投资系数	根据环境统计基表投资以及有关研究，确定投资系数如下：城镇生活废水治理投资系数（含管网）为 3 级 3 500 元/（d·m^3），2 级 2 500 元/（d·m^3）；沼气池 54 150 元/15 户；工业废水各行业不同，畜禽养殖不同畜禽种类也不同，这里不一一列出
运行费用	单位废水运行费用系数	根据有关研究，确定运行费用系数如下：城镇生活废水运行费用系数为 3 级 1.15 元/t，2 级 0.7 元/t，1 级 0.3 元/t；畜禽废水运行费用系数为湿法 1.15 元/t，不同畜禽的干法成本不同；沼气池 1 625 元/15 户；工业废水各行业不同，这里不一一列出

水污染治理投入预测相关参数取值建议如表 6-8-3 至表 6-8-6。

表 6-8-3 生活废水治理投资和运行系数

		1 级	2 级	3 级
单位废水投资系数/[元/（d·m^3）]	城镇生活		2 500	3 500
	沼气池	54 150 元/15 户		
单位废水运行系数/（元/t）	城镇生活	0.3	0.7	1.15
	沼气池	1 625 元/15 户		

表 6-8-4 不同畜禽的废水治理投资系数 单位：元/（t·d）

猪	肉牛	奶牛	肉鸡	蛋鸡	羊
5 000	7 000	8 000	2 000	2 000	3 000

表 6-8-5 不同畜禽的干法工艺的治理成本 单位：元/（头·a）

干法	猪	肉牛	奶牛	肉鸡	蛋鸡	羊
	10	100	100	0.8	0.8	20
湿法	—	—	—	1.15	—	—

表 6-8-6 工业废水治理投资和运行系数

工业	废水治理投资系数/[元/（t·a）]	废水治理运行系数/（元/t）
煤炭开采和洗选业	6.88	0.58
石油和天然气开采业	14.55	2.05
黑色金属矿采选业	2.63	0.92
有色金属矿采选业	9.13	0.64
非金属矿采选业	5.03	0.46
其他采矿业	5.03	0.98
农副食品加工业	12.66	0.46
食品制造业	12.66	1.71
饮料制造业	12.66	3.39
烟草制品业	12.66	1.05
纺织业	9.8	1.52
纺织服装、鞋、帽制造业	9.8	2.09
皮革、毛皮、羽毛（绒）及其制品业	11.2	2.02
木材加工及木、竹、藤、棕、草制品业	7.5	1.18
家具制造业	7.5	1.99
造纸及纸制品业	7.7	0.79
印刷业和记录媒介的复制	15.89	3.24
文教体育用品制造业	15.89	3.18
石油加工、炼焦及核燃料加工业	13.34	4.17
化学原料及化学制品制造业	19.81	0.61
医药制造业	23.18	3.54
化学纤维制造业	8.46	2.64
橡胶制品业	8.84	0.95
塑料制品业	11.61	2.12

非金属矿物制品业	6.66	0.63
黑色金属冶炼及压延加工业	7.51	0.36
有色金属冶炼及压延加工业	12.92	1.14
金属制品业	14.77	3.25
通用设备制造业	12.25	1.90
专用设备制造业	12.25	0.75
交通运输设备制造业	12.25	3.30
电气机械及器材制造业	12.25	2.23
通讯设备、计算机及其他电子设备制造业	12.25	4.42
仪器仪表及文化办公用机械制造业	12.25	3.93
工艺品及其他制造业	4	1.37
废弃资源和废旧材料回收加工业	4	2.05
电力、热力的生产和供应业	8.05	0.42
燃气生产和供应业	7.15	3.85
水的生产和供应业	7.15	0.88

8.2 大气污染治理投入

（1）大气污染物种类，主要包括：二氧化硫、尘（烟尘和粉尘）、氮氧化物、碳氢化合物、一氧化碳和二氧化碳。

（2）大气污染治理投资根据污染治理的过程分为污染设施固定资产投资和运行费用两个部分。

（3）预测过程：①根据不同大气污染物的去除率和固定资产投资系数预测污染治理设施投资费用；②根据不同大气污染物的去除率和运行费用系数预测运行费用（表 6-8-7）。

表 6-8-7 污染物治理费用预测方法

	预测方法
污染物治理投资费用	污染物治理投资费用＝（污染物处理能力–（1–折旧率）×上一年污染物处理能力）×污染物治理投资系数
污染物治理运行费用	污染物治理运行费用＝污染物治理能力×污染物治理运行系数

（4）主要系数

与二氧化硫治理投资相关的系数

根据全国第一次污染源普查的数据统计结果，共有 10 988 家企业填写了燃烧过程二氧化硫治理设施的基本情况，261 家企业填写了工艺过程二氧化硫治理设施的基本情况。由于数据填报质量问题和系数适用性，在充分考虑了二氧化硫治理设施的去除率、运行效率，在对这些企业经过删选后，确定投资系数和运行系数如表 6-8-8 所示。

表 6-8-8 二氧化硫治理费用 单位：元/t

燃烧过程		工艺过程	
投资系数	运行系数	投资系数	运行系数
3 938	1 086	7 259	1 490

与氮氧化物治理投资相关的系数

我国燃煤电厂氮氧化物排放控制目前处于起步阶段，治理设施仍以引进国外的脱硫脱硝设施为主，国内自主研发的设施还没有推广应用。目前已经广泛商业应用的烟气脱氮技术主要选择性非催化还原法和选择性催化还原法，选择国外的经济参数作为参考。单位投资 48 美元/kW，折算人民币 400 元/kW，21 240 元/t。

广州恒运热电厂扩建 2 台 300MW 燃煤发电机组，该项目在扩建过程中同步建设烟气脱硫和脱硝装置。该设施处理烟气量为 940 548 m^3/h，反应器入口氧化物浓度为 650 mg/m^3，经统计，该设备的脱硝率为 80%以上，年运行成本为 3 388.4 万元，以处理设施年运行 7 000 h 计，处理每吨氮氧化物的费用为 9 897 元。（刘学军，SCR 脱硝技术在广州恒运燕电厂 300MW 机组上的应用，中国电力，2006，39（3））

与烟尘治理投资相关的系数

根据全国第一次污染源普查的数据统计结果，共有 64 548 家企业填写了烟尘治理设施的基本情况。由于数据填报质量问题和系数适用性，在充分考虑了烟尘治理设施的去除率、运行效率，并对这些企业进行筛选后，确定投资系数为 1 263 元/t，运行系数为 444 元/t。

与粉尘治理投资相关的系数

根据全国第一次污染源普查的数据统计结果，共有 6 450 家企业填写了粉尘治理设施的基本情况。由于数据填报质量问题和系数适用性，在充分考虑了烟尘治理设施的去除率、运行效率，并对这些企业进行筛选后，确定投资系数为 488 元/t，运行系数为 106 元/t。

8.3　固体废物治理投入

工业固废治理包括一般工业固废和危废两部分，两部分的计算模型基本相同。治理投资费用为当年新增处理（综合利用和处置量为设计规模的 85%）能力（含当年报废处理能力 4%）与单位固废治理投资系数的乘积；治理运行费用为当年固废处置利用量与单位处置利用成本系数的乘积，见表 6-8-9。这里需要注意的是，工业固废的利用分企业直接利用与专业综合利用两部分，这里仅计算专业综合利用集中处理部分的治理投资。计算中，工业固废利用投资系数取 60 万元/万 t，处置取 40 万元/万 t；危险废物利用投资系数取 5 000 元/t，处置取 4 000 元/t；一般工业固废的利用和处置运行费用系数分别取 30 元/t 和 20 元/t，危险废物的利用和处置运行费用系数取 1 000 元/t。

表 6-8-9　固体废弃物治理投资和运行费用的预测方法

项目	预测方法
治理投资	治理投资＝新增综合利用量×单位治理投资系数+新增处置量×单位治理投资系数 新增综合利用量＝（当年综合利用量–上一年综合利用量）/0.85+上一年综合利用量×0.04 新增综合处置量＝（当年处置量–上一年处置量）/0.85+上一年处置量×0.04
运行费用	运行费用＝新增综合利用量×单位运行费用系数+新增处置量×单位运行费用系数 新增综合利用量＝（当年综合利用量–上一年综合利用量）/0.85+上一年综合利用量×0.04 新增综合处置量＝（当年处置量–上一年处置量）/0.85+上一年处置量×0.04

城镇生活垃圾治理投资和运行费用计算中，卫生填埋、堆肥、焚烧和回收利用等 4 类处理方式的单位治理投资系数分别取 13 万元/t、20 万元/t、40 万元/t 和 4 万元/t；单位治理运行费用系数分别取 32 万元/t、25 万元/t 和 78 万元/t，回收利用的运行费用系数不计。

参考国内外一些废旧电子电器处理厂的建设投资规划，废旧电子电器集中处理厂的单位投资费用为 0.2 亿元/（万 t·a），废旧电子电器单位处理的运用费用为 1 000 元/t。

城镇污泥处理投资和运行费用，约为污水处理厂投资和运行费用的 35%。各类处理方式的投资和运行费用可参照城镇生活垃圾的相关资料估算，其中，卫生填埋、堆肥、焚烧和回收利用 4 类处理方式的单位治理投资系数分别取 13 万元/t、20 万元/t、40 万元/t 和 4 万元/t；单位治理运行费用系数分别取 32 元/t、25 元/t 和 78 元/t，回收利用的运行费用不计。

第 9 章　预测系统功能

根据上述预测技术路线以及模型方法，国家环境规划与政策模拟重点实验室开发了《国家中长期环境经济规划综合模拟系统》。该系统借助于投入产出模型、计量经济模型、环境问题预测模型以及计算机软件模拟等手段，探讨不同经济发展目标对环境系统的影响，同时也反映环境治理对经济发展，包括经济总量、就业水平、利税等的影响。该系统功能分为模型系统和软件系统功能。

9.1　预测模型功能

《国家中长期环境经济规划综合模拟系统》主要由模型系统构成，该模型系统的功能主要包括宏观经济预测模拟、环境压力预测模拟、污染治理费用预测、经济与环境关系分析以及重点行业环境状况分析等。

9.1.1　宏观经济预测模拟

经济活动是人类生存和发展的主要活动。在《国家中长期环境经济规划综合模拟系统》中，经济活动起着主导作用，经济总量、增长速度和产业布局对环境有着决定性的影响，同时也为治理和保护环境提供了潜在能力，宏观经济预测模拟是环境预测的发端和依据。

在宏观经济预测子系统中，国家投入产出模型和计量经济学模型是其核心。它用投入产出表的形式，把国家经济系统分解成 38 个产业部门。这样，整个国家的经济活动都反映在这个模型之中，通过对各个部门之间相互消耗、相互依赖关系的具体描述，得到详尽反映。而经济总量、能源消耗、产品产量、最终需求的预测通过计量经济学模型得以进行。

具体而言，宏观经济预测模拟功能包括如下几方面。

（1）描述国民经济综合平衡状态下，消费、投资、外贸、生产、产业结构、收入、就业、财政、金融等主要经济指标之间的平衡关系。

（2）对国民经济总量和经济增长速度以及各行业总产出进行中长期预测分析。

（3）国民经济总量和经济增长速度对水资源需求、能源消耗、污染物产生量、排放量的影响分析。

（4）与环境污染控制有关的财政税收政策（排污费）调整对经济增长、物价稳定、就业、国际收支平衡、污染物排放总量的影响分析。

（5）污染治理投资和运行费用对经济增长、物价稳定、就业、利税以及各行业产出的影响分析。

（6）消费和消费结构变化对经济增长、物价稳定、就业、国际收支、污染物排放总量影响分析。

（7）投资规模和投资结构变化对经济增长、物价稳定、就业、国际收支、污染物总量影响分析。

（8）出口和出口结构变化对经济增长、物价稳定、就业、国际收支、污染物总量影响分析。

（9）价格调整对经济增长、物价稳定、就业、国际收支、污染物总量影响分析。

（10）人口和城市化发展对经济增长、物价稳定、就业、国际收支、污染物总量影响分析。

（11）技术进步对经济增长、物价稳定、就业、国际收支、污染物总量影响分析。

9.1.2 环境压力预测模拟

环境压力预测模拟主要是通过环境问题子系统，在经济子系统输出的基础上，集中计算污染物产生量，根据削减目标，确定污染物排放总量，包括水污染物排放量、大气污染物排放量、固体废物排放量的预测与分析。

环境压力预测模拟考虑了国民经济发展对污染物（废水、废气和固体废物）排放总量的影响，它通过设置高、中、低污染物总量控制目标方案，估算了污染治理的程度和效率，进而把这两者与污染物产生量相乘得到治理废物的总量，从而计算得出污染物的排放量。这使得环境问题分析子系统对污染物总量（包括产生量、治理量和排放量）的预测更加全面、更加准确。具体而言，环境压力预测模拟的功能包括如下几方面。

（1）水资源需求预测

根据经济部门的经济增长和用水系数，对各经济部门（农业和工业）的用水量、新鲜水量、重复用水量进行预测；根据未来城市和农村人口增长和城市、农村生活用水系数，对城市和农村生活用水量进行预测。

（2）能源需求预测

根据经济发展和各部门能源消耗系数，对各经济部门燃烧过程的各种能源消耗总量及结构进行预测；根据城市人口增长和城市居民能源消耗系数，预测城市和农村生活居民能源消耗量及结构。

（3）污染物产生量预测

污染物产生量预测功能主要包括如下内容。

- 经济部门（农业、工业）废水、污染物产生量预测（包括产生系数的确定）；
- 农村和城市居民生活污水、污染物产生量预测（包括产生系数的确定）；
- 经济部门燃烧过程大气污染物（包括 SO_2、NO_x、烟尘）产生量预测；
- 经济部门工艺过程大气污染物（包括 SO_2、NO_x、粉尘）产生量预测；
- 城市和农村居民生活大气污染物（包括 SO_2、NO_x、烟尘）产生量预测；
- 工业固体废物（包括粉煤灰、炉渣、煤矸石、尾矿、危险废物等）、生活垃圾、电子垃圾等产生量预测。

（4）污染物排放量预测

污染物排放量预测功能主要包括如下内容。

- 经济部门（农业、工业）废水、污染物排放量预测；
- 农村和城市居民生活污水、污染物排放量预测；
- 经济部门燃烧过程大气污染物（包括 SO_2、NO_x、烟尘）产生量预测；
- 经济部门工艺过程大气污染物（包括 SO_2、NO_x、粉尘）产生量预测；
- 城市和农村居民生活大气污染物（包括 SO_2、NO_x、烟尘）产生量预测；
- 工业固体废物（包括粉煤灰、炉渣、煤矸石、尾矿、危险废物等）、生活垃圾、电子垃圾等产生量预测。

9.1.3 污染治理费用预测

污染治理投资及运行费用预测的功能主要表现在以下两个方面：一是计算达到水污染物、大气污染物和固体废物污染物总量控制目标时，所需的环境污染治理费用；二是通过污染治理费用预测，与宏观经济子系统对接，提供经济预测模型所需数据，形成对经济系统的反馈，从而形成对经济发展的直接和间接影响。

具体包括以下内容：

- 经济部门废水处理量、COD、NH_3-N 去除量的预测（包括废水处量率和污染物去除率的确定）；
- 各经济部门废水治理投资及运行费的预测（包括治理投资和运行费系数的确定）；
- 城市生活污水处理量、COD、NH_3-N 去除量的预测（包括废水处量率和污染物去除率的确定）；
- 城市生活污水治理投资及运行费的预测（包括治理投资和运行费系数的确定）；
- 经济部门燃烧过程大气污染物（包括 SO_2、NO_x、烟尘）削减量预测（包括削减率的确定）；
- 经济部门工艺过程大气污染物（包括 SO_2、NO_x、粉尘）削减量预测（包括削减率的确定）；
- 居民生活大气污染物（包括 SO_2、NO_x、烟尘）削减量预测（包括削减率的确定）；
- 燃烧过程中烟气脱硫投资、型煤固硫投资、消烟除尘投资和运行费用预测以及工艺过程和城市生活大气污染物治理投资和运行费用的预测（包括治理投资及运行费系数的确定）；
- 各种固体废物（包括工业固体废物和生活垃圾，即粉煤灰、炉渣、煤矸石、尾矿、危险废物、电子垃圾等）综合利用量、处理处置量预测；
- 各种固体废物（包括工业固体废物，即粉煤灰、炉渣、煤矸石、尾矿、危险废物等，生活垃圾和电子垃圾）综合利用与处理处置投资的预测。

9.2 预测软件功能

该系统软件主要用来进行国家中长期环境经济预测模拟。因此，要求系统从宏观层次上阐述国家中长期经济发展与环境质量的相互依存、相互制约关系，为国民经济、环境保护提供定量的数据，同时，要通过模拟某一环境经济政策实施的结果，看出实施该政策的影响。

9.2.1 计算和模拟

计算、模拟功能是指完成经济预测模型、用水与水污染预测模型、能源消耗与大气污染预测模型、固体废物预测模型中有关系数、控制变量、预测值的计算，并进行不同情景方案的模拟。

9.2.2 输入和修改

输入、修改功能是指完成各模型的参数、外生变量等数据的录入，并具有修改、删除等作用功能。

9.2.3 图形及报表输出

图形及报表输出功能是将经济预测模块、环境污染预测模块预测出的主要经济指标、污染物产生量、排放量、污染治理投资等各行业或各年份数据以直方图或折线图和报表的形式传输和打印出来。

9.2.4 数据文件管理

数据文件管理功能是指统一管理经济预测模块、环境污染总量控制模块和图形报表显示功能模块的输出数据文件。通过建立一个文件管理数据库，执行存储文件、修改文件、删除文件和检索文件等功能。

《国家中长期环境经济规划综合模拟系统》的模型功能和软件功能分别如表 6-9-1、表 6-9-2、表 6-9-3、表 6-9-4 所示。

表 6-9-1 经济预测模型及软件功能

分类	模型（预测）功能	软件功能
经济预测	国内生产总值；各部门（行业）总产出（增加值、产品产量、销售量）；最终消费；居民消费；政府消费；城市消费；农村消费；城市与农村人口；出口额；进口额；财政收入；固定资产投资；资本存量；库存；城镇居民消费结构；农村居民消费结构；政府消费结构；固定资产形成结构；净出口结构；库存结构；政府预算投资；居民消费价格；农村居民收入；人民币汇率；库存；世界贸易额；中国出口价格；中国进口价格；世界贸易价格；设备利用率；最终需求等经济指标预测	1.完成模型所有计算功能（通过 Eviews 软件）； 2.各类基准年的外生变量录入、删除、修改、显示与打印； 3.各类计算结果的存储、输出、打印等
环境经济分析	污染治理投资与运行费用对经济影响分析； 能源消耗水平对经济的影响分析； 城市化水平对经济的影响分析等	1.完成模型的计算功能； 2.各类外生变量录入、修改； 3.各类计算结果的存储、图表显示、打印等

表 6-9-2 水环境污染总量控制模型及软件功能

分类	模型（预测）功能	软件功能
农业	灌溉和畜禽养殖用水量预测；畜禽养殖业和种植业废水和污染物产生量、排放量、治理量预测；畜牧业废水治理投资和运行费用预测；用水系数、产生系数、处理率、去除率、治理投资及运行费用系数等	1.完成模型所有计算功能； 2.各类基准年的外生变量录入、删除、修改、显示与打印； 3.各类计算结果的存储、输出、打印等
工业	取水量预测；废水和污染物产生量、排放量、治理量预测；废水治理投资和运行费用预测；用水系数、产生系数、处理率、去除率、治理投资及运行费用系数等	1.完成模型的计算功能； 2.各类外生变量录入、修改； 3.各类计算结果的存储、图表显示、打印等
农村与城市生活	用水量预测；废水和污染物产生量、排放量、治理量预测；城市生活废水治理投资和运行费用预测；用水系数、产生系数、处理率、去除率、治理投资及运行费用系数等	

表 6-9-3 大气污染总量控制模型及软件功能

分类	模型（预测）功能	软件功能
燃烧过程	1.部门能源消耗总量，各种能源消耗；消耗系数； 2.大气污染物二氧化硫、烟尘、粉尘和氮氧化物产生量、削减量和排放量；产生系数、削减率； 3.二氧化硫、烟尘和氮氧化物治理投资和运行费用；投资及运行费用系数	1.各类参数、控制变量的录入、修改，计算不同模型的结果； 2.按不同污染物，分部门查询计算结果，修改控制方案； 3.输出不同时期的计算结果； 4.比较评价不同时期的结果，输出图表说明； 5.各模块结果的加和
工艺过程	1.大气污染物二氧化硫、粉尘和氮氧化物产生量、削减量和排放量； 2.污染物治理投资和运行费用； 3.产生系数，治理率、投资系数	
居民生活	1.各种能源消耗量，污染物产生、排放量； 2.生活用能建设项目投资和集中供热投资； 3.能耗系数、集中供热面积、投资系数	

表 6-9-4 固体废物污染总量控制模型及软件功能

分类	模型（预测）功能	软件功能
工业固体废物	1.产生量预测，产生当量系数； 2.利用量、治理量预测，利用/处置系数； 3.投资及运行费用预测，治理投资及运行费用系数等	1.完成模型所有计算功能； 2.各类基准年的外生变量录入、删除、修改、显示与打印； 3.各类计算结果的存储、输出、打印等
生活垃圾	1.产生量预测，燃气普及率、消费支出； 2.处理量预测，处理系数； 3.处理投资及运行费用预测，治理投资及运行费用系数等	1.完成模型的计算功能； 2.各类外生变量的录入、修改； 3.各类计算结果的存储、图表显示、打印等
电子垃圾	1.产生量、使用寿命； 2.处理量预测、处理系数； 3.处理投资和运行费用预测、处理投资及运行费用系数等	